식음료원가관리의 이해

Food & Beverage Cost Control

나정기 지음

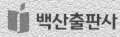
백산출판사

머 리 말

모두가 좋은 책이라고 말할 수 있는 책을 만들기 위해서는
시간과 금전적인 투자가 필요합니다.

모두에게 칭찬받는 책을 만들기 위해 노력하였습니다만 아직도
내용 중 수정하여야 할 부분, 또는 오류,
또는 본서에서 보완되어야 할 부분이 많이 있으리라고 생각합니다.
식음료 원가관리에 관심이 많은 식자(識者)들의
많은 조언을 기대합니다.

식음료 원가관리의 이해
Understanding Food and Beverage Cost Control

C·O·N·T·E·N·S

제1장 . 외식업체 운영시스템의 이해

제2장 . 식음료 원가관리의 이해

제3장... 원가의 계산

제4장 .. 음료의 관리

제1장
외식업체 운영시스템의 이해

I. 외식업체 운영시스템의 구조

식음료원가관리의
이해

I. 외식업체 운영시스템의 구조 ▪▪▪

1. 푸드 서비스 시스템 모형

외식업체의 구조를 분석 또는 개발하기 위한 통합적인 접근방법으로 시스템적인 접근방법이 일반화되고 있다.

외식업체의 규모와 조직, 소유의 형태 등에 관계없이 모든 외식업체의 조직은 생산(주방: BOH: Back of the House)과 판매(서비스: FOH: Front of the House)라는 양대 기능을 축으로 구성된다. 즉, 음식을 생산하는 생산부문(Production)과 생산된 음식을 판매하는 분배 또는 서비스부문(Distribution or Service)이라는 두 축이 중심이 된다. 그렇기 때문에 외식업체에서 주방은 생산부문이 되고, 홀(Hall)은 분배 또는 서비스부문이 된다.

그러나 다점포를 운영하는 경우에는 생산을 중앙주방[1]에서 통합관리하고, 독립된 각각의 외식업체(위성 주방, 또는 위성 단위점포라고도 한다)에 메뉴(제품)를 다양한 형태(반제품, 완제품 등)로 분배할 수도 있다.

---

1) C/K: Central Kitchen 또는 Commissary 또는 Food Preparation Facility라고도 불린다.

  〈그림 1-1〉은 외식업체의 운영을 시스템적으로 설명하기 위해 리빙스톤 (Livingstone)이 개념화한 푸드서비스 시스템 모형(Foodservice System Model) 이다. 이 모형의 구조를 분석해 보면; 내부와 외부, 즉 조직과 고객이라는 양 축을 메뉴가 핵심적인 역할을 하는 방식으로 전개된다. 조직의 목표는 영리 를 목적으로 하는 외식업체의 경우는 매출과 수익일 것이고, 비영리를 목석 으로 하는 경우는 손익분기상의 문제일 것이다. 그리고 메뉴를 중심으로 생 산과 판매라는 두 축이 양분되고, 두 축을 지원하는 다양한 부분의 지원기능 과 관리기능으로 구성되어 있다.

그림 1-1 푸드서비스 시스템을 구성하는 요소들과 그 요소들 간의 상관성

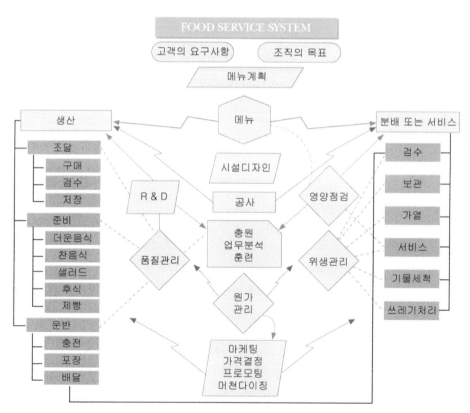

자료 : G. E. Livingston and Charlotte M. Chang, Food Service Systems
　　　; Analysis, Design, and Implementation, Academic Press, 1979, pp. 20-39.

2. 푸드 서비스 시스템 모형의 구성요소

앞에 제시한 〈그림 1-1〉의 푸드 서비스 시스템 모형의 구성요소는 크게 생산과 판매, 그리고 생산과 판매를 지원하는 관리 등과 같이 3개의 부문으로 나누어 살펴볼 수 있다.

1) 생산부문

생산부문은 조달(Procurement), 준비(Preparation), 그리고 운반(Transport) 기능으로 구성된다.

첫째, 조달기능

조달기능의 구성은 구매(Purchasing), 검수(수납: Receiving), 저장(Storing) 과 같이 3부분의 하위기능으로 구성된다.

둘째, 준비

준비기능의 구성은 외식업체의 유형에 따라 다르기는 하나 뜨거운 것, 찬 것, 샐러드, 후식, 제빵, 그리고 음료준비 등으로 구성된다.

셋째, 운반

운반기능의 경우는 외식업체의 유형에 따라 그 기능의 복잡성 정도가 달라진다. 예를 들어, 같은 장소에서 생산과 소비가 이루어지는 경우와 생산과 소비가 시간 또는 공간 또는 시간과 공간적으로 이원화되는 경우에 따라 운반 기능은 단순할 수도 있고 복잡해질 수도 있다.

생산과 소비가 같은 장소에서 이루어지는 경우는 주방에서 만들어진 음식을 홀(식당)까지 운반할 수 있는 방법을 말하며, 더 구체적으로는 주방에서 생산된 음식을 고객에게 어떻게 제공하느냐 하는 서비스 방식을 말한다.

반대의 경우, 즉 생산하는 장소와 소비하는 장소가 다른 경우는 생산하는 장소에서 판매하는 장소로 운반하기 위해 요구되는 다양한 장비와 설비, 그리고 포장설비와 운반에 요구되는 차량 등이 요구된다.

2) 분배 또는 서비스부문

분배 또는 서비스기능은 수납(Receiving), 보관(holding), 재생(Regeneration), 제공(Serving), 기물세척(Ware Washing), 그리고 쓰레기 처리(Waste Disposal) 등과 같은 하위기능들로 구성된다. 그리고 생산하는 장소와 소비하는 장소에 따라 그 기능은 달라진다.

첫째, 생산하는 장소와 소비하는 장소가 다른 경우

〈그림 1-1〉의 푸드 서비스 시스템 모형에서 보는 바와 같이 생산하는 장소와 소비하는 장소가 다른 경우는 분배기능이 조금 복잡해진다.

예를 들어, 음식은 소비하는 장소와는 다른 곳에서 다양한 형태(Ready -to-Cook, Ready-to-Eat, Ready-to-Serve 등)로 준비된 다음, 소비하는 장소에 운반된다. 운반된 식품은 검수(수납)와 보관(일시적인 보관)을 거쳐 음식의 상태에 따라 재생(포션화 또는 가열 등)되기도 하고, 고객에게 바로 제공(서비스 방식)되기도 한다. 그리고 사용한 기물은 세척되고, 발생한 음식물 쓰레기가 처리된다는 과정을 도식화한 것이다.

둘째, 생산하는 장소와 소비하는 장소가 같은 경우

생산과 소비하는 장소(예를 들어 독립적으로 운영되는 단일 외식업체의 경우)가 같은 곳에 있는 경우를 상정해 볼 수 있다. 이 경우의 분배기능은 주방에서 만들어진 음식을 고객에게 제공하는 수준에서 고려되는 것이다. 즉, 서비스방법을 의미하는 것이다.

3) 지원기능과 관리부문

생산부문과 분배(서비스)부문을 지원하는 기능들은 종업원의 충원과 교육훈련, 영양과 위생관리, 원가관리, 품질관리, 메뉴연구와 개발, 그리고 마케팅 활동 등이 있다.

결국, 〈그림 1-1〉의 푸드 서비스 시스템 모형은 고객과 조직의 목표, 그리고 메뉴라는 관점에서 전개되었음을 알 수 있다. 그리고 메뉴를 중심으로 생산과 서비스, 생산과 서비스를 지원하는 모든 기능이 전개됨을 알 수 있다.

그래서 메뉴는 외식업체 운영에 있어서 가장 핵심적인 역할을 수행한다고 말한다.

　이와 같은 푸드 서비스 시스템 모형은 식료와 음료를 주상품으로 하는 외식업체를 하나의 시스템으로 고려하여 각 기능영역(Function Area)과의 상호관련성을 〈그림 1-2〉와 같이 하나의 태양계 시스템으로 설명하기도 한다.

그림 1-2　식음료 서비스의 태양계 시스템

자료 : Charlets Levinson, Food and Beverage Operation : Cost Control
and Systems Management, 2nd ed., Pretice Hall, 1989,p.9.

3. 외식업체의 운영형태

외식업체를 소유하고 운영하는 주체를 기준으로 분류하면 일반적으로 독립점과 체인 외식업체로 분류할 수 있다.

1) 독립점(Independents)

한 사람 또는 다수의 소유자가 한 개 또는 여러 개의 레스토랑을 소유하여 체인의 형태가 아닌 독립적으로 운영하는 외식업체를 말한다. 즉, 점포간의 메뉴도 일치하지 않고, 식료구매스펙도 다르며, 운영방식도 각각 다르게 독립적으로 운영하는 형태를 말한다.

2) 체인 외식업체

근대 소매상업사에 있어 영세한 소매상을 대기업으로 성장시킨 비밀은 바로 체인점(연쇄점) 조직이다. 독립적인 단독점포가 대규모화하더라도 거기에는 어느 정도의 한계가 있기 마련으로, 체인점은 그러한 한계를 극복하고 대량판매 면에서 효과적인 소매상으로 성장하였다.

체인점은 일반적으로 회사체인(Corporate Chain)과 임의체인(Voluntary Chain)의 2가지 유형으로 분류한다. 회사체인은 정규체인(Regular Chain)이라고도 불린다. 동일한 자본에 의한 소유와 경영관리하에서 유사한 영업을 하는 소매점을 결합하고, 각 점포는 자본의 동질성, 영업의 공통성 및 관리의 통일성이라는 3가지 특징을 갖고 운영된다. 대규모 경영의 장점과 소규모 경영의 장점을 취하여 양자의 결합을 보완한 형태이다.

이에 비해 임의체인은 협동체인이라고도 하며, 이것은 개개의 소매점이 독립성을 유지하면서 장소, 또는 판매상의 목적을 위하여 다수가 결합되어 구성된 체인점포이다.

체인점 경영조직은 백화점처럼 단독점포의 경영조직인 상품분업과 다른 기능별 분업을 조직의 원리로 삼고 있다. 즉, 조달하는 구매기능과 판매기능을 분리하여 두 기능을 균형적으로 유지되도록 조정한다. 그리고 기능이 분리되더라도 동일한 목표와 성과, 즉 매출과 이익의 증대에 대해서는 공동책임을 져야한다.

이상에서 볼 때, 체인점 경영의 기본목적은 영업활동효율을 높이기 위해 중앙본부에서의 대량집중조달에서 얻는 이익과, 분산되어 있는 다수점포에 의한 점포설계·설비 및 판매방법의 단순화·표준화·전문화에 의한 이익을 동시에 실현하는 것으로, 규모의 경제(Economies of Scale)에서 오는 이익을 추구하는 것이다.

최근 들어 음식점 체인이 급성장한 이유는 외식업체 운영이 더욱 복잡해져서 개인이 과거와 같은 방법으로 운영하기에는 여러 가지의 어려움이 있다는 것을 인식했기 때문이다. 과거에는 요리사가 훌륭한 음식 하나만으로 성공하는 레스토랑을 운영할 수 있는 여건이 되었다. 그러나 음식 이외에도 외식업체 운영을 둘러싸고 있는 여러 가지 변수들이 성공적으로 외식업체를 운영하는 데 영향을 미치고 있다. 그 결과, 음식 하나만으로는 성공적인 비즈니스를 보장하지 못하게 되었다.

그렇다고 해서 개인이 운영하는 레스토랑은 더 이상 경쟁력이 없다는 뜻은 아니다. 개인이 운영하는 레스토랑의 경우도 체인의 표준화된 정책에서 탈피하여 지역시장을 집중적으로 개발, 그들의 욕구(Needs)를 충족시킬 수 있는 방안을 강구하면 가능하다. 그러나 성공하는 레스토랑을 만들기 위해서는 지금보다 더 많은 자본과 더 많은 전문지식이 요구될 것이다.

3) 프랜차이즈

유통경로상에서 발생하는 문제점을 해소하고 효율적인 마케팅활동을 수행하기 위해 미리 계획된 판매망을 전문적·일관적으로 운영하고 관리하는 유통경로의 계열화는 수평적·수직적으로 발생할 수 있다.

이 중 수직적 마케팅시스템(VMS : Vertical Marketing System)은 회사형, 관리형, 계약형, 동맹형 수직적 마케팅시스템으로 분류될 수 있는데, 프랜차이즈는 계약형 수직적 마케팅시스템에서 가장 많이 채택되고 있는 형태이다.

계약형 시스템(Contractual System)은 유통경로 구성원들이 경제적으로 독립성을 유지하면서, 계약에 의해 수직적 통합을 하고, 서로 경제적 이익을 얻는 조직을 의미한다.

계약형 시스템에는 도매기관후원 자유연쇄점, 소매점 조합, 그리고 프랜차이즈 조직의 세 가지 유형이 있다.

4. 외식업체의 온영환경

1) 운영환경의 변화

일반적으로 생산방식의 변화는 원가관리와 깊은 상관성을 가지게 된다. 예를 들어, 고객에게 제공될 식료와 음료라는 상품을 생산하기 위해서는 원재료, 장소, 시설, 그리고 사람이 있어야 한다.

과거의 생산방식은 원식재료를 구매하여 내부에서 숙련된 조리사들이 완성품을 만드는 과정을 거치는 것이 일반적이었다. 그렇기 때문에 많은 수의 숙련된 조리사와 공간, 시설 등이 요구되어 원가 또한 높을 수밖에 없었으나, 경쟁과 인건비가 오늘과 같이 높지 않아 큰 부담이 없었다. 그러나 나날이 높아지는 경쟁과 인건비의 상승으로 높은 원가를 고객에게 전가할 수 없게 되면서부터 외식업체의 운영방식에도 많은 변화를 경험하게 되었다.

특히, 공급자들이 공급하는 식재료는 과거에 비해 다양해 졌으며, 이러한 현실은 더욱 더 가속화되고 있다. 게다가, 공급자들이 공급하는 식재료의 상태는 사용자 측면에서 사용하기 편리한 상태로 바뀌어 가고 있다.

또한 사용자들을 위해 디자인된 응용 소프트웨어가 정교하게 공급되고 있어 메뉴관리, 판매관리, 재고관리, 원가관리, 고객관리 등에 많이 이용되고 있다.

호텔의 식음료 부문

관 주도로 시작되어 80~90년대 급성장한 우리나라 호텔산업의 식음료 부문은 최근 들어 많은 어려움을 겪고 있다. 그 중 가장 핵심적인 내용이 다종의 부대업장을 어떻게 정리하여야 하는가와, 현재의 인력을 어떻게 활용하여야 하는가이다. 그 결과, 많은 호텔들이 부대업장을 없애거나, 또는 통합하기도 하고, 가장 보편적인 구조조정의 형태인 고용형태의 비정형화와 인적자원의 관리변화를 통해 인적자원을 관리하고 있다.

호텔의 식음료 부문은 한국의 외식산업을 선도해 오면서 호황기를 누렸다. 그래서 투숙객의 편의보다는 투숙객 이외의 고객에 초점을 맞춰 다양한 유형의 레스토랑을 선보였다. 하지만, 90년대 후반부터 호텔 내의 식음부대시설이 더 이상 수익센터가 아니라는 점들을 인정하기 시작하면서 한식을 선두로 업장을 정리해 가는 추세이다.[2]

이러한 현상은 호텔 밖에 있는 다양한 유형의 외식업체들이 호텔의 레스토랑에 비해 편의성과 가치, 유연성과 시의성, 맛과 분위기, 서비스 등이 부분적으로 앞선다는 소비자들의 판단에 따라 고객들의 인식이 바뀐 결과이다.

그 결과 호텔들이 한편으로는 부대업장의 시설을 개·보수하여 호텔 밖에 있는 외식업체와 음식과 분위기, 그리고 서비스에 대한 차별화를 시도하기도 하고, 다른 한편으로는 부분적인 구조조정을 통해 수익성이 낮은, 또는 없는 식음료 부대업장을 폐쇄하고, 종사원들을 다양한 방법으로 정리하는 등의 노력을 하게 만들고 있다.

이와 같은 점을 고려하면, 향후 호텔 식음료부분은 전체적인 구조조정이 요구되며, 그 방향은 뱅켓기능의 강화와 공동브랜드(Co-Branding)전략이 될 것이다.

---

2) 일찍이 선진 외국에서는 호텔의 규모에 따라 다르기는 하지만 호텔 내의 Banquet(연회)기능을 강화하는 한편, 단일 업장은 투숙객의 편의시설로 기능을 할 수 있도록 운영하였다. 그러나 우리나라의 경우는 호텔의 식음부분을 객실을 능가하는 수준으로 방만하게 운영한 결과, 최근 들어 식음부대업장에 대한 관리에 많은 어려움을 겪고 있다.

∞ 패밀리/패스트푸드 ℃

한국의 패밀리와 패스트푸드 레스토랑은 외국의 외식브랜드에 의해 선도되고 있다. 그들은 일찍이 한식이라는 특수성 때문에 우리들이 접근할 수 없었던 시스템적인 접근방법을 통하여 전반적인 운영체계를 확립하여, 최소한의 인력으로 최대한의 효율성을 모토로 접근하고 있다.

외식사업체에서 가장 인적자원을 많이 활용하는 부문이 생산(Back of the House)과 서비스(Front of the House) 부문이다. 그러나 패밀리와 패스트푸드 레스토랑의 운영시스템 중 생산부분은 일찍이 생산과 소비를 시간과 공간적으로 이원화하여 최소의 공간, 최소의 인력, 최소의 기능수준을 통하여 최대의 생산성을 높일 수 있도록 생산방식을 수공업(Job Shop) 개념에서 생산라인(Production Line)화하였다.

즉 생산현장에서의 업무의 수를 최소화하고(간편화), 매뉴얼화하여, 일정수준의 능력을 가진 사람이라면 교육과 훈련을 통해 단시간에 생산현장에 투입될 수 있는 시스템을 구축하였다.

그렇기 때문에 수공업(Job Shop) 개념에서는 불가능한 생산(BOH)과 서비스(FOH) 부서 간의 교차근무가 가능하고, 숙련된 조리사에 대한 의존도가 높은 한식과는 달리 모든 종업원을 일정기간 동안 다능공으로 교육·훈련시킬 수 있어 생산성을 최대화할 수 있게 된다.

결국, 패밀리와 패스트푸드 레스토랑은 서비스부서(FOH)도 생산부서(BOH)와 마찬가지로 업무자체를 단순화하여, 훈련과 교육을 통해 접근하는 구조이기 때문에 숙련된 노동력을 요구하지 않게 되며, 고학력자를 선호하지도 않는다.

그 결과, 고용형태의 비정형화, 기업내부 노동시장의 이중화, 고용구조의 서비스화 등을 통해 정규직보다는 비정규직 의존도를 높이고 있는 것이 일반적인 추세이며, 이러한 현상은 보다 가시화 되어가고 있다.

단체급식업계

제한된 공간에서 특정인을 대상으로 영업을 하는 단체급식업체의 경우는 대량생산과 셀프서비스, 또는 세미(Semi)셀프 서비스라는 특징을 가지고 있다.

최근 들어, 운영방식이 직영에서 전문단체급식회사가 위탁경영하는 방식으로 전환되어 가는 추세이며, 중소업체들이 규모가 큰 단체급식회사에 그 영역을 빼앗기고 있다. 또한 생산방식에서는 전처리 과정을 강화하고 있으며, 현장에서는 조합과 조립하는 유형으로 시스템을 구축하고 있는 추세이다.

결과적으로 생산부문은 생산라인화로 요구되는 업무의 단순화와 기능의 최소화로, 서비스 부문은 셀프 또는 세미셀프(Semi-Self)로 운영되고 있기 때문에 고도의 숙련도를 요구하지 않는다. 그렇기 때문에 단체급식 시장에서 고학력자를 요구하는 부문은 위생관리와 원가관리, 메뉴관리, 그리고 품질관리 등과 같은 직무로 한정하고 있으며, 일반적으로 생산과 서비스 부문의 업무는 외부화, 또는 비정규직화할 수 있다.

한식업계

대부분의 한식업체의 경우, 그 규모와 경영체계가 생업형이기 때문에 고도로 숙련된 종사원을 요구하지 않는다. 게다가 아직 서비스와 위생, 그리고 메뉴 등에 대한 과학적인 관리기법이 도입되어 있지 않은 업소가 대부분이기 때문에 양질의 종업원이 요구되지 않는다.

그 결과, 영세한 한식당에 근무하는 종업원은 여성, 전문 직업교육을 받지 않은 고령 인력, 중국동포 등으로 열악한 작업환경과 근로조건, 노동법이 정한 노동자의 권익이 무엇인지조차 관심이 없는 종사원이 많은 것이 현실이다.

그러나 규모가 크고, 경영체계를 갖춘 한식당이나 가맹점의 형태로 운영되는 프랜차이지(Franchisee)들은 생업형 한식당의 운영체제와는 달리 많은 변화를 겪으면서 발전하고 있다.

      ⊗   카페, 제과, 테이크아웃 업계   ⊗

최근 들어 업종의 분화가 계속되면서 다양한 업태가 탄생하고 있다. 그 중 대표적인 변화가 유통경로의 변화이다. 편의를 강조하는 고객의 욕구로 유통경로가 다양해지고 있다.

외식업체의 유통경로는 중식 음식점의 배달과 같이 생산자가 소비자에게로 가는 경로와, 소비자가 생산자에게로 오는 경로가 일반적인 경로이다. 예를 들어, 소비자가 생산자에게로 와서 제품을 구매해 가는 경우(테이크아웃), 생산자가 소비자에게 가는 경우(배달: Delivery), 소비자가 생산자에게로 오는 경우 등 그 경로가 다양해지고 있다.

이와 같이 외식업체의 유통경로의 다양성은 다양한 업태를 만들어 내고 있는데, 그 중 대표적인 것들이 커피 전문점과 테이크아웃 전문점, 소매기관의 식품매장의 완제품 판매 등이다. 그리고 이와 같은 업태의 생산과 판매시스템, 그리고 운영시스템은 패밀리와 패스트푸드 레스토랑과 거의 동일하다.

2) 외식업체 관리상의 문제점

외식업체는 생산과 소비라는 뚜렷한 두 영역으로 구성되어 있다. 그래서 외식산업을 제조업임과 동시에 서비스업 또는 소매업이라고 칭하기도 한다. 그렇기 때문에 외식산업은 제조업이 가지고 있는 특성과 서비스업이 가지고 있는 특성을 동시에 가지고 있어, 다른 영역의 비즈니스가 가지고 있지 않은 몇 가지의 운영상의 문제점을 가지고 있다.

첫째, 시간과 장소적 제약

외식산업이 서비스 산업적 성격을 갖는 내용을 검토해 보면 서비스가 생산 및 소비가 동시에 이루어지는 성격을 가지고 있기 때문에 시간과 장소적 제약이 존재한다는 점이다. 생산과 소비가 동시에 행하여진다는 것은 생산하는 사람과 소비하는 사람이 같은 장소에 있다는 것을 의미한다. 그렇기 때문에 외식 서비스는 장소적인 제약을 받을 수밖에 없어 대형화하는 데 한계를 가지고 있다.

둘째, 높은 인적자원의 의존도

서비스 산업에서도 노동을 대체할 수 있는 기계화된 자본설비를 사용하고 있다. 그러나 판매원의 매장에 대한 적정배치나 배달문제 때문에 생산부분에 비해 노동집약적 성격이 강할 수밖에 없다.

일반 서비스 노동에 수반하는 고정성은 기계화나 정보화로 경감, 또는 완화할 수 있다. 하지만, 고급 서비스 또는 특수 서비스의 경우는 현실적으로 기계화가 곤란하다. 그리고 서비스 생산자는 계절과 시간에 따라 동일한 템포로 생산 활동을 할 수 없기 때문에 수요에 따라 생산을 집중시킬 수밖에 없다.

서비스 산업에서는 설비 및 인원의 수용능력에 한계가 있기 때문에 계절과 시간에 따라 생산을 자유롭게 조절하기는 곤란하며, 이런 문제는 서비스 산업의 노동집약적 특성과 관련이 있다.

셋째, 업장의 다양화(호텔의 경우)

관 주도로 성장한 우리나라의 호텔산업은 '86 아시안 게임과 '88 올림픽 게임, 그리고 '94 대전엑스포라는 부의 축제에 편승, 80년대를 전후하여 급속히 성장·발전하였다.

이러한 급성장에는 관(官)의 적극적인 개입이 불가피했으며, 그 중에서도 호텔이 의무적으로 갖추어야 할 부대시설의 종류와 규모는 호텔의 등급에 따라 법으로 정해져 있었다.

그 결과, 각 호텔이 가지고 있는 특성과는 관계없이 법으로 정해진 부대업장을 의무적으로 갖추어야 했다. 그러나 현재의 호텔 식음부대시설은 수익센터로서의 기능을 상실하였으며, 호텔 밖에 위치한 외식업체와의 경쟁에서도 우위를 지키지 못하고 있어 운영상에 많은 어려움 겪고 있다.

넷째, 조직의 비대화(호텔의 경우)

고객에게 제공할 식료와 음료를 생산하고 판매하는 데 직접적으로 관계되는 주방과 레스토랑 조직의 규모는 부대업장의 수에 비례한다. 미래를 예측하지 못한 조직관리는 인사적체와 직위의 인플레로 이어져 조직관리의 한계를 보이고 있다는 문제점을 안고 있다.

다섯째, 생산방식의 경직성

고객에게 제공되는 대부분의 식료는 〈원식재료 구매〉 ⇨ 〈검수〉 ⇨ 〈저장〉 ⇨ 〈사전준비〉 ⇨ 〈조리〉 ⇨ 〈판매〉 ⇨ 〈피드백〉이라는 일련의 과정을 거친다.

반제품, 또는 완제품을 구매하여 사전준비라는 하나의 과정을 생략하여 과정을 보다 단순화할 수 있는 기본적인 여건은 형성되어 있다. 그러나 아직 과학적인 생산방식을 도입하려하지 않고 있는 경우가 대부분이다.

이와 같은 현상은 아직 노동력이 선진외국에 비하여 비교적 낮은 편이기 때문인 것으로 해석할 수 있으나, 높은 인건비의 비중과 근로조건에 대한 제약 등을 고려하여 생산방식의 경직성도 완화되어야 할 것으로 판단한다.

여섯째, 생산지향적인 메뉴관리

메뉴에 의해 식음부문의 전과정이 보다 효율적이며 생산적으로 관리될 수 있다는 이론을 간과하거나 무시하고, 메뉴를 오직 생산지향적으로만 관리하는 것이 일반적인 추세이다.

이와 같은 현상은 업장의 특성을 무시한 채 아이템의 수만 증가시키는 동시에 원식재료의 구매에서부터 관리에 이르기까지 효율적이며 생산적인 관리가 이루어지지 않아 원가의 상승만을 초래하고 있다.

일곱째, 낮은 관리수준

식음부문은 다른 부문에 비해 상대적으로 관리의 영역이 넓다. 즉, 〈구매〉 ⇨ 〈검수〉 ⇨ 〈저장〉 ⇨ 〈사전준비〉 ⇨ 〈조리〉 ⇨ 〈판매〉 ⇨ 〈평가와 분석〉 ⇨ 〈환류 ; Feedback〉라는 일련의 과정을 거치는 까닭에 그 관리영역은 시작도 끝도 없는 순환의 과정을 반복하고 있다.

그럼에도 불구하고 대부분의 관리자들은 식음부문을 전체적인 시스템으로 보아 체계적인 관리를 하지 않고 부분적으로 관리하고 있을 뿐만 아니라, 분석과 평가를 등한시하고 있음을 볼 수 있다.

여덟째, 형식적인 평가와 분석

식음부문의 영업결과를 분석하고 평가하는 방법은 무수히 많다. 그리고 전산화 혜택으로 영업의 결과를 분석하고 평가하는 데 요구되는 정보를 얻는 것 또한 쉬워졌다. 그럼에도 불구하고 정보를 취합하는 정도로, 또는 영업의 결과를 정리하는 수준에서 형식적인 분석과 평가만을 반복하고 있다는 문제점을 안고 있다.

아홉째, 비싼 매가

매가의 결정은 과학이 아니라 예술이라고 했다. 즉, 제원가(原價)의 산출은 과학적인 방법에 따르지만, 원가에 알파(α)라는 예술적 요소를 가미하여 매가를 산출하는 기교가 결여되어 있는 것이다. 그 결과, 가치경영이라는 철칙을 이해하지 못한 채 원가의 상승요인을 고스란히 고객에게 전가하여 매가를 결정하는 오류를 범하고 있다.

5. 종합

본 장에서는 푸드서비스 시스템 모델을 중심으로 외식업체의 구조를 파악해 보았다. 그리고 외식업체의 운영형태를 업종별로 살펴보았으며, 마지막으로 외식업체 운영을 둘러싸고 있는 주변환경의 변화와 외식업체 운영상의 문제점을 재조명해 보았다.

제2장
식음료 원가관리의 이해

식음료원가관리의
이해

제2장
식음료 원가관리의 이해

I. 식음료 원가관리(통제)의 필요성 ▪▪▪

1. 통제란 무엇인가

통제에 대한 정의는 다양하다. 통제는 일반적으로 계획과 구별된다. 원가회
계에서 사용되는 통제란 ; ① 계획을 실행하는 행동과, ② 그 결과에 대한 피
드백 정보를 제공하는 업적 평가로 이루어져 있다.

식음료 원가관리에 쓰이는 "통제(Control)"란 개념은 ; ① 확인하는 행위로
어느 시점에서 특정 내용을 사전에 정한 기준(표준)이 되는 내용과 면밀히 확
인(대조)하는 것이다.

식자재의 수령시(受領時) 식자재의 질, 가격, 수량 등을 표준구매명세서,
구매발주서… 등과 정확하게 대조·확인하는 행위를 뜻하며, ② 식당경영에
요구되는 모든 업무의 내용을 통제하여 최고 경영자가 사전에 설정한 목표를
보다 효율적으로 달성할 수 있는 경영의사결정의 집합으로 요약될 수 있다.

그러나 계획이 없는 통제란 있을 수 없다. 계획이란 목표를 설정하고, 그

목표를 달성할 수 있는 여러 대안의 결과를 예측하고, 이상적인 결과를 어떻게 얻을 것인가에 대한 의사결정을 하는 것이라고 정의한다.

결국, 이러한 관점에서 보면 계획과 통제는 서로 연관이 많으므로, 통제는 계획과 통제를 모두 포함하는 넓은 개념으로도 사용할 수 있기 때문에, 이 두 가지 과정을 분리시켜 생각한다는 것은 별 의미가 없다.

이러한 점을 감안할 때 식음료원가관리에서 사용하는 통제는 ; ① 종사원을 구속하거나 단속하기 위한 도구로 설계되어서는 안 되고, ② 식음료 영업활동의 전반적인 내용을 계속적으로 모니터하여 비효율성을 지적하고, ③ 보다 효율적으로 식음료원가를 관리하기 위한 필요한 조치를 내릴 수 있도록 통제되어져야 한다. 즉, 업무의 흐름을 따라 정보를 수집하고, 기록하고, 분석·평가하여 최고 경영자에게 보고함과 동시에 적절한 조치를 권고하는 방향으로 유도되어야 한다.

이와 같은 점을 고려한다면 통제 시스템의 설계는 다음과 같은 사항들이 반드시 고려되어야 한다.
① 정확성, ② 시의성, ③ 객관성, ④ 지속성, ⑤ 우선순위, ⑥ 원가효율성, ⑦ 현실성 ⑧ 적합성, ⑨ 유연성, ⑩ 구체성, ⑪ 내부 종업원의 수용성 등

2. 왜 새로운 관리(통제)절차가 필요한가

외식업체의 업종과 업태는 다양하다. 그리고 유형, 규모와 위치, 소유형태 또한 다양하다. 그렇기 때문에 겨냥하는 고객, 제공하는 메뉴(상품), 생산방식, 제공방식, 인테리어, 가격, 운영방식 등으로 대표되는 컨셉트(Concept) 자체 또한 다양하다. 이러한 상황에서 상품생산에 요구되는 식재료의 구매에서 판매에 이르는 일련의 과정을 통제할 수 있는 한 가지 관리의 방법을 제시할 수 있을까?

이러한 질문에 대한 명쾌한 대답을 일반화시키는 어려움 때문에 많은 외식업체들이 복잡하고 까다로운 통제절차를 정착시키기를 거부하는 구실로 쓰고 있다. 그러나 보다 새롭고 과학적인 관리(통제)기법의 필요성을 인식해야 하

는 이유를 다음과 같이 정리할 수 있다.

1) 가장 적합한 문제해결의 절차와 방법의 모색을 위해서

현재의 식음료 원가의 관리절차나 방법, 그리고 그 결과에 대해 만족하는 외식업체는 그렇게 많지 않을 것으로 보인다. 현재의 절차와 방법에 대해 만족하지 못한다는 것은 전반적인 식음료 원가관리에 문제가 있다는 것을 의미한다. 그런데 현재의 방법과 절차를 그대로 유지하면서 문제를 찾는다는 것은 거의 불가능하다. 또한 우리와 전체적인 컨셉트(Concept)가 다른 특정 외식업체의 식음료 통제절차와 방법을 그대로 모방하여 문제점을 해결하려는 시도는 바람직한 방법이 못 된다.

특정한 관리제도나 방법이 특정 외식업체에는 적합할 수 있으나, 또다른 특정 외식업체에는 부적합할 수도 있다. 그렇기 때문에 「이 식음료 원가관리 절차와 방법은 다른 절차나 기법보다 훨씬 개선된 것이고, 따라서 모든 외식업체에 무척 필요하다」라는 포괄적인 일반론은 있을 수 없다. 왜냐하면 식음료원가관리의 절차나 방법의 선택은 본질적으로 특정 상황에 달려 있기 때문이다.

이러한 점들을 감안할 때 식음료 원가관리 문제점의 파악은 원식재료의 구매에서 생산된 아이템을 판매하고 분석하여 환류(Feedback)하는 모든 과정에서 시도되어야 한다. 그리고 문제를 해결하는 방안은 비용 - 효익(Cost-Benefit)이라는 측면에서 의사결정이 이루어져야 하며, 새로운 관리기법과 방법은 특정 상황에 적합한 기법과 방법이어야 한다.

2) 원가의 구성비가 높기 때문에

외식업체의 식음료 원가는 총매출액의 20~50%를 차지한다. 외식업체의 업종과 업태, 그리고 위치와 소유형태, 메뉴 등에 따라 약간의 차이가 있다고 할지라도 매출액의 50%까지를 원가가 차지한다면 보다 합리적인 원가의 관리는 필연적이다.

이렇게 중요한 원가의 관리는 외식업체의 영업활동 전반에 대한 보다 구체적이고 과학적인 관리(통제)절차와 방법에 의해서만 가능하다.

3) 각 지점에서의 통제가 안 되기 때문에

기존의 잘못된 식재료 관리는 외식업체의 운영을 복잡하게 하고, 비용도 많이 들게 만든다. 외식업체 영업활동의 흐름을 보면 구매 ⇨ 검수 3) ⇨ 저장 ⇨ 출고 ⇨ 준비 ⇨ 생산 ⇨ 저장 4) ⇨ 판매 ⇨ 분석 ⇨ 환류 (feed back) ⇨ 구매 의 과정을 반복하는 선순환을 계속하고 있다.

그런데 원가의 관리가 원가계산을 중심으로 일정기간 동안 판매한 아이템에 대한 계산으로 한정된다면 그 수치는 경영의사결정에 가치 있는 정보를 제공하지 못한다. 게다가 식재료가 외식업체에 도착하여 판매되기까지는 몇 시간에서부터 몇 달에 이르기까지 다양하다.

이렇게 식재료의 유출기간이 길면 길수록 식재료의 관리는 어려워지고, 그 결과 유지·관리에 많은 비용이 요구되며, 비용의 상승은 원가상승으로 이어지고, 원가의 상승은 이윤의 감소로 이어지게 된다.

결과적으로 식음료 원가관리는 식음료 재료의 흐름을 따라 지속적으로 관리되어야만 소정의 목표를 달성할 수 있다는 사실을 염두해 두어야 한다.

4) 구성원의 타성 때문에

인간의 소박한 본성은 끊임없이 현상을 개혁하여 생산성을 높이려고 하는 의욕과 행동수행에 있다. 그 결과, 인간사회는 오늘과 같은 발전을 보고, 기업의 성장 발전의 원동력도 사람들의 현상타파의 의욕과 행동에 있다. 그 반면에 업무가 세분화되고 표준화가 진척되고, 업무의 룰(Rule)화와 규정화가 추진되면 그 본래의 개선의욕과 행동을 잃고, 현상유지에 만족하며, 혹은 현상의 변경 개선에 저항하는 현상이 나타난다. 그리고 이것이 원가를 낮추어 줄이는 원가저감(原價低減)을 방해하고 원가상승의 원인이 되어 있는 일이 많다.

---

3) 검수를 거쳐 창고로 반입되지 않고 생산지점(주방)이나 판매지점(각 업장)으로 직접 이동하기도 한다.
4) 일반 제조업과는 달리 이 과정에서 반제품의 상태, 또는 완제품의 상태로 생산되어 저장되는 품목은 극히 제한되어 있다. 예를 들어, 소스를 만들기 위한 스탁(Stocks), 소시지와 같은 델리카트슨, 훈제한 연어…, 등.

우리나라의 경우, 경험을 제일로 치는 연공서열(年功序列)을 중요시한다. 물론, 연공서열에는 장점도 있다. 그러나 경험이 장점이 되기 위해서는 반드시 자기가 몸담고 있는 조직이 세월과 함께 진보적으로, 그리고 합리적으로 발전하였을 때에만 그 경험은 장점으로 나타날 수 있는 것이다.

그 반대의 경우는 현상유지에 만족하고, 아부와 권위로 현상을 유지하며, 합리적인 절차와 기법을 묵살하고 거부하는 경험의 축적으로 평가될 수밖에 없다. 경험을 제일로 하는 연공서열 조직 속에서의 식음료 원가관리(통제)의 새로운 절차는 필연적이다.

5) 백분율로 제시된 원가율 때문에

우리는 원가율이 30% 혹은 40%라는 말을 많이 듣는다. 원가율이 40%라고 하는 것은 나머지 60%로 제비용과 일정률에 이윤까지도 포함할 수 있어야 하는데, 특정 외식업체의 특성을 고려하지 않고 타사와의 비교로만 만족하여서는 안 된다. 특정 외식업체에 부합되는 원가율이 설명력 있게 설정되어 관리되어야지 타사와의 비교에 의한 원가관리는 아무런 의미도 없다.

6) 새로운 원가관리(통제) 절차의 효과 때문에

새로운 통제절차를 정착시키는 데는 우선 소요되는 비용과 업무의 증가를 초래한다. 그러나 새로운 절차를 정착시키기 위해 소요되는 비용이 새로운 통제절차를 정착하기 전보다 높은 효익을 가져온다면 새로운 통제절차의 도입은 절대적이라는 결론에 도달한다.

우리는 이것을 원가-효익 접근법(原價-效益 接近法 ; Cost-Benefit Approach)이라고 부르는데, 이는 여러 가지 통제방법이나 시스템들의 선택에 있어서 어떤 방법이 최소의 원가로 경영목표의 달성에 가장 많은 도움을 주는가 하는 것이 주된 선택기준이다.

사실상 이러한 원가와 효익의 측정은 그리 쉽지도 않을 뿐만 아니라, 단시일 내에 수치화할 수 있는 것도 아니다. 그 결과, 새로운 원가관리의 절차는 정착되기도 전에 구습과 타성에 익숙해져 있는 관계자들에 의해 부정적인 면만 강조되어 정착하지 못하게 된다. 그러나 원가 – 효익 접근법은 거의 모든 새로운 관리(통제)절차 문제를 분석하는 데 출발점이 된다고 할 수 있다.

효율적인 원가관리 제도는 식재료의 흐름을 원활히 할 수 있다. 그리고 각 지점에서의 통제를 합리적으로 할 수 있다. 또한 과다한 재고보유를 줄여 재고유지에 드는 비용을 최소화할 수 있으며, 원가를 절감하여 경쟁력을 키울 수 있어 미래지향적인 경영을 할 수 있다.

3. 식음료 원가는 어떤 절차에 의해서 관리되어야 하는가

식재료를 구매하여 상품화하고, 그리고 상품화된 식료와 음료가 고객에게 판매되어 분석의 과정을 거쳐 다시 상품화하기 위한 식재료를 구입하는 모든 과정을 관리(통제)하기 위한 단계적인 표준화된 물자와 운영에 관한 통제절차가 필요하다.

1) 정보통제의 단계

앞서 언급했던 "통제(Control)"의 개념을 보다 구체화하기 위해선 이 개념들을 정보처리의 개념과 결부시켜야 한다. 저장고에 입·출고(入·出庫)되는 식재료 전표의 합, 일일 매출액(량), 매일 구입되는 식재료의 수량과 가격, … 등이 여기에서 말하는 정보통제의 일례(一例)로 다음과 같은 내용들을 지속적으로 관리하는 것이라고 광의적으로 정의할 수 있다.

첫째, 정보의 포착

식재료 인수증의 정리는 정보포착의 일례이다.

둘째, 정보의 수집

일정기간 저장고(Storeroom)에서 출고된 식재료의 전표를 종합하여 식음료 원가 관리자(F + B Cost Controller)에게 전달하는 것은 정보수집의 일례이다.

셋째, 정보의 처리

저장고에서 출고된 식재료 가치의 합 또는 저장고에서 출고된 식재료 중

직접 주방에서 소비한 양(量)을 금액으로 계산하는 것은 협의의 정보처리
이다.

넷째, 정보의 작성과 공유

식재료 원가책임자에 의한 보고서와 주방책임자에 의한 보고서의 작성은
정보작성의 일례이며, 이러한 보고서를 관련부서에 배포하는 것은 정보공
유의 일례이다.

이러한 점을 고려할 때, 우리에게 관심이 있는 통제의 첫 번째 목적은 식
음재료의 구매에서부터 소비에 이르기까지 철저하고 지속적인 확인과정이다.
환언하면 식재료의 이동을 계속 확인하는 정보의 포착을 말한다. 이러한 정
보의 수집과정에서 식재료 자체의 이동에서 발생하는 첫 단계의 정보의 흐름
을 포착한다.

이 과정에서 발생하는 첫 단계의 정보는 식재료를 직접 취급하는 식재료의
구매지점(購買支店), 검수지점(檢收支店), 저장지점(貯藏支店), 생산지점(生産
支店 ; 주방), 판매지점(販賣支店 ; 각 영업장) …, 등의 관계자들의 업무에 의
해서만 포착할 수 있다. 결과적으로 식재료의 이동을 분석하는 것인데, 이것
은 식재료를 직·간접적으로 관리하는 관계자들이 제공하는 정보에 의해서만
가능하게 된다. 우리는 이것을 첫 번째 의미의 통제인 물자의 통제라 칭한다.

그리고 우리들에게 관심이 있는 통제의 두 번째 목적은 소비된 식재료에
의한 원가율의 결정과 이 원가율을 미리 설정된 목표와 비교하는 것이다. 즉,
주어진 정보를 처리하는 것이다. 그리고 이러한 과정을 거쳐 더욱더 규제화
된 내용을 관리해 갈 두 번째의 정보를 포착한다. 이것을 우리는 두 번째 의
미의 통제, 즉 운영의 통제라 칭한다.

결국, 정보의 수집과 처리는 식재료의 이동에 대한 수집된 정보를 형식화
(서류로 만들어)하여 제출하는 구성원들과 제출된 정보를 이용하여 식재료의
이동상황을 관리하는 구성원들 간에 긴밀한 관계를 유지할 때만이 가능하며,
물자관리(통제) 또는 운영관리(통제)에만 존속되어 있어서는 원만한 통제를
기대하기란 어려운 것이다. 상기에 언급한 두 개념의 통제를 효율적으로 수
행하기 위한 세 가지의 필연적인 기준을 다음과 같이 제시할 수 있다.

① 각 통제에 정해진 목적

② 정해진 목적을 달성하기 위한 구체적이고 체계적인 방법과 절차

③ 정해진 목적을 실행할 당사자의 참여 정도

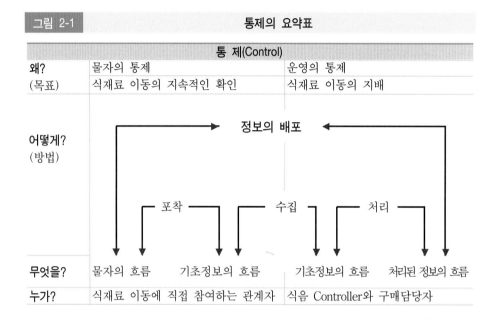

그림 2-1	통제의 요약표	
통 제(Control)		
왜? (목표)	물자의 통제 식재료 이동의 지속적인 확인	운영의 통제 식재료 이동의 지배
어떻게? (방법)	정보의 배포 포착　　수집　　처리	
무엇을?	물자의 흐름　기초정보의 흐름	기초정보의 흐름　처리된 정보의 흐름
누가?	식재료 이동에 직접 참여하는 관계자	식음 Controller와 구매담당자

2) 물자관리의 3단계

원가관리의 기본은 물자의 흐름을 사전에 설정된 단계별 절차와 방법대로 관리(통제)하는 것이다. 만약, 물자의 흐름을 정확하게 포착할 수만 있다면 원가의 관리는 완전하다고 말할 수 있다. 즉, 물자를 직·간접적으로 취급하는 각 지점에서의 물자와 양식(樣式)의 관리와 통제, 그리고 분석을 말한다.

각 업장의 개념(Concept)정립, 표준구매명세서 작성, 메뉴계획, 세부적인 생산방법, 식재료 흐름의 통제방법과 절차 등을 구체화하는 것을 사전관리 단계라고 한다. 그리고 식재료의 구매관리, 검수관리, 저장관리, 입고와 출고 관리, 생산지역의 철저한 관리 등을 포함하는 관리를 실행관리 단계라고 한다. 끝으로 판매분석, 메뉴분석, 원가분석과 재고분석 등에서 얻어지는 정보를 다음 의사결정에 적용하는 사후관리 단계로 나누어 볼 수가 있다.

흔히들 재료의 구매, 검수, 출고지점에서만 통제되면 이론적으로 식재료의 관리는 완벽하다고 하고, 생산 또는 저장하는 지점의 관리는 소홀히 한다. 그러나 현실적으로 완전한 통제란 상시 영업활동의 모든 과정을 포괄적으로 관리하는 것을 말한다.

표 2-1	원가관리(통제)의 단계	
사전 관리단계	**실행 관리단계**	**사후 관리단계**
· 개념의 정립	· 구매관리	· 판매분석
· 메뉴의 계획	· 검수관리	· 원가분석
· 표준구매명세서 작성	· 저장고관리	· 메뉴분석
· 표준레시피의 작성	· 생산관리	· 재고분석
· 표준분량의 설정	· 물자 흐름의 관리	· 시장분석
· 표준화된 물자흐름의	· 판매관리	· 매가분석
관리절차 및 방안 작성	· 재고관리	· 수익분석

3) 물자를 통제하는 양식(樣式)

식음료 재료의 흐름을 통제하기 위해서는 사전에 설정된 절차와 그 절차를 구체화하기 위한 양식이 있어야 하는데, 외식업체에 따라 다양하다.

앞서 우리는 통제절차와 방법은 설정한 목표에 달려 있고, 그 목표는 외식업체의 업종과 업태, 외식업체의 규모, 위치, 소유 형태, 메뉴 등에 따라 다양하게 설계할 수 있다고 말했다. 환언하면 여러 가지의 통제절차와 방법이 이용될 수 있으나 선택기준의 가장 이상적인 방법은 특정 외식업체의 특성에 적합한 방식을 택하되, 원가-효익이란 측면에서 최종 의사결정이 이뤄져야 한다고 말했다.

불행하게도 우리나라의 경우는 특정 외식업체의 현실적인 구조는 고려하지 않고 어느 선도 그룹의 절차와 방법을 오픈멤버라고 하는 사람들이 모방하여 무분별하게 받아들여 이용하고 있는 실정이다. 그러나 특정 외식업체의 훌륭한 시스템도 다른 특정 외식업체에는 적합하지 않을 수도 있다는 점을 알아야 한다.

이와 같은 점을 고려하지 않으면 필요하지도 않는 복잡한 절차에서 초래된 과다한 양식, 관리인원의 증가, 융통성과 신속성의 결여, 부서간의 불화 등이 원가 – 효익(原價 – 效益)이란 관점에서의 의사결정을 공염불에 불과하게 만든다. 또한 원가관리에 가장 중요한 역할을 하는 조직구성원들의 원가에 대한 관심은 결여되어 적당주의와 수치적인 원가관리에 의존하게 된다. 그 결과, 원래의 목적과는 먼 거리에서 유지되는 원가계산의 결과가 백분율로 표시되고, 이 결과는 원가절감이란 경영방침에 아무런 도움을 주지도 못하는 정보만을 제공할 뿐이다.

결국, 사용하는 양식은 식음료 원가관리와 통제의 깊이와 폭에 따라 결정되어야 하고, 식재료의 흐름을 따라 발생하는 정보의 배포도 원하는 목표와 일치하여야 한다.

4. 식음료 원가를 관리하는 구성원의 소속은 어디인가

외식업체의 업종과 업태, 소유형태, 규모 등에 따라 식음료원가를 관리하는 구성원의 소속은 다양하다. 예를 들어, 호텔, 체인외식업체 본사, 가맹점, 개인이 독립적으로 운영하는 일반식당 등에 따라 식음료 원가를 담당하는 담당자의 수와 소속은 다양하다. 그러나 중요한 것은 식음료를 관리하는 직원(종업원)의 소속이 어디이며, 그 수가 어느 정도이냐가 아니라, 어떤 직원이 어떤 절차와 방법으로 식음료원가를 관리할 수 있느냐 하는 것이다.

예를 들어, 규모가 작은 일반 대중식당의 경우는 식음료 원가관리는 매출 대비 비용이라는 측면에서 관리되겠으나, 규모가 크고 조직이 갖춰진 외식업체의 경우는 통제의 절차와 방법을 사전에 설정하여 그 범위 내에서 식음료 원가관리를 하고 있다.

즉, 다음 〈그림 2-2〉와 같은 절차에 따라 영업활동이 이뤄지는 각 지점에서 관리되어져야 하는 표준을 설정하고, 실제 영업의 결과를 측정한 다음에 그 결과를 사전에 설정한 표준과 비교를 한 후, 그 결과가 사전에 설정한 표준에 벗어나지 않으면 수용하고, 그 반대의 경우는 원하는 조치를 취하여야 한다.

그림2-2 　　　　　　　　　　　통제절차의 기본절차

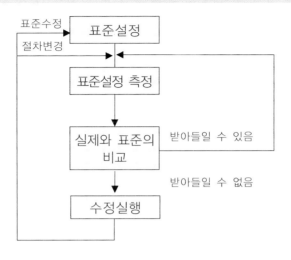

자료: Jack D. Ninemeier, F & B Controls, AH&MA, 1986, p. 19.

　식음료 원가관리를 계산의 측면에서만 고려한다면 빼고, 더하고, 곱하고, 그리고 나누기만 할 수 있는 능력만 있으면 된다. 하지만 식음료 원가를 관리(통제)할 수 있는 관리자는 누구라도 될 수 있는 것은 아니다.

　원가를 관리할 수 있는 관리자가 되기 위해서는 무엇보다도 ; ① 회계에 관한 배경이 있어야 하고, ② 선천적으로 호기심이 많은 사람이어야 하고, ③ 순간적인 판단력이 예리한 사람, ④ 설득력과 완고함을 겸비한 사람, ⑤ 식음료와 조리에 대한 지식이 풍부한 사람 그리고, ⑥ 어려운 환경 속에서도 열심히 일할 수 있는 능력이 있는 사람이어야 한다.

　하루 종일 책상 앞에 앉아 수치적으로 원가를 계산하는 관리자는 있어도 그만 없어도 그만이며, 정말 능력 있는 식음료 원가관리자는 각 통제지점의 관계자들과 함께 식음재료의 흐름을 따라 같이 뛰면서 확인하고, 문제를 찾고, 개선책을 논할 수 있는 그러한 사람이 되어야 한다.

　그리고 식음료 관리에 직·간접적으로 관계되는 모든 통제지점의 관계자들을(종사원들을) 식음료 원가개선이라는 틀 속으로 유도하여 함께 개선책을 찾은 동반자로서, 또는 조언자로서, 또는 보조자로서 업무를 추진할 수 있는 자질을 가지고 있어야 한다.

왜냐하면, 식음료 원가는 특정인 한 사람 혼자서는 통제할 수 없기 때문이다. 그렇기 때문에 원가절감이란 영업활동에 관계되는 모든 사람들이 원가절감이라는 마인드를 가지고 같은 방향으로만 움직여야 원하는 목표를 달성할 수 있다.

Ⅱ. 식음료 재료의 분류 ▪▪▪

외식업체에서 사용하고 있는 식음료 재료의 종류는 다양하다. 이렇게 다양한 식음료 재료를 효율적으로 관리하기 위해서는 여러 가지의 분류기준이 있을 수 있다. 일반적인 분류기준을 보면, 음료와 식료로 구분하고 다시 국산과 수입산(외산)으로 구분한다. 가장 이상적인 분류 기준은 특정 외식업체의 상황에 부합되는 방법으로 분류하는 것이다.

1. 식음료 재료는 어떻게 분류하는가

식음료 재료는 저장하는 장소에 따라, 또는 구매하여 검수를 거쳐 창고에 저장하느냐, 또는 생산(주방)지점이나 판매지점(업장)으로 직접 보내지느냐에 따라서 분류할 수도 있다. 또한 식재료의 그룹과 종류, 그리고 사용용도에 따라서도 분류할 수 있으며, 수입산과 국내산으로도 분류할 수 있다.

일반적으로 호텔의 경우는 식재료를 국산과 수입 식재료로 나누고, 이것을 다시 육류, 가금류, 육가공품류, 생선류, 어패류, 유제품, 야채류, 향신 야채류, 과일류, 잡품류 등으로 대분류하고 있다. 그리고 필요에 따라서 중분류, 또는 소분류를 할 수 있다.

음료의 경우도 식료와 마찬가지로 와인(Wine), Spirits & Liqueurs, 맥주, Soft & Mixers 등으로 분류한 후에 다시 중분류, 세분류할 수 있다.

1) 저장 장소에 따른 분류

식음료 재료를 저장할 저장고는 외식업체의 전체적인 컨셉트(Concept)를 우선 고려한 후, 고객에게 제공할 메뉴에 대한 구체적인 계획과 미래의 확장에 대비한 수용능력 등을 감안하여 설계되어야 한다. 이러한 과정을 거칠 때만이 식재료를 보관하는 단순한 기능으로 저장창고가 설계되지 않고, 식재료를 보관하고 관리할 수 있는 기능을 갖춘 저장고가 설계될 수 있다.

식재료의 종류와 상태에 따라 장기간 저장할 수 있는 식재료가 있는가 하면,

단기간 보관할 수밖에 없는 아이템들도 있다. 이러한 식료들과 음료들을 저장할 장소가 필요한데, 외식업체에서는 보통 다음과 같이 나누어서 보관한다.

그러나 호텔과 같이 다양한 업장을 가진 경우, 또는 대형 외식업체 등은 저장고를 체계적으로 구비하겠으나, 영세한 외식업체의 경우는 저장고의 종류와 규모, 그리고 위치 등이 구체적이지 못한 것이 일반적인 현상이다.

첫째, 냉동창고(Frozen Storage)

주로 냉동된 육류나 생선류, 야채류 등을 보관할 장소를 말한다. 식재료의 보관기능과 함께 관리기능을 중요시한 설계라면 냉동 식재료의 그룹에 따라 각각 분류된 냉동실이 준비되어 있어야 한다.

둘째, 냉장창고(Refrigerated Storage)

과일, 야채, 난류, 가공식품, 제과, 유제품, 신선한 육류, 신선한 가금류, 생선과 어패류 등을 보관하기 위한 곳으로 아이템별로 각각 분류하여 보관하는 것이 이상적이다.

셋째, 일반 저장창고(Dry Storage)

여기에 보관할 식재료의 경우는 비교적 보관기간이 긴 캔에 든 식품이나 곡물류, 가공된 후에 분말로 만들어진 소스류, 병에 담긴 소스류, 각종 향신료, 제과제빵에서 사용하는 원재료 등이 보관된다.

넷째, 음료 저장창고

음료를 저장할 수 있는 저장창고로 쎌라(Cellar), 또는 카브(Cave)라고 부른다. 음료의 경우도 세부적으로 분류하여 보관하는 것이 원칙이며, 세부적으로 분류하면 할수록 관리하기가 쉬워진다.

상기의 저장고들은 업장 전체를 위해 필요한 식음료 재료를 구분하여 저장하는 규모가 큰 공간을 말하고, 각 업장마다 매일매일 영업에 필요한 식재료와 음료를 보관할 수 있는 냉장고와 냉동고가 준비되어 있다.[5]

---

5) Reach - In 냉장고와 냉동고는 사람이 들어갈 수 없는 냉장, 또는 냉동고로 밖에서 손으로 물건을 넣거나 들어내는 보통 냉동·냉장고를 말한다. 반면, Walk - In 냉장고와 냉동고는 특정한 장소에 고정되어 있어 사람이 냉동·냉장고 속에 들어가서 물건을 넣거나 끄집어 낼 수 있는 규모의 냉동·냉장고를 말한다.

2) 검수를 거친 식재료가 이동하는 장소에 따른 분류

필요에 의해 구매된 식음재료는 식음재료의 상태에 따라 검수를 거쳐 저장고로 이동하는 경우와, 검수를 거친 다음에 생산지점(주방)으로 바로 이동하는 경우가 있다.

첫째, 스토어 퍼체이스(Store Purchase)

식재료가 구매되어 검수를 거친 후 일단 저장고로 입고(入庫)되는 아이템을 말한다. 주로 보관기간이 장기간인 냉동된 식재료, 곡물류, 가공식품, 또는 캔에 든 식품 등이 여기에 포함된다. 이러한 아이템을 영어로 변질되지 않은 아이템(Nonperisable Items)이라고 부르기도 한다.

둘째, 디렉트 퍼체이스(Direct Purchase)

식재료가 구매되어 검수를 거친 후 저장고에 입고(入庫)되지 않고 직접 생산지점(주방), 또는 판매지점(각 업장)으로 이동되어 대부분이 그날그날 생산, 또는 소비되는 식재료를 말한다. 이러한 아이템을 영어로 변질되는 아이템(Perisable Items)이라고 부르기도 한다.

3) 각 아이템을 고유번호로 분류하는 방법

외식업체(호텔의 식음료부분 포함)에서 사용하는 식음료 재료의 수는 수종에 이른다. 물론, 업종과 업태, 업장의 수, 규모와 종류, 소유의 형태, 위치, 그리고 제공하는 메뉴에 따라 상당한 차이가 있겠으나 다양화, 또는 개성화된 고객의 필요와 욕구를 충족시키기 위하여 호텔에서 사용하고 있는 식재료의 종류는 다양해지고 있는 추세이다.

외식업체에 전산화가 도입되지 않았을 때만 해도 이렇게 많은 아이템을 수작업에 의하여 관리할 수밖에 없었다. 그러나 요즈음은 많은 외식업체(호텔, 단체급식, 프랜차이즈 가맹점, 패밀리 레스토랑, 대형 업소 등)들이 식재료의 관리를 전산화하여 관리하고 있다.

일례를 들어, 식음료 재료관리의 전산화를 설명하면, 먼저 식재료를 식료와 음료로 분류하고 식료를 다시 육류, 생선 및 해산물, 채소와 과일, 유제품,

그로서리(Grocery) 등으로 대분류한다. 그리고 이것을 국산과 수입품으로 나눈다. 대분류된 각 그룹을 다시 중분류하고, 이들 각 그룹을 다시 소분류하여 관리한다.

이러한 작업은 식음료 재료관리를 전산화하기 위한 것이다. 이와 같은 방식으로 각 아이템에 고유한 번호가 부여되면 그 번호로 어느 아이템이 어느 분류에 속하고, 또 이 하부그룹은 어느 그룹에 해당하며, 이것이 국산인지 수입품인지 쉽게 구분할 수 있다.

음료의 경우도 같은 방법으로 분류하여 체계화하면 되는 것이다. 이것을 현업에서는 Inventory Code List(또는 Numerical Stock Catalog라고도 한다)라고 부르기도 한다.

그런데 문제는 전산화를 도입할 때(그룹으로 분류할 때, 또는 부호화할 때)에는 지금의 상황에 한정하지 말고 미래의 영업의 확장 등에 대비하여 여유있게 설계하도록 해야 한다는 것이다.

외식업체들이 전산화가 되었다고 식재료의 관리가 완전하게 이루어지고 있다고 생각하는 것은 어리석은 생각이다. 전산화와 관리는 별개의 문제로 합리적인 관리를 목표로 설계되지 않은 전산화는 업무를 간편화 내지는 신속화시키는 기여밖에 하지 못한다.

원가관리적인 측면에서 전산화란 식재료뿐만 아니라, 양목표(Recipe)와 메뉴도 전산화되어야 하고, 더 나아가서는 공급자와 외식업체를 연결하는 전산망으로 원하는 식재료를 원하는 양만큼, 원하는 업장에 공급받을 수 있는 관리체계가 구축되어야 한다.

코드화의 실례(實例)

다음에 제시하는 〈표 2-2〉는 서울 소재 특 1등급 특정호텔에서 실제사용하고 있는 식음료 코드로 그 중 필요한 부문만을 정리한 것이다. 여러 가지

| 표 2-2 | 식료 코드화의 보기 1-1-00-000 〈MEAT〉 | | |

코드#	내용 설명	사이즈	단위
1-1-10-000	[BEEF]		
1-1-11-000	* BEEF LOCAL		
1-1-11-111	BEEF SHORT LOIN		
1-1-12-000	* BEEF U.S		
1-1-12-111	BEEF SHORT LOIN SHORT		
1-1-13-000	* BEEF AUS		
1-1-13-111	AUS BEEF LOIN		
1-1-20-000	[PORK]		
1-1-21-000	* PORK LOCAL		
1-1-21-111	PORK LOIN BONE IN		
1-1-30-000	[VEAL]		
1-1-31-000	* VEAL U.S		
1-1-31-111	U.S VEAL HOTEL RACK 7RIB #306		
1-1-40-000	[LAMB]		
1-1-41-000	* LAMB U.S		
1-1-41-111	U.S LAMB RACK 8 RIB # 204		
1-1-50-000	[POULTRY/GAME/OTHER]		
1-1-51-000	* CHICKEN		
1-1-51-111	CHICKEN WHOLE		
1-1-52-000	* DUCK		
1-1-52-111	DUCK WHOLE		
1-1-52-112	DUCK BREAST		
1-1-53-000	* TURKEY		
1-1-53-111	TURKEY WHOLE		
1-1-54-000	* GOOSE		
1-1-54-111	GOOSE WHOLE		
1-1-55-000	* VENISON		
1-1-56-000	* GAME/ OTHER		
1-1-90-000	[HAM/SAUSAGE]		
1-1-91-000	* SAUSAGE/COLD CUTS		
1-1-92-000	* BACON/HAM/DRY		
1-1-92-111	BACON		
1-1-93-000	* PATÉ/OTHER		

의 방법으로 식재료는 코드화할 수 있으며, 여기에 제시하는 방법은 여러 가지의 방법 중에서 한 가지 방법에 불과한 것이다.

첫째, 식료의 경우

〈표 2-2〉에서 보여 주는 바와 같이 첫 번째 코드 번호는 식료군(群)을 구분하는 번호로, 여기서는 육류를 「1-1」로 표시했다. 두 번째 코드번호 두 자리 숫자 「00」은 육류를 다시 대분류화할 때 부여하는 코드번호이며, 여기서는 「10」을 쇠고기에 부여했다. 다시 쇠고기를 국산과 수입산으로 구별하여 국산에는 「1」을, 그리고 수입산은 「2」에서 수입국의 수만큼 수치를 추가해 나갔다.

예를 들어 미국의 경우는 「2」 호주의 경우는 「3」, 그리고 뉴질랜드의 경우는 「4」…, 이와 같은 방법으로 계속하여 구별되는 수치를 부여하면 된다. 세 번째 코드번호인 세 자리 숫자 「000」은 각 부위의 명칭을 나타내는 번호로,

두 번째 코드번호의 하부 코드번호로 되어 있다. 여기서는 각 하부 그룹별로 「111」에서 시작하여 「999」까지의 수치를 사용할 수 있어, 거의 무한정한 아이템을 코드화할 수 있다.

예를 들어 「1-1-11-111」의 경우 ; 「1-1」은 육류 / 「11」은 국산 쇠고기 / 「111」은 쇠고기의 부위를 말하고, 이 부위에 속하는 아이템에 「112 / 113 / 114 …」 등의 수치를 부여한다.

또 「1-1-12-111」의 경우 ; 「1-1」은 역시 육류를 / 그리고 「12」는 수입산 쇠고기 중 미국산을 / 그리고 「111」은 쇠고기의 부위를 말하고 / 이 부위에 속하는 아이템에 「112/ 113/ 114/ 115/ 116/ …」 등의 수치를 부여하면 된다.

둘째, 음료의 경우

일단 음료는 주류와 비주류로 나누고, 이것을 다시 국산과 수입산으로 나눈다. 보다 세부적으로는 수입산을 다시 수입국별로 구분하여 표시하기도 한다.

외식업체(호텔)에 따라 각각 다른 분류방법을 사용하고 있으나, 여기에 제시하는 예는 보기에 불과하므로 특정 외식업체에 적합한 분류방법을 모색하면 된다.

와인

- Champagne & Sparkling Wine
- White Wine French / 지역별로 구분
- White Wine German / 지역별로 구분
- White Wine Other Country

* Red Wine의 경우도 White Wine의 경우와 같은 방법으로 분류한다.

Spirits & Liquers

- Whisky

Whisky Malt, Whisky Scotch, Whisky Irish, Whisky Bourbon, Whisky Canadian… 등

- Gin / Vodka / Rum / Tiquila… 등
- Brandy

Brandy Cognac, Brandy Armagnac…등

- Liqueurs

Liquer Herb / Spice, Liqueur Fruits, Liquer Bean / Kernel… 등

Beer

- 병, 캔, Draft

ಬ Soft & Mixers ಐ

- 쥬스

- Soft Drinks

- Mixers

- Drink Syrups

- 기타

이렇게 분류된 각 그룹에 식료와 마찬가지로 재고코드번호(Inventory Code Number)를 부여하는데, 와인의 경우를 예를 들면, 2-1-00-000이라는 코드번호를 부여한다. 그런 다음에 하부그룹 번호를 부여하는데, 여기서는 샴페인과 스파클링에 2-1-10-000을 부여한다. 그리고 다시 하부그룹을 샴페인과 스파클링으로 나누고 샴페인에는 2-1-11-000을, 스파클링 와인에는 2-1-12-000을 부여하였다.

와인의 경우에는 고유번호가 2-1이고, 그 다음의 00이라는 수는 하부그룹에 부여하는 수로 99까지를 부여할 수 있다. 또 하부그룹 밑에는 각 아이템에 해당하는 고유한 수로 999까지를 부여할 수 있어서 거의 무한대에 이른다.

각 아이템에 대한 고유번호의 부여는 재고관리의 전산화 과정에서 시작된 것으로, 재고관리를 수작업에 의존하는 외식업체의 경우에는 상당히 생소할지도 모른다.

예컨대, 우리들의 주민등록의 번호와 마찬가지로 각 아이템에 고유번호를(Inventory Code Number) 부여하여 관리하면 다음과 같은 장점이 있다.

① 음료 관리의 절차와 양식을 간단화할 수 있다.
② 재고파악을 용이하게 한다.
③ 음료의 구매와 청구시 이름 대신 코드번호를 이용함으로써 시간을 절약할 수 있다.
④ 분석에 도움을 준다.

⑤ 음료 저장고(Cave)의 내부구역을 각 아이템에 부여한 코드번호 순으로
배치함으로써 음료의 관리와 취급 등을 용이하게 할 수 있다.

표 2-3	음료 코드화의 보기 2-1-00-000 〈WINE〉		
코드#	내용 설명	사이즈	단위
2-1-10-000	[CHAMPAGNE + SPARKLING WINE]		
2-1-11-000	* CHAMPAGNE		
2-1-11-111	×××	750ml	병
2-1-12-000	* SPARKLING WINE		
2-1-12-111	×××		
2-1-20-000	[WHITE WINE FRENCH]		
2-1-21-000	* WHITE WINE BORDEAUX		
2-1-21-111	×××		
2-1-22-000	* WHITE WINE BURGUNDY		
2-1-22-111	×××		
2-2-00-000	[SPIRITS + LIQUEURS]		

III. 구매지점의 관리 ■■■

　　다양한 고객의 욕구와 필요를 충족시키기 위한 업종의 분화는 가속화되고, 비례하여 사용하는 식재료의 종류와 양도 늘어난다. 이렇게 방대해진 구매업무를 효율적으로 관리할 수 있는 조직의 구성과 새로운 기법들이 일반 제조업에서는 꾸준하게 연구되어 개선되고 있으나, 외식업체의 경우는 그다지 합리적인 개선방법을 도입하지 못하고 현실에 안주하고 있는 듯하다. 다시 이야기해서 전문성이 결여된 구매활동으로 외식업체 운영의 특수성에 알맞은 구매의 기교를 발휘하지 못하는 듯하다.

1. 구매기능은 식음부문의 운영에서 얼마나 중요한가

　　전체적인 식음부문의 운영은 하나의 시스템으로 고려되고, 그 운영시스템은 역으로 여러 가지 복잡하고 서로 밀접한 관계가 있는 하부시스템으로 구성되어 있다. 구매와 검수, 그리고 저장을 포함하는 조달기능(Procurement라고 한다)은 식음부문을 성공적으로 운영하기 위해 요구되는 하나의 하부기능에 불과하다.

　　예를 들어, 적합한 질의 적합한 제품(Right Quality and Right Products)을 적합한 시간에(Right Time), 적합한 공급자(Right Supplier)로부터, 적합한 가격(Right Price)에 구입할 수 있는 체계가 갖춰져 있다면 성공적이라고 할 수 있다.

　① Right Quality and Right Products/ ② Right Time
　③ Right Supplier/ ④ Right Price

　　그러나 성공적인 식음부문의 운영을 위해서는 모든 하부기능에 상대적인 중요도를 부여하여 관리할 때만이 원하는 목표를 달성할 수 있게 된다. 식음부문의 운영에 요구되는 여러 가지의 기능 중에서 조달기능을 도식화하면 다음과 같다.

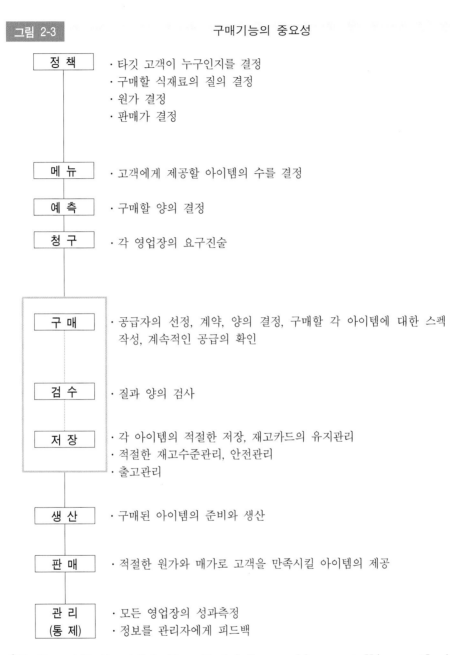

그림 2-3 구매기능의 중요성

정 책
· 타깃 고객이 누구인지를 결정
· 구매할 식재료의 질의 결정
· 원가 결정
· 판매가 결정

메 뉴
· 고객에게 제공할 아이템의 수를 결정

예 측
· 구매할 양의 결정

청 구
· 각 영업장의 요구진술

구 매
· 공급자의 선정, 계약, 양의 결정, 구매할 각 아이템에 대한 스펙 작성, 계속적인 공급의 확인

검 수
· 질과 양의 검사

저 장
· 각 아이템의 적절한 저장, 재고카드의 유지관리
· 적절한 재고수준관리, 안전관리
· 출고관리

생 산
· 구매된 아이템의 준비와 생산

판 매
· 적절한 원가와 매가로 고객을 만족시킬 아이템의 제공

관 리 (통 제)
· 모든 영업장의 성과측정
· 정보를 관리자에게 피드백

자료 : Bernard David and Sally Stone, Food & Beverage Management, Heinemann : London, 1987, p.108

2. 구매부서의 조직은 어떻게 구성되어 있나

구매부서의 조직은 외식업체(호텔 포함) 운영전반에 걸쳐 필요한 모든 물자의 원활한 공급을 위해 필요하다. 즉, 식재료, 일반자재, 고정자산을 관리할 수 있는 조직을 말한다.

외식업체의 업종과 업태, 규모와 소유의 형태 등에 따라 구매부서의 조직도 세분화될 수 있겠으나, 어떠한 조직이 이상적인 조직이라고 말할 수는 없다. 특정 외식업체의 특성에 합당한 조직이면 이상적인 조직이라고 말할 수 있다.

영업활동에 요구되는 식음료재료와 기타 물건을 요구하면, 요구한 양이 적절한지를 평가하고, 공급자를 선정하여 가격을 협상하고, 실제로 구매한 후, 주문한 물품이 입고될 때까지 진행사항을 점검하여야 하고, 물품이 도착하면 검수를 하고 기록하며, 저장고와 재고관리를 하여야 하며, 공급자와의 관계를 지속적으로 유지하여야 하는 등과 같은 막중한 업무를 진행하는 것이 구매부서이다.

그렇기 때문에 구매부서를 구성하는 구성원은 다른 부서와 마찬가지로 식음료재료에 대한 지식이 풍부하여야 하고, 외식업체의 특성에 적합한 구매절차와 방법을 구체화할 수 있는 능력이 있어야 하며, 공급자(시장)에 대한 풍부한 정보를 보유하고 있어야 한다. 또한 커뮤니케이션과 시간관리, 문제해결, 구매업무관리 등에 대한 스킬이 있어야 하며, 유연성과 창의성이 있어야 하고, 윤리적인 면이 우선되어야 한다.

외식업체의 외형적인 수입과 식음료 원가만을 가지고 구매를 담당하는 이상적인 조직을 논할 수는 없다. 그러나 식재료의 구매에서 절감할 수 있는 식음원가율을 감안할 때 구매조직과 그 조직을 구성하는 구성원의 역할은 간과하여서는 안 된다.

복수의 업장을 운영하고 있는 호텔이나, 패밀리 레스토랑, 패스트푸드 레스토랑, 다수의 가맹점을 보유하고 있는 프랜차이즈 본사, 단체급식업체, 규모가 큰 단일 외식업체 등은 그 규모에 적합한 구매조직이 있어, 구매업무를 분담하고 있다. 그러나 규모가 작은 영세한 대중식당의 경우는 그렇지 못한 것이 사실이다.

3. 식음료 원가와 식재료의 구매와는 어떤 관계가 있는가

식음료 원가관리의 단계를 3단계로 나누어 볼 때, 구매지점은 원가관리의 사전과 실행관리 단계에 속한다. 사전에 정해진 스펙(Specification)에 부합하는 원하는 아이템을 원하는 시간에, 객관적인 방법에 의해 선정된 공급자들로부터 가장 적정한 가격으로 구매할 수 있다면 식음료의 원가는 보다 좋은 결과를 가져올 수 있다. 그리고 이와 같은 결과는 과학적인 시장조사, 객관적이고 합리적인 공급업자의 선정, 체계적인 구매스펙의 관리, 적정량의 구매체계 등이 선행되어야만 가능하다.

그러나 식음료 재료의 경우 ; ① 상당수에 달하는 아이템에 대해 공급자(또는 구매자)가 제공하는 구매자를 위한 객관적인 스펙(Specification)이 없고, ② 매가에 대한 변화가 심하고, ③ 구매의 횟수가 잦고, ④ 선정된 공급자의 수가 많고, ⑤ 영세업자들이 많고, ⑥ 그리고 대부분이 시장가격에 의해 제공되기 때문에 관리 또한 어렵다.

영업활동을 통하여 수익을 높이는 것도 중요하지만 더욱 중요한 것은 원가를 절감하여 이윤을 높이는 것이 여러 가지 측면에서 유리하다는 것을 알아야 한다.

예를 들어, 10,000원을 주고 구입해야 하는 쇠고기 1kg를 9,500원을 주고 구입할 수 있다면, 500원의 구매원가를 절감할 수 있다. 만약, 연간 소고기의 소비량이 5톤이라고 가정하면, 2,500,000원의 구매원가를 절감할 수 있다. 그리고 이 금액을 영업을 통해 얻는다고 가정해 보면, 구매단계에서 구매원가의 저감(低減: 낮춰서 줄임)은 원가개선에 지대한 영향을 미친다는 것을 쉽게 이해할 수 있다.

4. 구매량의 결정은 어떻게 하는가

구매량을 결정하는 데는 여러 가지의 변수를 고려하여야 한다. 식료의 경우는 일반자재와는 달리 저장상의 문제, 예측의 어려움, 계절성, 구매시장의 조건 등과 같은 변수가 구매하여야 할 적정량의 결정에 많은 영향을 미친다. 그렇기 때문에 현실적으로 납득할 수 있는 수치적인 구매량(購買量)의 결정이 어려운 것은 사실이다.

다음에 소개되는 경제적인 주문량은 모든 조건이 충족되었을 때 산술적으로 계산할 수 있는 경제적인 주문량에 불과하다.

1) 경제적 주문량(EOQ : Economic Order Quantity)

구매와 운반에 소요되는 비용을 최소화하기 위해서 결정하여야 할 1회 주문량이 있는데, 다음과 같은 공식에 의해 얻어진다.

$$경제적\ 주문량 = \sqrt{\frac{2FS}{CP}}$$

※ 여기서 : F : 1회 주문에 소요되는 고정비용
S : 연간 매출액, 또는 사용량
C : 관리비용(보험, 이자, 저장)
※ 재고총액에 대한 백분율
P : 단위당 구매원가

예를 들어, 특정 외식업체에서 특정 아이템의 연간 사용량이 1,000kg이라고 하고, 관리비용이 재고가치의 15%, 단위당 구매원가는 12,000원, 그리고 주문에 소요되는 고정비용이 8,000원이라는 조건하에서 경제적 주문량은 다음과 같이 구할 수 있다.

$$경제적\ 주문량 = \sqrt{\frac{2 \times 8 \times 1,000}{15\% \times 12}}$$
$$= \sqrt{\frac{16,000}{1.8}}$$
$$= \sqrt{8,888}$$
$$= 94kg$$

결국, 관리비용과 주문에 소요되는 고정비용을 최소화하기 위한 경제적인 주문량은 매주문시 94kg이라는 계산이다.

여기에서 1년간 몇 회를 주문하여야 하는가를 알고 싶다면, 연간 사용량을 경제적인 주문량으로 나누어서 얻을 수 있다. 즉, 1,000 ÷ 94kg = 10.6회가 된다. 대략 34일(365 ÷ 10.6)마다 주문하면 된다는 계산이다.

특정 아이템에 대한 연간 수요량이 비교적 안정적이라는 전제하에서 상기의 공식에서 얻어지는 수치는 설득력 있는 수치이다.

2) 소모량에 대한 통계

적정량의 재고를 유지한다는 것은 계산적으로만 되는 것은 아니다. 수요와 소비에 대한 꾸준한 분석과 시장동향 등에 대한 정보가 있어야만 적정량에 가까운 재고를 유지할 수가 있다.

〈표 2-4〉는 특정 아이템들에 대한 월간 소모량에 대한 통계수치로 매달 누계가 되어 1년간의 소비량을 파악할 수 있다. 또한 연간의 소비량에 대한 통계가 각 아이템마다 집계되면 각 아이템에 대한 재고를 적정량으로 유지할 수 있어, 식음료 원가개선에 많은 도움을 줄 수가 있게 된다.

표 2-4   Trend of Storeroom Inventory Consumption [Food]

0000/00/00

1-3-00-000 [FRUITS & VEGETABLES]

CODE	DESCRIPTION	SIZE	UNIT	MONTHLY CONSUMPTION (Q'TY)			Y-T-D TOTAL	THIS MONTH BALANCE		
				JAN	FEB	MAR		Q'TY	U/COST	AMOUNT
1-3-11-121	APPLE FUJI (L)	4 DAI	KGR	60	105	0	165	.00	.00	0
1-3-11-124	APPLE FUJI (S)	5 DAI	KGR	3,070	2,325	0	5,395	.00	.00	0
1-3-11-221	AVOCADO		EA	105	66	0	171	.00	.00	0
1-3-11-231	BANANA		KGR	406	289	0	695	.00	.00	0
1-3-11-381	GRAPEFRUIT		EA	323	252	0	575	.00	.00	0
1-3-11-411	KUMQUAT (KING-KAN)		KGR	58	30	0	88	.00	.00	0
1-3-11-421	KIWI		EA	7,791	5,485	0	13,276	.00	.00	0
1-3-11-431	LEMON		EA	2,090	1,355	0	3,445	.00	.00	0
1-3-11-451	MANDARINE		KGR	784	747	0	1,531	.00	.00	0
1-3-11-521	MELON MUSK		EA	491	190	0	681	.00	.00	0
1-3-11-591	MELON WATER		KGR	851	505	0	1,356	.00	.00	0
1-3-11-611	ORANGE		EA	15,480	7,200	0	22,680	.00	.00	0
1-3-11-671	PEAR (L)	2 DAI	KGR	148	132	0	280	.00	.00	0
1-3-11-673	PEAR (M)	3 DAI	KGR	1,851	1,056	0	2,871	.00	.00	0
1-3-11-711	PERSIMMON HARD		EA	1,820	2,709	0	4,529	.00	.00	0
1-3-11-721	PINEAPPLE		KGR	529	424	0	953	.00	.00	0
1-3-11-741	STRAWBERRY (L)		KGR	552	714	0	1,266	.00	.00	0
1-3-12-000	* FRUITS FROZEN									
1-3-12-151	RASPBERRY FROZEN	10 LB	BOX	0	2	0	2	38.00	25,425.00	966,150
1-3-12-161	STRAWBERRY FROZEN	10 LB	BOX	0	4	0	4	15.00	16,174.00	242,610
1-3-12-171	BLACK CURRENT WHOLE FROZEN		KGR	0	0	0	0	20.00	9,585.80	191,716
1-3-12-191	MANGOS FROZEN SLICED	1 KG	CAN	24	0	0	24	216.00	10,000.00	2,160,000
1-3-12-211	PASSIONFRUIT PUREE FROZEN	1KGX12PKG	BOX	1	2	0	3	3.00	96,000.00	288,000

5. 구매지점에서 사용하는 양식(樣式)에는 어떤 것들이 있는가

구매지점에서 식재료의 흐름을 통제하기 위해서 사용하는 양식은 외식업체에 따라 다를 수도 있지만 일반적으로 다음과 같은 양식들이 사용되고 있다.

첫째, 구매명세서

구매명세서(Purchase Specification)는 특정업장의 특정용도에 쓰이는 구매할 아이템에 대해 객관적이고 일반적인 사항, 그리고 특기사항 등을 자세히 기록하여 구매시에 이용하는 일종의 명세서이다.

둘째, 구매청구서

구매요구서, 구매의뢰서(Purchase Request, Purchase Requisition)라고도 불리는 이 양식은 저장고에서 저장할 아이템들에 대한 구매를 의뢰, 또는 청구할 때 구매부서에 보내는 양식이다.

셋째, 일일시장리스트

일일시장리스트(Daily Market List, Market List, Market Quotation)는 생산지점(주방)에서 매일매일 요구되는 아이템을 주문할 때 작성하여 구매부서에 보내는 양식이다.

넷째, 구매발주서

구매발주서(Purchase Order)는 구매청구서에 의해 요청된 아이템을 구매하기 위해서 구매부서에서 작성하는 양식이다.

6. 구매명세서는 왜 필요한가

구매명세서란, 다음의 〈표 2-5〉에서 보는 바와 같은 것으로 구매스펙이라고 부르기도 한다. 구매명세서는 특정한 식료에 대한 질, 크기, 등급 등을 표준화하여 그 내력을 기록한 것으로 주로 육류, 생선, 과일, 야채 등에 많이 쓰인다. 우리나라의 경우는 공급자가 수요자, 또는 수요자가 공급자를 위한 구매스펙을 제공하지 않아 직접 만들어 사용하는 호텔도 있다. 스펙이 잘 관리되고 있으며 여러 가지의 장점이 있는데, 그 중 중요한 것만을 살펴보면 다음과 같다.

① 물품을 보지 않고도 스펙에 따라 전화로 원하는 아이템 주문이 가능하다.

② 주문상에서 생기는 실수와 오해가 해소된다.

③ 고객에게 제공하는 음식의 질을 계속 유지할 수 있다.

④ 원가의 관리와 비교에 용이하게 쓰인다.

⑤ 구매업무를 효율적이고 신속하게 할 수 있다.

이러한 장점들을 가지고 있는 구매스펙이 그 진가를 발휘하지 못하고 있다는 것은 아직 원가관리제도가 정착하지 않고 있다는 뜻으로 해석될 수 있다. 그러나 점차 그 중요성을 인식하여 공급자들과 수요자들이 이 부분에 지대한 관심을 보이고 있다.

특히, 가맹점을 관리하고 있는 가맹본부, 패밀리와 패스트푸드 레스토랑 등은 공급자(협력업체)로부터 전처리, 또는 완제품의 상태로 식재를 공급하고 있기 때문에 스펙관리를 잘 할 수 있다. 그러나 원식재료(농수축산물 등)를 공급하는 경우는 통일된 스펙을 관리하기가 쉽지 않다. 왜냐하면 출하하는 상태에서 등급과 크기 등에 대한 구체적인 정보가 제공되지 않기 때문이다. 구매명세서는 용도에 따라 다양하게 작성되는데, 중요한 것은 이용자가 필요로 하는 정보를 포함하면 이상적인 「스펙」이라고 말할 수 있다.

일반적으로 식재료에 대한 스펙의 경우, 적어도 다음 〈표 2-5〉와 같은 정보가 포함되어야 한다.

표 2-5　　　　　　　　　　구매명세서 형식의 보기

1. Product name :
2. Product use for :

> Clearly indicate product use (such as olive garnish for beverage, hamburger patty for grill, frying for sandwich, etc.)

3. Product general description :

> Provide general quality information about desired product. For example, "iceberg Lettuce ; heads to be green, firm without spoilage, excessive dirt or damage. No more than 10 outer leaves ; packed 24 heads per case."

4. Detailed description :

> Purchaser should state other factors which help to clearly identify desired product. Examples of specific factors, which vary by product being described, include :
> - Geographic origin
> - Variety
> - Type
> - Style
> - Grade
> - Size
> - Portion size
> - Brand name
> - Density
> - Medium of pack
> - Specific gravity
> - Container size
> - Edible yield, Trim

5. Product test procedures :

> Test procedures occur at time product is received and as/after product is prepared/used. Thus, for example, products to be at a refrigerated temperature upon delivery can be tested with a thermometer. Portion-cut meat patties can be randomly weighed. Lettuce packed 24 heads per case can be counted.

6. Special instructions and requirements :

> Any additional information needed to clearly indicate quality expectations can be included here. Examples include bidding procedures, if applicable, labeling and/or packaging requirements and delivery and service requirements.

자료 : Jack D. Ninemeier, Purchasing, Receiving, and Storage : A Systems Manual for Restaurants, Hotels, and Clubs(Boston : CBI, 1983), p.60

첫째, 상품명

상품명을 기록한다.

둘째, 상품의 용도

어디에 어떤 용도로 사용될 것인가를 정확하게 기록한다.

셋째, 상품에 대한 일반적인 설명

상품에 대한 내용을 기록한다. 양상추를 예를 든다면, 표면은 파란색을 띠고 있어야 하고, 흠이 없이 단단하여야 하며, 밖을 덮고 있는 잎이 10개 이하여야 하고, 한 상자에 24통이 들어 있어야 한다는 등의 정보가 포함되어야 한다.

넷째, 구체적인 설명

구매자는 상품에 대해 원하는 구체적인 내용을 서술할 수 있는데, 예를 들어 다음과 같은 것들이다.

① 생산지(Geographic Origin)/ ② 등급(Grade)/ ③ 밀도(Density)/ 다양성(Variety)/ 규격(Size)/ 포장재료(Medium of Pack)/ 유형(Type)/ 포션의 크기(Portion Size)/ 스타일(Style)/ 브랜드 명(Brand Name)/ 먹을 수 있는 상태의 수율(Edible Yield, Trim)

다섯째, 상품의 검사절차

상품의 도착, 준비 후, 그리고 사용 후의 세 단계로 이루어진다. 예를 들어, 적정온도를 유지하여야 하는 경우에는 도착한 후의 온도조사, 무게조사, 내용물 수량조사 등

여섯째, 특별한 지시나 요구사항

예를 들어, 공개입찰 절차, 라벨부착과 관련된 사항, 포장관련 요구사항, 배달과 서비스 조건 등이 여기에 포함된다.

7. 구매는 어떤 절차에 의해서 이루어지는가

외식업체에서 요구되는 식재료는 두 가지의 절차에 의해서 구매가 청구된다.[6] 그 첫째가 생산지점(일반적으로 주방)에서 일일시장리스트에 의해서 청

구되는 단기간 내에 소비하여야 하는 아이템들로 직접 생산부서(주방)로 이동되는 아이템들이다. 그리고 그 두 번째는 구매청구서에 의해서 구매되어지는 저장고에 저장되는 아이템들이 있다.

저장고에 입고(入庫)될 아이템에 대한 구매는 저장고를 관리하는 관리자가 어느 특정한 아이템들에 대하여 구매의 필요성을 인식하면(Par Stock 관리에서는 Min Level에 도달하면) 구매청구서를 작성하여 구매부서에 전달한다. 여기서 말하는 식음료 재료의 구매는 사전에 설정된 Par Stock(여러 가지의 의미가 있으나 여기서는 어느 아이템의 Max와 Min Level로 재고를 관리하는 방식), 시장의 상황, 예측 등과 같은 구매결정 요인 등을 고려하여 책임자의 승인을 얻어 구매청구서를 작성하여 구매부서에 전달한다. 이것을 스토어 퍼체이스(Store Purchase)라고도 한다.[7]

각 주방이나 업장과 같은 생산, 또는 판매지점에서의 구매요청은 주방의 재고, 메뉴, 예약 등의 변수를 고려하여 일일시장리스트가 작성된다. 이 지점에서의 구매청구는 매일매일 필요로 하는 것으로 일단 구매되어 청구한 부서에 입고되면 그 날 소비한 것으로 간주되는 아이템들이다. 이것을 디렉트 퍼체이스(Direct Purchase)라고도 한다.

일반적으로 식재료의 구매 방법은 ① 구매청구서와 구매발주서에 의한 정식구매 방법, ② 일정기간 동안 계약조건하에서 계약기간 내에 동일가격으로 구매하는 방법인 일일시장리스트에 의한 구매방법과, 마지막으로 ③ 소액현금(Petty Cash) 구매방법 등이 있다.

1) 구매청구서는 어떻게 작성하는가

외식업체에 따라 다양한 양식을 사용하고 있어 일반적으로 어떤 양식이 훌륭한 양식이라고 말하기는 어렵다. 그러나 어떤 양식을 사용하든지 특정 외식업체의 특성에 부합하는 양식이면 훌륭한 양식이 될 수 있다.

---

6) 일반적으로 규모가 있고, 경영의 체계화가 되어 있는 경우(호텔, 단체급식, 대형 업소, 패밀리 레스토랑, 등)
7) 영세한 독립적인 대중식당의 경우, 구매를 위한 별도의 양식이 존재하지 않아 상황에 적합한 방법으로 구매하여야 할 내용을 파악하여 구매한 후에, 장부상에는 기록하지 않고 구매원가만 기재하는 경우가 대부분이다.

이 양식에는 일반적으로 필요한 아이템 명과 필요한 수량, 주문한 아이템이 입고되어야 하는 날짜, 구매를 요구하는 부서가 기록되어 구매부서로 전달되는 것이 일반적인 흐름이다.[8]

> 스토어룸 → 구매청구서 작성→ 구매부서 → 구매오더 작성

보통 1조 2매로 구성되어 있으며, 다음과 같은 절차에 따라 작성된다.

① 식재료 저장고를 관리하는 담당자가 정해진 절차에 따라 필요한 아이템과 양을 파악하여 구매청구서(P/R)를 작성한 후 정해진 절차에 따라 결재를 받는다.
② 결재를 득한 후 사본 1매는 보관하고 원본을 구매부서로 보낸다.
③ 구매부서에서는 이 P/R을 기초로 구매발주서(P/O)를 작성하여 경리와 검수지점에 사본 1부씩을 보낸다.

외식업체에 따라 구매청구서(P/R)를 구매발주서(P/O)로 갈음하는 경우도 있는데, 이러한 경우에 창고에서는 재주문 리스트(Reorder List)를 구매청구서 대신사용하고, 구매발주서 대신 구매청구서를 작성한다.

이 절차는 다수의 업장을 가진 호텔식 음료부분을 중심으로 설명한 것으로 일반식당, 패밀리, 패스트푸드, 체인가맹점, 단체급식 등은 각각 다를 수도 있으며, 서류에 의존하는 방식에서 탈피하여 전산화하여 관리하는 업체의 수가 늘어나고 있다.

▶▶구매 청구서 양식은 부록을 참조 바람.

2) 일일시장리스트는 어떻게 작성하는가

신선도와 저장의 문제로 매일매일 구매해야 하는 생선류, 야채류, 과일류, 육류, 기타 필요한 아이템들로 대부분이 직접 생산지점(주방, 각 영업장)으로 이동된다. 일반적으로 계약된 공급자로부터 일정기간 동안(아이템에 따라 1주일 또는 15일) 고정된 계약가격으로 공급을 받을 수 있는 아이템들이다. 일반

---

8) 이 경우는 호텔과 같이 다양한 업장을 가지고 있는 경우를 중심으로 설명하였다.

적으로 1조 4매로 되어 있으나 호텔에 따라 다양하며, 다음과 같은 절차에 따라 작성된다.

① 각 생산지점에서 익일, 또는 2~3일 후에 필요한(어떤 행사를 위해서 사전에 준비를 요하는 아이템들) 아이템과 그 양을 재고와 메뉴, 예약상황 등을 고려하여 일일시장리스트를 작성한다.

② 작성 후, 정해진 절차와 계통에 따라 결재를 득한 후 사본 1매는 보관하고 나머지 3매는 구매부서로 보낸다.

③ 구매부서에서는 정해진 절차에 따라 결재를 득한 후에 업체를 선정하고, 전화나 팩스 등으로 주문한 후에는 일일시장리스트 3매 전부를 검수로 보낸다.

매일매일 구매되는 아이템들이 직접 생산지점(주방, 바)이나 판매지점(각 영업장)으로 직접 전달되지 않고 저장고로 입고되는 아이템들이(Dairy류, 과일, 야채 등) 있을 수도 있다.

이러한 경우, 구매의뢰는 생산지점 또는 판매지점에서 이루어지고, 관리는 창고에서 이루어지기 때문에 관리와 업무의 이중화가 나타날 수 있는 소지가 있어 재고관리에 어려움이 있을 수도 있다.

이러한 폐단을 없애기 위한 방법의 하나는 일일시장리스트에 의해서 일괄적으로 구매하여 저장고에 저장한다. 그리고 청구가 있는 아이템에 대해서는 창고 아이템으로 간주하여 창고에서 일일시장리스트를 작성하여 구매한다. 그리고 관리는 일반창고 저장품과 같은 절차를 따르면 된다고 생각한다.

일일시장리스트에 의해서 구매되는 아이템의 경우, 가격의 변화가 심하다. 그래서 보다 유리한 가격에 구매하기 위해서 보통 3개 업체 이상에게서 견적을 받는데, 주로 활어와 해산물, 그리고 채소의 종류들이다.

▶▶ 일일시장리스트 양식은 부록을 참조 바람.

3) 현금구매, 또는 긴급구매란 무엇인가

모든 구매절차는 구매청구서(P / R), 또는 일일시장리스트(D / M / L)를 통하여 구매하는 것을 원칙으로 하나, 시장조사 수행시 구매되는 품목이나 해외에서 운반되는 소품(Hand Carried Items) 등을 현금구매, 또는 긴급구매(Petty Cash)라고 말한다.

현금구매, 또는 긴급구매된 아이템은 영수증을 첨부하여 다음과 같은 절차에 의해 비용청구, 또는 정산한다.

① 구매부서의 자금으로 우선 구매한다.
② 정해진 절차에 따라 경리부서에서 선지급금을 환불받는다.

4) 신규 아이템에 대한 청구는 어떻게 이루어지는가

신규 아이템의 필요성이 발생하면 새로운 아이템을 구매하기 위한 절차가 필요하게 되는데, 여기서 말하는 신규 아이템은 지금까지 전산화 코드 번호가 주어지지 않은 아이템을 말한다. 즉, 지금까지 우리 업체에서 사용하지 않았던 아이템을 말한다. 이러한 아이템을 구매하기 위해서는 기존의 아이템에 비하여 중요도에 따라 구매절차가 상당히 복잡하게 되는데, 「H 호텔」의 경우를 보면 다음과 같은 절차를 따르고 있다.

① F & B 부서에서 P/R을 작성하여 구매부서에 전달한다.
② 구매부서에서는 3개 업체 이상의 업자로부터 견적을 받아 심사부(호텔의 조직에 따라 상이할 수도 있음)에 전달한다.
③ 심사부서에서는 구매량 및 비용을 처리하여 F & B 부서에 다시 전달한다.
④ F & B 부서에서는 확인과정을 거쳐 결정을 한다. F & B 부서장의 결재를 득하여 구매담당 부서장의 결재, 재무 이사의 결재, 그리고 총지배인의 결재를 득한 후 ;
⑤ P/O를 작성하여 (날짜 결정, 구매조건, 대금지급 방법)
⑥ 공급자에게 전달한다.

이러한 과정을 거쳐 구매되면 새로운 아이템에 대한 고유번호가 부여되고 차기의 구매에서는 일반적인 구매절차를 따르게 된다. 그러나 대부분의 호텔과 일반 외식업체는 이와 같은 절차를 따르지 않고 있다.

5) 구매발주서는 누가 어떻게 작성하는가

구매청구서(P/R)가 물품을 청구한 부서로부터 구매부서의 담당자에게 도착하면 구매발주서(P/O)가 작성된다. 구매를 청구한 부서에서 작성한 청구서를 바탕으로 작성하나 구매를 요하는 아이템에 대한 구체적인 내역이 없이 구매부서에 전달되는 경우, 구매부서에서는 곤란에 봉착하게 된다.

예를 들어, 구매청구서에 토마토 1kg이라고 표시했다면 어떤 질의 토마토를 구매해야 할지, 크기는 어느 정도가 적당한지, 사용용도는, 그리고 어떤 상태의 토마토인가를 알아내기가 어려워진다. 그래서 대형 호텔, 또는 구매관리가 잘 행하여지고 있는 외식업체에서는 레스토랑의 컨셉트(Concept)와 메뉴에 바탕을 두고 구매명세서(Purchase Specification)를 상세하게 작성하여 물품을 청구하는 부서에 비치하게 만든다. 그리고 물품을 청구하는 부서에서 원하는 물품은 구매명세서에 근거하여 구매청구서를 작성하게 한다.

일반적으로 구매청구서는 1조 3매 이상으로 구성되어 있으며, 다음과 같은 용도로 사용한다.

① 원본은 구매부서에 보관하고
② 사본 1매는 업자에게
③ 사본 1매는 청구부서에
④ 사본 1매는 검수부서를 경유하여(현물과 대조용) 원가관리팀에(호텔의 조직에 따라 상이할 수도 있음)
⑤ 외식업체(호텔)에 따라서는 사본 1매를 스토어룸에 보내기도 하고, 경리부서에 보내는 경우도 있다.
▶▶ 구매 발주서 양식은 부록을 참조 바람.

6) 발주는 어떻게 진행되는가

구매청구서가 정해진 절차에 의해서 구매부서에 도착하면 구매부서에서는 발주를 하는데, 일반적으로 다음과 같은 절차에 의해서 진행된다.

첫째, 내산의 경우

① 정해진 절차에 따라 입찰을 통하여 가격과 업체를 선정한다.

② 가격과 업체가 선정되면 정해진 절차와 계통에 따라 내부결재를 득한 후에 발주한다.

③ 매일 사용되는 식자재의 경우에는 한 달에 2회 업체와 가격을 정하며, 매일 필요한 양을 발주하여 구매한다.

④ 공사인 경우에는 공사계약서, 보증보험 증권, 시방서를 첨부하여 결재를 받는다.

둘째, 외산의 경우

대리점(Agent)이나 한국 관광용품 센터(Korea Tourism Supply Center)를 통하여 구매하는 품목은 일반품목(Stock Items)과 특별품목이 있으며, 일반품목인 경우에는 내산의 경우와 동일하다.

8. 구매에 관련된 기록은 어떻게 하는가

지금까지 상품의 생산에 요구되는 식료와 음료를 구매하는 지점을 중심으로 구매부서의 조직과 그 기능, 구매와 원가와의 관계, 구매절차, 공급자, 그리고 구매시 사용되는 제 양식에 대해서 살펴보았다.

앞서 우리는 식음료 원가관리는 식재료 자체의 흐름과 그 흐름 과정에서 발생하는 정보를 포착하여 관리하고 통제할 때만이 긍정적인 결과를 기대할 수 있다고 말했다. 그런데 이러한 통제를 효율적으로 하기 위해서는 원가관리의 기초가 되는, 신뢰할 수 있는 기록들이 요구되는데, 이것을 우리는 구매와 관련된 기록이라고 부른다.

구매에 관한 기록은 구매청구서와 일일시장리스트, 그리고 현금구매에 의해 구매되어 외식업체에 입고된 식료와 음료에 관한 내력을 기록하는 일일구매기록과 하루하루의 구매기록을 종합한 월말구매기록이 있다.

1) 일일구매기록

구매되어 호텔에 입고되는 식료와 음료는 반드시 검수라는 과정을 거치기 때문에 일일구매보고서(Daily Purchase Record)는 검수지점에서 수령한 식료와 음료를 바탕으로 만들어지는 일일검수(또는 수령)보고서(Daily Receiving Report)에 의해서 만들어지는 것이 원칙이다.

일일검수보고서에 집계된 식료와 음료의 총계는 일일구매보고서상에 집계된 식료와 음료의 총계와 일치하여야 한다.

구매된 식음료를 보다 세분화하기 위해서 식료도 육류(Meat), 생선과 해산물(Fish /Seafood), 과일과 채소(Fruit /Vegetable), 유제품(Dairy), 그로서리(Grocery) 등으로 세분화하여 기록한다. 그리고 각 그룹의 소계를 집계한 후에 전체총계를 계산하여 하루의 총 구매금액을 산출한다. 그리고 이 기록을 근거로 월말 구매금액이 산출된다.

❀ 일일식료 구매보고서의 실제 ❀

〈표 2-6〉은 서울에 소재하고 있는 특1 등급 특정호텔의 식료에 대한 일일구매기록이다.

표 2-6 일일식료 구매기록의 실제(1)

DATE : 00 / 0000

VENDOR	MEAT	FISH/ SEAFOOD	FRUIT/VEG	DAIRY	GROCERY	CHIN/JAP	TODAY TOTAL	M-T-D TOTAL
1	0	0	0	483,300	0	0	483,300	6,282,150
2	0	0	357,930	0	0	0	357,930	3,508,430
3	0	0	0	0	0	0	0	806,720
4	0	0	0	0	0	0	0	1,332,000
5	0	45,000	0	0	88,200	0	133,200	2,706,500
6								
7	441,000	328,650	1,269,170	0	0	0	2,038,820	29,386,372
8	0	0	82,550	0	0	0	82,550	1,162,500
9	0	0	0	0	0	0	0	836,000
10	0	0	0	0	203,000	0	203,000	747,000
11	0	276,450	0	0	205,500	0	481,950	1,033,350
12	0	0	0	0	0	0	0	438,600
13	539,200	0	0	0	0	0	539,200	3,491,300
14	0	0	0	0	64,000	0	64,000	762,000
15	0	0	0	0	70,000	0	70,000	5,353,800
16	0	0	0	0	0	0	0	138,000
17		0	730,000	0	0	0	730,000	5,444,750
18	0	827,650	0	0	0	0	827,650	5,615,970
19	0	551,000	0	0	0	0	551,000	4,192,000
20	290,000	0	0	0	0	0	290,000	1,092,500
21	0	0	0	0	0	0	0	83,530
22	0	0	0	0	0	0	0	103,000
23	0	0	0	0	140,000	0	140,000	1,747,900
24	0	0	21,800	0	0	0	21,800	1,472,860
25	0	154,000	0	0	0	0	154,000	3,226,550
26	0	1,456,500	0	0	0	0	1,455,500	32,121,800
27	0	1,230,800	0	0	0	0	1,230,800	8,340,950
28	0	0	0	0	0	0	0	52,000
29	0	0	0	0	0	0	0	19,199,500
30	0	0	0	0	32,000	0	32,000	224,000
31	0	269,800	0	0	0	0	269,800	2,270,500
32	0	662,000	0	0	0	0	662,000	1,860,800
33	0	0	0	0	62,000	0	62,000	467,600
34	0	0	0	0	0	0	0	45,000
35	0	0	556,1401	0	0	0	556,140	4,682,460
36	0	27,500	0	0	0	0	27,500	165,000
37	0	0	86,250	0	63,800	0	150,050	1,862,830
38	0	0	0	0	0	0	0	2,370,000
39	140,000	0	0	0	0	0	140,000	2,375,120
40	0	0	0	0	108,000	0	108,000	3,553,500
41	0	0	97,300	0	0	0	97,300	1,502,620
42	0	0	0	0	0	0	0	360,300
43	0	0	0	0	0	0	0	609,000

표 2-6 (계속) 일일식료 구매기록의 실제(2)

	육류	생선/해산물	과일/채소	유제품	그로서리	중국/일본	TODAY TOTAL	누계
44	0	0	0	0	0	0	0	727,020
45	0	0	0	0	0	0	0	72,893,289
46	0	237,500	0	0	0	0	237,500	3,602,500
47	00	0	0	0	0	0	0	1,400,000
48	0	0	0	0	0	0	0	426,000
49	0	0	0	0	0	0	0	2,966,400
50	0	0	0	0	0	0	0	200,000
51	0	0	0	0	0	0	0	490,000
52	0	0	0	25,080	0	0	25,080	501,600
53	0	0	0	0	0	0	0	211,900
54	0	0	0	0	0	0	0	30,000
55	0	0	0	0	94,080	0	94,080	179,760
56	0	0	0	0	151,300	0	151,300	480,300
57	0	0	0	0	0	0	0	44,000
58	522,000	0	0	0	0	0	522,000	8,462,905
59	0	0	0	0	0	0	0	102,240
60	0	0	0	448,800	0	0	448,800	1,705,440
61	0	0	0	0	0	0	0	488,000
62	0	0	0	0	0	0	0	560,000
63	0	0	0	0	0	0	0	2,165,000
64	0	0	0	0	0	0	0	2,880,000
65	0	0	0	0	0	0	0	481,200
66 DIRECT PURCHASE	0	370,100	0	0	0	0	370,100	7,533,900
TODAY TOTAL [FOOD]	1,932,200	6,436,950	3,201,140	957,180	1,281,880	0	13,809,350	271,558,216
M-T-D TOTAL [FOOD]	44,826,589	109,497,520	44,207,012	12,549,290	35,808,285	24,669,520	271,558,216	271,558,216

먼저 식료를 제공하는 공급자란이 있고, 다음은 식료를 육류, 생선 / 해산물, 과일 / 채소, 유제품, 그로서리, 그리고 중국 / 일본 식료로 나누어서 구매금액을 표시했다. 그리고 공급자별, 아이템 그룹별 일계와 누계, 전체 그룹에 대한 일계와 누계를 집계했다.

예를 들어, 특정 달 특정일에 공급자 1은 유제품을 483,300원어치 납품했으며, 그 날의 유제품 총 구매금액은 957,180원이다. 또한 공급자 1은 특정 달, 특정일까지 6,282,150원어치의 식료를 호텔에 납품하였다는 기록이다. 그리고 특정일에 입고된 육류의 구매금액은 5명의 공급자로부터 1,932,200원어치이며, 그 날까지의 육류의 구매 누계금액은 44,826,589원어치이다. 마지막으로 특정일에 입고된 총 식료의 구매금액은 13,809,350원어치이며, 그 날까지의 식료구매 누계금액은 271,588,216원이라고 이해하면 된다.

🕭 일일음료 구매기록의 실제 ೋ

음료는 식료에 비하여 구매량과 구매횟수가 훨씬 적다. 그리고 그 종류도 식료에 비하여 적기 때문에 관리측면에서 상당히 유리한 조건을 가지고 있다.

〈표 2-7〉은 서울에 소재하고 있는 특1등급 특정 호텔의 음료에 대한 일일 구매기록이다. 그 내용을 보면 먼저 음료를 공급하는 공급자란이 있고, 다음은 음료를 구분하여 와인, Sprit / Liqueur, Beer, Soft / Mixers, Miniatures (객실의 미니바에 투입되는 조그만 병에 든 주류)로 나누어서 구매금액을 표시했다. 그리고 공급자별, 아이템 그룹별 일계와 누계, 전체 그룹에 대한 일계와 누계를 집계했다.

표 2-7　　　　　　　　　　일일음료 구매기록의 실제

DATE : 00 / 0000

VENDOR	WINE	SPIRIT/LIQ	BEER	SOFT/ MIXERS	MINIATURES	TODAY TOTAL	M-T-D TOTAL
1	0	0	0	0	0	0	370,728
2	0	0	0	0	0	0	376,880
3	0	0	0	0	0	0	3,594,480
4	0	0	0	0	0	0	486,970
5	0	0	0	0	0	0	517,000
6	0	0	0	0	0	0	3,933,700
7	0	0	0	0	0	0	243,000
8	0	1,673,880	0	0	0	1,673,880	1,673,880
9	0	0	0	0	0	0	310,000
10	0	0	0	0	0	0	68,000
11	0	0	0	0	0	0	1,137,170
12	0	0	0	0	0	0	844,800
13	0	0	0	0	0	0	500,400
14	0	0	0	0	0	0	945,600
15	0	0	0	0	0	0	1,052,460
16	0	0	0	0	0	0	2,808,000
17	0	0	0	0	0	0	139,656
18	0	0	0	0	0	0	2,563,200
19	0	0	0	0	0	0	264,000
TODAY TOTAL [BEV.]	0	1,673,880	0	0	0	1,673,880	21,829,924
M-T-D TOTAL [BEV.]	5,812,836	5,522,940	6,720,400	3,773,748	0	21,829,924	21,829,924

예를 들어, 특정 달, 특정일에 공급자 8은 Sprit / Liqueur를 1,673,880원 어치 납품했으며, 그날의 Sprit / Liqueur의 총 구매금액은 1,673,880원이다.

또한 공급자 8은 특정일까지 1,673,880원어치의 음료를 호텔에 납품하였다는 기록이다. 그리고 특정일에 입고된 Sprit / Liqueur의 구매금액은 1명의 공급 자로부터 1,673,880원어치이며, 그 날까지의 Sprit / Liqueur의 구매누계금액 은 5,522,940원어치이다. 마지막으로 특정일에 입고된 음료의 총 구매금액은 1,673,880원어치이며, 특정 달 그날까지의 음료구매 누계금액은 21,829,924 원이라는 기록이다.

2) 월말 구매기록

식료와 음료에 대한 일일 구매기록을 매일매일 집계한 후 누계해 가면 월 말 구매에 대한 기록이 된다. 이것을 월말 구매기록이라고 하는데, 다음과 같 은 정보를 얻을 수 있다.

① 공급자별 식료와 음료에 대한 구매현황
② 월간 식료와 음료 그룹별 총 구매금액
③ 지금까지의 식료와 음료의 총 구매금액

이러한 정보들은 월말 원가에 대한 보고서를 만들 때에 이용되는 자료들 로 정확한 정보의 수집에 의해 신뢰할 수 있는 정보가 기록되어야 한다. 신 뢰할 수 없는 정보에 의해 계산된 원가는 의사결정에 그다지 큰 도움을 주 지 못한다.

ಏ 월말식료 구매기록의 일례 ಎ

〈표 2-8〉은 월말 식료에 대한 구매기록의 보기이다.

일일식료 구매기록과 마찬가지로 먼저 식료를 제공하는 공급자란이 있고, 다음은 식료를 육류, 생선 / 해산물, 유제품, 기타로 나누어서 구매금액을 표 시했으나 호텔의 특성에 적합한 그룹으로 나누면 된다. 그리고 공급자별, 아 이템 그룹별 월계와 그 달까지의 누계, 전체 그룹에 대한 월계와 누계를 집 계한다.

| 표 2-8 | | | 월말 식료 구매기록에 대한 보기 | | | | |

공급자	육류	생선/ 해산물	과일/ 채소	유제품	기타	계	이 달까지 누계
A	×	××	0	××	0	×××××	××××××
B							
C							
D							
E							
F							
X	Direct Purchase						
M-T-D Total							
Y-T-D Total							

▶▶ A~F까지는 Store Purchase이다.

〈표 2-8〉의 가로란을 해석해 보면 특정 달에 공급자 A로부터 육류 ×원어치, 생선과 해산물 ××원어치, 유제품 ××원어치를 구매하여 특정 달 A로부터 구매한 총 구매금액은 ×××××원어치이고, 그 달까지 공급업자 A로부터 총 ××××××원어치를 구매하였다는 기록이다.

그리고 세로란의 M-T-D Total은 특정 달 공급자 ABCDEFX로부터 구입한 각 식료 그룹별 특정 달의 집계이며, Y-T-D Total은 특정 달까지 공급자 ABCDEFX로부터 공급받은 연간누계라고 해석할 수 있다.

그리고 공급자 X의 Direct Purchase는 일일시장리스트에 의해 직접 구매한 양(量)을 의미한다.

월말 음료 구매기록의 일례

〈표 2-9〉는 월말 음료에 대한 구매기록이다.

일일음료 구매기록과 마찬가지로 먼저 음료를 제공하는 공급자란이 있다. 다음은 음료를 와인, 스피리츠 / 리큐어, 맥주, 소프트 / 믹서, 미니에이츄어로 구분하여 구매금액을 표시했다. 그룹별 구분은 재고코드를 따라 호텔과 외식업체의 특성에 적합한 그룹으로 나누면 된다.

그리고 공급자별, 아이템 그룹별 월계와 누계, 전체 그룹에 대한 월계와 누계가 집계된다.

표 2-9							

월말음료 구매기록에 대한 보기

공급자	와인	Spirit/Liq	Beer	Soft/ Mixer	Miniature	계	이 달까지의 누계
A	×	××	0	××	0	×××××	××××××
B							
C							
D							
E							
F							
X Direct Purchase						0	0
M-T-D Total							
Y-T-D Total							

▶▶ A~F까지는 Store Purchase이다.

음료의 경우도 식료의 경우처럼 해석하면 된다.

그 중 Miniature는 객실에 있는 미니바에 들어가는 작은 병의 주류를 말한다. 그리고 Direct Purchase란은 0으로 되어 있는데, 음료의 경우에는 일반적으로 직도분(구매하여 업장으로 바로 가는 경우)의 경우는 거의 없기 때문이다.

Ⅳ. 검수지점의 관리 ■■■

사전에 정한 구매절차를 거쳐 구매되어 외식업체에 납품되는 모든 식재료는 일반적으로 검수지점을 거치게 된다. 구매된 물자의 첫 번째의 통제지점으로서 앞서 언급한 통제(Control)의 첫 번째 개념인 확인의 과정이 주업무이다.

확인하기 위해서는 확인할 내용에 대하여 지식이 있어야 함은 물론이다. 그리고 다음 단계의 통제를 위한 정보의 수집과 정리가 이루어지는 지점으로 그 중요성을 아무리 강조하여도 지나치게 않다. 그럼에도 불구하고 대부분의 외식업체에서는 검수단계를 수령한 물품에 대한 확인 정도의 기능으로 과소평가하고 있는 듯하다. 그러나 이 지점에서의 철저한 관리는 구매에 대한 견제(牽制)기능의 일부를 담당하기도 한다.

1. 납품된 식재료를 검수하는 방법과 절차는

호텔과 외식업체에 납품된 식재료는 검수라는 첫 관문을 통과해야만 다음 행선지로 이동할 수 있다. 그러나 납품되는 모든 아이템을 일일이 검사하는 것은 시간과 비용의 낭비일 수도 있으며, 공급자를 불신하는 태도이기도 하다. 최근의 추세는 검수의 강화보다는 공급자와 수요자가 신뢰를 바탕으로 공생(共生)할 수 있는 방안모색이 우선되고 있다.

호텔과 외식업체의 식재료 검수는 식재료의 중요도에 따라 일반적으로 다음과 같은 두 가지 검수방법을 이용하고 있다.

첫째, 전수 검수법(全數 檢收法)

호텔과 외식업체에 납품되는 모든 아이템을 일일이 검수하는 방법으로 식재료가 소량이면서 고가인 경우나 희귀한 아이템의 경우가 여기에 해당된다.

둘째, 발췌 검수법(檢收法)

중요도가 낮은 아이템이나, 대량으로 납품되는 아이템 등을 일일이 검수하는 것은 시간과 비용의 낭비이다. 그렇기 때문에 납품된 아이템 중에서 몇 개의 샘플만을 뽑아 사전에 설정된 스펙과 비교하는 방법을 말한다.

2. 검수는 어떤 절차에 의해서 이뤄지는가

일반적으로 호텔과 외식업체 규모와 조직의 관습… 등에 따라 상이할 수도 있겠지만 통상 다음과 같은 일반적인 절차를 따른다.

첫째, 단계 1로 시간대 결정

검수업무를 효율적으로 관리하기 위해서 호텔의 특성과 업장의 영업시간대 등의 변수를 고려하여 아이템별 납품시간대를 사전에 설정하여 특정 시간대에 특정 아이템이 납품되도록 한다.

즉, 과일, 야채, 생선 등과 같이 신선도를 요하는 아이템은 아침 시간대에, 냉동품목이나 곡물류 등과 같은 저장품목 등은 오후에 납품되어 검수하도록 한다.

둘째, 단계 2로 확인·대조단계

구매부서에서 전달받은 구매발주서로 현물을 확인·대조한다.

셋째, 단계 3으로 내용 확인·대조단계

구매의뢰시에 사용한 구매명세서의 내용과 확인·대조한다. 이 단계에서는 식음료 상품에 대한 해박한 지식이 요구된다.

넷째, 단계 4로 확인·서명단계

송장(Invoice)을 확인한다. 물품의 양과 질, 그리고 가격 등을 확인한 후 송장에 서명하여야 한다.

다섯째, 단계 5로 서류 정리단계

검수일지를 작성하는 단계로 송장을 근거로 당일 수령한 수령일보를 작성한다.

여섯째, 단계 6으로 물품 입고·확인단계

입고된 아이템들이 제자리에 입고되었나를 확인한다.

3. 인도된 식음료 자재는 무엇으로 확인·대조하는가

첫째, 구매청구서에 의해 외식업체(호텔)에 입고되는 아이템의 경우

구매청구서에 의해서 구매발주서가 만들어진다. 그리고 그 발주서에 의해서 외식업체(호텔)에 납품되는 아이템의 확인과 대조가 다음과 같은 절차에 의해 실행되고, 그 결과는 관련부서에 각각 전달된다.

① 구매지점에서 검수지점에 전달된 구매발주서 사본(검수용)과 공급자로부터 전달받은 송장을 현물과 확인·대조한다.

② 검수가 끝나면 송장에 사인하여 원가관리팀(외식업체와 호텔에 따라 상이할 수도 있다)으로 전달한다.

둘째, 일일시장리스트에 의해서 외식업체(호텔)에 납품되는 아이템의 경우

생산지점(일반적으로 주방)에서 작성하여 구매지점에 보낸 일일시장리스트를 근거로 외식업체(호텔)에 입고되는 비교적 저장기간이 짧은 아이템의 확인과 대조는 다음과 같은 절차에 의해서 행하여지고, 그 결과는 각각 관련부서에 전달된다.

① 구매부서에서 보내 온(1조 3매 이상) 일일시장리스트, 공급자로부터 전달받은 송장을 현물과 확인·대조한다.

② 대조·확인 과정이 끝나면 1매는 구매부서, 1매는 송장과 함께 식음료 원가팀, 그리고 1매는 주방장에게 전달한다(호텔과 외식업체에 따라 상이할 수도 있다).

4. 송장(送狀)이란 무엇인가

구매발주서와 일일시장리스트가 선정된 공급자에게 전달되면, 공급자는 물품 인도시에 인도되는 아이템에 대하여 외식업체(호텔)에 제시하는 물품대금 청구서를 함께 제시하는데, 배달되는 물품에 대한 정보가 기록되어 있다. 이것을 송장(Invoice)이라고 말한다.

예를 들어 「언제, 어떤 아이템이, 얼마만큼, 단위당 얼마에, 그리고 총 금액이 얼마」라는 정보가 기록되어 있다.

이 송장은 현물과 대조·확인 과정과 검수인의 확인·서명을 거쳐 관련부서에 전달되는데, 일반적으로 다음과 같은 부서에 전달된다. 또한 이 송장은 보통 1조 5매 정도로 되어 있는데 용도에 따라 각각 색깔로 구분되어 있다.

① 원본은 회계부서(원가부서) 보관용
② 사본 1은 검수 보관용
③ 사본 2는 구매부서 보관용
④ 사본 3은 수령부서 보관용
⑤ 사본 4는 납입자 보관용으로 되어 있다.
▶▶ 송장(送狀)의 양식은 부록을 참조 바람.

5. 검수과정에서 구매 의뢰한 내용과 배달된 물품이 불일치할 경우는

검수과정에서 구매 의뢰한 특정 식음재료에 대한 내용과 현물이 일치하지 않은 사항이 발견되면 반품, 또는 부분적으로 수령하는 것을 원칙으로 한다. 여기에서 주로 발생되는 문제는 구매발주한 물품이 빠졌거나, 발주한 물품과 현물의 불일치, 송장의 내용과 현물이 일치하지 않은 경우이다.

이 경우는 일반적으로 정해진 절차에 따라 반품과 크레디트 메모(Credit Memorandum)를 작성하여 공급자에게 보내는 것으로 송장에 있는 금액에서 부족분만큼을 공제하여야 하는데, 이러한 절차가 크레디트 메모에 의해서 행하여진다.

이 양식을 작성하는 방법에는 여러 가지가 있는데, ① 검수지점에서 현물과 대조·확인하는 과정에서 차이가 발생하면 배달인의 확인을 거쳐 크레디트 메모를 공급자에게 요청하는 경우가 있고, ② 호텔 또는 외식업체측에서 관계자가 현물과의 차이를 크레디트 메모에 기록하여 배달인의 확인을 거쳐 공급자에게 전달하는 방법이 있는데, 후자가 많이 이용된다. 또 다른 방법은 현물과의 차이를 배달인의 확인을 받아 현장에서 송장의 내용을 수정하는 경우도 있다.

이러한 방법은 교과서적인 방법으로 실제 우리나라의 호텔과 외식업체에서는 거의 사용하지 않고 있으며, 요구된 내용과 현물과의 차이(수량, 질, 가격, 등급 등)가 있으면 반품하고, 부족분에 대한 처리는 배달된 물품에 대해서는 부분수령을 원칙으로 한다. 그러나 현물과 확인·인도한 후에 확인된 내용물의 양과 질에 대한 불일치에 대해서는 호텔과 외식업체측에서 공급자에게 크레디트 인보이스(Credit Invoice)를 요청하여 처리하기도 한다.

▶▶Credit Memo의 보기는 부록을 참조 바람.

6. 검수지점에서는 어떤 보고서를 작성하는가

어떠한 형태로든 구매되어 호텔과 외식업체에 입고되는 식재료는 일반적으로 검수지점을 거친다. 검수담당자는 사전에 설정된 양식에 따라 다음과 같이 일일, 그리고 월말 식음료 검수보고서를 작성한다.

1) 일일 검수보고서

검수지점에서는 특정일에 호텔, 또는 외식업체에 납품되는 모든 식재료의 내력을 취합하여 일일 검수보고서를 작성한다. 일반적으로 무엇을(아이템), 얼마만큼(양), 누구에게서 수령하여(공급자), 어디로(행선지) 보냈다 하는 내력을 명확히 문서화한 것이다. 여기서는 앞서 언급한 통제의 두 번째 개념인 운영의 통제를 위한 정보를 취합하는 단계이다.

일일 검수 보고서의 양식은 모두가 일정하다고 할 수는 없고, 특정 호텔 또는 외식업체의 관리에 적합한 양식을 독자적으로 만들면 된다. 이상적인 양식은 식음료 재료의 재고목록코드를 따라 작성되는 것이 가장 합리적인 방법이다. 가령, 식음료 재료를 대분류, 중분류, 소분류하여 정리하면 보다 합리적으로 식재료를 관리할 수 있다.

예를 들어, 육류를 대분류하고 대분류된 육류를 소, 송아지, 돼지, 양 기타 육류로 중분류한다. 그리고 중분류된 각 하부항목을 소분류하여 쇠고기 Oven Ready Ribs, 12oz Strip Steak, Filet 등으로 세분화하면 훨씬 효율적으로 식재료를 관리할 수 있다.

그러나 문제는 이렇게 세분화한 검수보고서의 용도가 무엇이냐 하는 것이다. 예컨대, 분석의 목적으로 재고목록코드를 따라서 분류된 일일 검수보고서라면 우리는 하루의 매출액과 육류의 구매액과의 비(比)를, 또는 일일 매출원가와 육류 구매원가와의 비(比)를 분석할 수 있다.

이러한 분석을 계속하다 보면 매출액에 대한 변동의 폭이 심하지 않은 영업장의 경우는 매출액에 대한 특정 그룹, 또는 특정 아이템에 대한 비(比)를 파악할 수 있는 정보를 얻을 수 있어, 구매와 재고관리에 많은 도움을 줄 수 있는 정보의 획득이 가능하여진다. 만약, 보다 세부적으로 육류관리를 원할 경우는 육류를 다시 하부그룹으로 나누어서 언급한 방법대로 특정 아이템에 대한 구매원가와 특정 아이템에 대한 매출액의 비를 분석할 수 있다. 이러한 방법으로 분석을 하는 호텔, 또는 외식업체는 원가계산의 개념이 아닌 원가관리의 개념에서 원가를 관리하는 호텔, 또는 외식업체라고 말할 수 있다.

물론, 이러한 방법으로 원가를 관리하기란 쉬운 일이 아니다. 흔히들 말하는 인원의 부족, 식음료 재료의 특수성 등을 들고 있다. 그러나 호텔과 외식업체의 식음료원가 관리에 이용하지 않았기 때문에 어렵게 보일 뿐이지 그렇게 어려운 관리방법은 아니다.

식음료 관리의 근본목적은 영업활동과 관련된 모든 분야에서 얻어진 정보를 기초로 매일매일 영업결과를 다각도에서 면밀하게 분석하여 얻어진 결과를 관련지점에 환류(Feedback)할 수 있어야 한다.

따라서 일일 검수보고서는 식음료 관리에 있어서 이와 같은 목적을 달성하기 위한 가장 기초적인 자료 중의 하나가 된다. 이 보고서는 일반적으로 1조 2매 이상으로 작성되어 다음과 같은 관련부서에 전달된다.

① 원본은 대금을 지불할 부서에 송장(Invoice)과 함께 보내지고
② 사본 1은 창고 관리자에게
③ 사본 2는 Cost Controller에게
④ 사본 3은 구매부서에 전달된다.

▶▶ 검수 보고서의 양식은 부록을 참조 바람.

2) 일일 검수 보고서의 보기

〈표 2-10〉에 제시된 일일 검수 보고서의 실제는 서울에 소재하는 특1등급 특정 호텔의 실제 보고서의 일부이다. 검수보고서는 우선 식료와 음료로 구분되고, 그리고 일일 검수보고서와 월말 검수보고서로 구분된다.

제시된 검수보고서를 살펴보면 검수된 아이템의 행선지가 표시되어 있다. 여기서는 저장고와 각 업장으로 구분되어 있다. 즉, 구매청구서에 의해 발주된 아이템의 경우에는 그 행선지는 스토아가 되고, 일일시장리스트에 의해 발주된 아이템의 경우에는 그 행선지는 각 업장의 주방이다.

그리고 공급자가 기록되어 있고, 구매청구서(P.R.#), 아이템의 코드번호, 아이템의 설명, 크기, 단위, 양, 단위당 원가, 그리고 총계가 기록된다.

또한 각 행선지마다 소계를 집계하여 전체 업장의 금액을 합산하고, 창고 분과 더해 하루에 수령한 식음료 재료에 대한 총계를 집계한다.

3) 일일 식료와 음료 검수보고서의 해석

〈표 2-10〉의 일일 검수보고서를 해석해 보면, 행선지가 저장고인 경우는 공급자 1로부터 아이템 1-4-11-111~1-4-16-312까지 총 333,800원어치의 식료가, 그리고 공급자 2~15로 부터 3,661,260원어치의 식료를 수령하여 총 3,995,060원어치의 식료를 수령하였다라고 해석할 수 있다.

그리고 Grand Total의 가치가 13,809,350으로, 이 가치에서 저장고에 입고된 가치 3,995,060원어치를 감하면 나머지는 D/M/L에 의해서 구매되어 직접 각 업장으로 이동한 식료의 가치로 보면 된다. 이 경우, D/M/L에 의해서 구매된 가치는 9,814,290원어치가 된다는 계산이다.

표 2-10   일일식료 검수보고서의 일례

DATE : 00 / 0000

DEPART MENT	VENDOR NAME	P.R.#	CODE	DESCRIP TION	SIZE	UNIT	Q'TY	U/PRICE	AMOUNT
STORE	1	×××	1-4-11-111	×××	1000 ML	PKG	108.00	950.00	102,600
			1-4-11-116	×××	1000 ML	PKG	12.00	1,000.00	12,000
		×××	1-4-12-111	×××	500 ML	PKG	60.00	1,350.00	81,000
			1-4-12-115	×××	1000 ML	PKG	24.00	2,100.00	50,400
			1-4-12-131	×××	1000 ML	PKG	6.00	3,500.00	21,000
			1-4-16-113	×××	100 ML	PKG	40.00	320.00	12,800
			1-4-16-312	×××	110 GR	PKG	180.00	300.00	54,000
	2	×××	1-1-21-112	×××		PGR	40.00	2,400.00	96,000
			1-4-21-171	×××		KGR	40.00	3,450.00	138,000
	3	×××	1-5-52-111	×××	22 KG	BAG	20.00	6,900.00	138,000
			1-5-52-131	×××	22 KG	BAG	10.00	6,500.00	65,000
	4	×××	1-5-83-141	×××	190 GR	CAN	240.00	750.00	180,000
	5	×××	1-1-51-111	×××		KGR	50.00	2,500.00	125,000
			1-1-51-131	×××		KGR	40.00	3,300.00	132,000
			1-1-51-171	×××		KGR	40.00	400.00	16,000
	6	×××	1-5-72-122	×××	500GR×20PK	BOX	20.00	7,000.00	140,000
	7	×××	1-2-22-411	×××		EA	3,200.00	240.00	768,000
	8	×××	1-2-11-112	×××		KGR	100.00	4,200.00	420,000
	14	×××	1-1-11-325	×××		KGR	60.00	8,700.00	522,000
	15	×××	1-4-13-246	×××	10 LT	CAN	10.00	14,960.00	149,600
			1-4-13-247	×××	10 LT	CAN	10.00	14,960.00	149,600
			1-4-13-243	×××	10 LT	CAN	5.00	14,960.00	74,800
			1-4-13-245	×××	10 LT	CAN	5.00	14,960.00	74,800
DEPT. TOTAL									3,995,060
GRAND TOTAL									13,809,350

〈표 2-11〉의 일일음료 검수보고서도 식료와 같은 내력이 같은 방법으로 기록된다. 그러나 음료는 식료처럼 검수지점에서 직접 생산지점이나 판매지점으로 이동되지 않고 저장지점으로만 이동하기 때문에 일일 수령보고서가 훨씬 간단하다.

표 2-11	일일음료 검수보고의 일례

DATE : 00 / 0000

DEPARTMENT	VENDOR NAME	P.R.#	CODE	DESCRIPTION	SIZE	UNIT	Q'TY	U/PRICE	AMOUNT
**STORE	1	×××	2-2-14-121	×××	750 ML	BTL	60.00	19.900.00	1,194,000
			2-2-21-181	×××	750 ML	BTL	36.00	13.330.00	479,800
DEPT. TOTAL									1,673,880
GRAND TOTAL (BEV.)									1,673,880

7. 검수를 거쳐 납품되는 식재료의 입고 유형은

식재료의 분류에서 보여 주었듯이 식재료는 장기간 보관할 수 있는 것과 단기간 보관할 수 있는 것, 또는 보관기간이 2~3일인 것, 또는 주방이나 레스토랑에서 즉시 필요로 하는 것 등으로 다양하다.

이렇게 다양한 식재료가 구매되어 호텔과 외식업체에 입고되는 유형은 특정 호텔과 외식업체의 조직과 구조, 규모, 소유의 형태, 구매의 전통과 관습 등에 따라 다양하다.

식재료의 종류와 저장기간, 행선지, 그리고 생산지역과 판매지역의 사정에 따라 다음과 같은 형식으로 입고된다.

① 식재료 입고 A+C
   구매된 식재료는 검수를 거쳐 일단 저장고에 입고된다.
② 식재료 입고 A
   구매된 식재료는 검수를 거쳐 일단 저장고에 입고된 후 생산지점(주방, 바)을 거쳐 판매지점(각 영업장)으로
③ 식재료 입고 B
   구매된 식재료는 검수를 거쳐 저장고에 입고되지 않고 직접 생산지점(각주방, 바), 그리고 판매지점(각 영업장)으로
④ 식재료 입고 C
   구매된 식재료는 검수를 거쳐 저장고에 입고된 후 생산지점(주방, 바)을

거치지 않고 직접 판매지점(각 영업장)으로

⑤ 식재료 입고 D

구매된 식재료는 검수를 거쳐 저장고나 생산지점(주방, 바)을 거치지 않고 직접 판매지점(각 영업장)으로 입고된다.

상기의 유형을 표로 설명하면 아래의 그림과 같다.

그림 2-4 식재료 입고의 여러 가지 유형

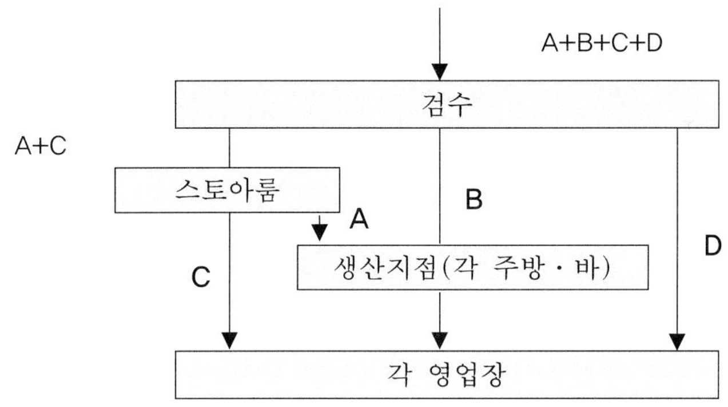

A+C = 장기 또는 단기간 저장이 가능한 식재료

A = 저장되어 있는 식재료

B = 저장기간이 아주 짧은 식재료

D = 급히 필요로 하는 식재료(예외적인 경우)

상기에 도시한 식재료 입고의 유형은 여러 유형 중 일반적으로 우리나라의 호텔, 또는 외식업체에서 많이 이용하고 있는 대표적인 유형의 하나이다. 이 밖에도 우리가 생각할 수 있는 독립된 단일 레스토랑에 적합한 유형으로 식재료의 흐름을 직선화하는 것이다.

즉, 구매된 모든 식재료는 납품되면 검수를 거쳐 저장고에 저장된다(실제 저장고에 입고되지 않은 아이템도 있지만 서류상에는 스토아룸에 입고되어 출고되는 형식을 취한다). 그리고 주방에서 필요로 하는 아이템은 저장고를 통하여 공급을 받는다. 그리고 레스토랑에서 필요로 하는 아이템은 주방을 통하여 공급받을 수 있는 절차로 식음료 재료의 흐름이 직선화되어 있는 형태이다. 이것을 표로 그리면 다음 그림과 같다.

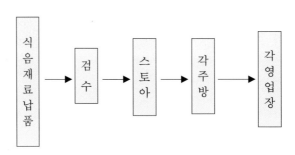

그림 2-5   식음료 재료 흐름의 직선화

식재료 입고과정의 직선화는 통제의 관점에서는 만족할 수 있지만 유연성
이나 신속성에는 많은 단점이 있다. 레스토랑이나 주방업무의 성격으로 보아
유연성과 신속성이 절대적인데, 통제의 관점에서만 식재료 관리를 한다면 통
제의 원래 목적에 부합하지 못한다고 말할 수 있다.

8. 구입된 식재료의 대금 지불방법은

식음료 검수 담당자는 구매부서에서 전달받은 구매발주서 사본, 공급자로
부터 받은 송장과 세금계산서, 직접 작성한 일일 검수보고서[외식업체(호텔)
에 따라서는 송장으로 대신하기도 한다], 그리고 크레디트 인보이스 등을 정
리하여 구매부서를 경유, 또는 직접 경리부서의 식음 담당자에게 전달한다.

경리부서에서는 정해진 절차에 따라 대금을 지불하게 되는데 구매하는 식재
료에 따라, 공급자에 따라, 회사의 재무상태에 따라 다양한 형태로 지불된다.

앞서 우리는 구매청구서에 의해 구매되어 저장고에 입고되는 아이템을 스
토어 퍼체이스(Store Purchase)라고 하고, 일일시장리스트에 의해 구매되어
직접 생산지점(주방)으로 이동되는 아이템을 디렉트 퍼체이스(Direct Purchase)
라고 하기도 한다고 했다.

구매되어 호텔 또는 외식업체에 입고된 식재료의 대금 지불과정을 도시화

한 것이 〈그림 2-6〉와 〈그림 2-7〉이다.

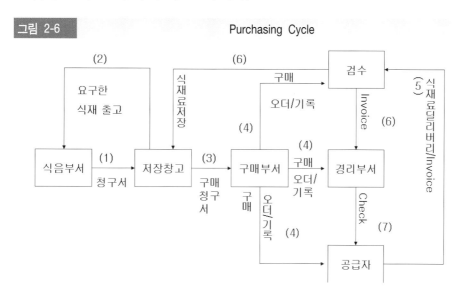

그림 2-6   Purchasing Cycle

자료: William B. Virts, Purchasing, AHMA, 1987, p.68

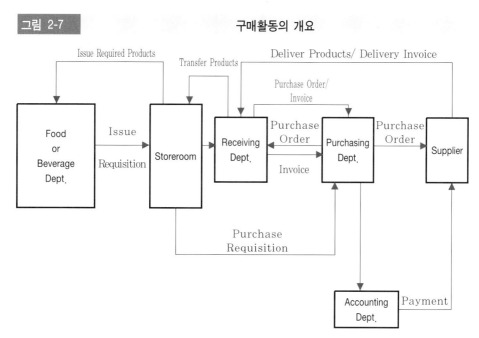

그림 2-7   구매활동의 개요

자료: Jack D. Ninemeier, Planning and Control for Food and Beverage Operations, 1982, p.62

V. 식재료의 입·출고관리 ■■■

구매절차를 거쳐 외식업체(호텔)에 들어오는 식음료재료는 검수의 과정을 거쳐 창고에 입고되고, 그리고 창고에 입고된 아이템은 필요로 하는 곳(생산과 판매지점)에서 원하면 재고가 있는 한 출고하여야 한다.

이 절에서는 식재료를 저장할 수 있는 창고의 종류, 식재료의 입고와 출고절차, 그리고 식재료의 입고와 출고시 필요한 제 양식에 관한 내용을 살펴보겠다.

1. 입고관리는 왜 중요한가

식재료 입고지점은 효율적인 원가관리를 위한 현물과 양식에 대한 기초적인 정보를 창출하는 지점으로 원가관리에 아주 중요한 역할을 한다.

왜냐하면 요구한 식재료의 구매 → 구매하여 외식업체(호텔)에 들어오는 식재료의 검수 → 검수를 통과한 식재료의 입고, 또는 창고에 저장되지 않고 생산지점으로 바로 이동 등과 같이 구매된 식재료는 그 흐름을 따라 이동하기 때문이다.

1) 식재료를 저장하는 창고에는 어떤 것들이 있는가

외식업체(호텔)의 규모, 그리고 업장의 수와 규모, 종류, 식재료의 공급시장 상황 등에 따라 창고의 크기에 차이가 있다. 하지만 식재료를 보관할 장소를 바탕으로 분류해 보면 크게 4가지로 나누어 볼 수 있다.

① 냉동된 식재료를 보관할 수 있는 냉동고
② 신선한 육류나 생선, 야채와 과일, 가공식품 등을 보관할 수 있는 냉장고
③ 곡물류나 캔에 든 식품 등을 보관할 수 있는 일반 스토어
④ 음료와 주류를 보관할 수 있는 Cellar 또는 Cave

식재료의 관리에서 가장 중요한 것이 식재료를 보관할 수 있는 공간의 구

분인데, 많은 외식업체(호텔)들이 식재료를 보관할 공간의 구분을 명확하게 하지 못하고 있는 듯하다. 그러나 다음과 같이 용도별 저장고가 구분되어 있으면 식재료의 재고파악이 용이하여 원가절감에 도움이 된다.

① 저장고 1
   냉동 육류를 보관하는 곳
② 저장고 2
   냉동 생선류를 보관하는 곳
③ 저장고 3
   냉동 야채류를 보관하는 곳
④ 저장고 4
   일반 식품류(Grocery류)를 보관하는 곳
⑤ 저장고 5
   유제품을 보관하는 곳
⑥ 저장고 6
   위스키류를 보관하는 곳
⑦ 저장고 7
   와인을 보관하는 곳
⑧ 저장고 8
   냉장 캔류를 보관하는 곳
⑨ 저장고 9
   저장 식품류를 보관하는 곳
⑩ 저장고 10
   청과류를 보관하는 곳

이와 같은 10개의 저장고들은 호텔과 같이 다양한 부대업장을 갖고 있는 곳을 기준으로 정리한 것이다. 그러나 규모가 작은 외식업체의 경우는 이와 같이 저장시설을 구분하여 식재료를 저장할 수 없다. 그러나 업장의 규모와 업종에 관계없이 세분화되고 구분된 저장시설은 식재료의 입·출고, 월말 재고조사 등의 업무를 신속·정확하게 할 수 있다.

그렇기 때문에 보관기능과 관리기능을 동시에 수행할 수 있는 저장고의 설계는 식음료 원가관리에 지대한 영향을 미친다는 사실을 염두에 두어야 한다.

전산화 시스템이 잘 갖춰진 곳은 식재료에 부여된 코드번호에 그 아이템이 보관되어야 할 장소의 코드도 부여하여 입고와 출고관리, 그리고 재고관리에 이용하고 있다.

2) 검수지점을 거친 식음료 재료는 어떤 방법으로 저장고에 입고(入庫)되는가

검수된 식음자재는 정해진 절차에 따라 직접 생산지점과 판매지점으로 이동하는 것과(일반적으로 D/M/L과 현금으로 구매된 것), 저장고에 저장되는 (P/R에 의해서 구매되는 것들)것으로 나눌 수 있다.

구매되어 검수단계를 거친 후 직접 생산 또는 판매지점으로 이동하는 아이템들은 「일일시장리스트」와 「송장」에 의해서 통제된다. 그리고 창고에 저장되는 아이템들은 구매부서에서 저장고 관계자에게 보내 온 「구매 발주서의 사본」, 물품인도시 제출한 「거래명세서(송장)」, 그리고 검수지점에서 보내온 「일일 식재료 검수보고서」에 의해서 통제된다.

3) 저장고에 입고되는 아이템의 기록은 어떻게 하는가

일단 저장고로 입고되는 아이템은 「품목별 카드 : Bin Card」, 또는 「식음료 입출재고 기록카드」에 그 내력을 기록한다. 즉, 무엇이(품목), 언제(때), 얼마에(가격) 어느 정도가(양) 입고되어, 현재 얼마가(양과 가치)[9] 남아 있다는 기록을 보유하고 있는 카드이다.

이 「카드」는 원래 아이템이 있는 곳에 같이 있어야 한다고 되어 있다. 그러나 아이템의 종류가 많아 아이템마다에 부착하는 것은 거의 불가능하기 때문에 대부분의 외식업체(호텔)가 전체적으로 관리할 수 있도록 파일을 만들어 관리하고 있다.

또한 전산화시스템이 정착된 경우는 「Bin Card」 자체를 이용하지 않은 곳

---

9) 스토어에서 출고되는 아이템에 대한 가치는 저장고에서 계산하지 않고 F + B Controller가 하는 것이 일반적이다.

도 많다. 이 「카드」에는 아이템마다의 상한선과 하한선을 각각 기록하여(이것을 Par Stock 관리라 한다) 합리적 재고관리를 위한 도구로 이용하기도 한다.

이 「카드」와 같은 내용의 카드가 F + B Controller 사무실에도 있는데, 이것을 「Perpetual Inventory Card」라고 부른다. 이 「카드」는 저장고에 있는 「Bin Card」와 마찬가지로 저장고에 있는 아이템에 대한 입·출고 사항을 각 지점에서 보내 온 양식에 의해서 현물을 확인하지 않고 기록하게 된다.

결과적으로 저장고에 있는 「Bin Card」상의 내용과 식음료 콘트롤러 사무실에서 관리하는 「Perpetual Inventory Card」상의 내용이 일치하여야 하는데, 여러 가지 이유로 그렇지 못한 것이 사실이다. 이 차이는 월말에 있을 실사에서 밝혀지게 된다.

▶▶ Bin Card는 부록을 참조요망

2. 출고관리란 무엇인가

입고된 식음재료는 주로 생산과 판매지점과 같은 저장된 아이템을 필요로 하는 지점에 의해 정해진 절차에 따라 출고되어져야 한다. 일단, 입고된 아이템에 대한 출고는 생산, 또는 판매지점에서 필요로 하는 물품을 청구할 때 사용하는 양식에 의해서 출고된다.

이 양식을 「출고전표·물품청구서」 또는 「Requisition」이라고 하고, 이 양식은 아이템에 따라 다시 세분화하여 불려진다.

예들 들어 「식료 출고전표」, 「음료 출고전표」, 「일반 저장품 출고전표」, 「저장가공식품 출고전표」, 「유제품, 란 출고전표」, 「과일 출고전표」, 「냉동품 출고전표」, 「육·육가공품 출고전표」, 「야채 출고전표」, 또는 「주류 출고전표」, 「수입주류 출고전표」, 「비주류 출고전표」…, 등으로 세분화할 수도 있다.

이와 같은 양식에 의해 저장되어 있는 식재료를 출고하는 것을 출고관리라고 말하며, 출고관리는 입고관리와 마찬가지로 원가관리에 요구되는 아주 중요한 기초적인 정보를 제공한다.

▶▶ 각종 청구서는 부록을 참조 바람

1) 출고전표는 누가 어떻게 작성하고, 어떻게 처리되는가

「물품 청구서 또는 물품 요구서」라고도 부르며, 영어로 「Requisition Form」이라고도 한다. 이 양식에 의해서 입고된 모든 아이템은 출고시 사전에 정한 절차에 따라 엄격하게 관리되어야 한다.

저장고에 저장되어 있는 식재료는 생산지점 또는 판매지점에서 정해진 양식에 의해 관계자의 결재를 득한 후 저장지점에 요구하게 된다. 이 양식에는 누가(요구하는 지점), 무엇을(요구하는 아이템), 언제(요구한 때), 얼마나(요구한 양) 등과 같은 아이템의 입·출 내력에 대한 정보가 상세히 기록된다.

이렇게 작성된 이 양식은 관계자의 결재를 받아 창고 담당자에게 정해진 출고 시간대에 제출하면 담당자는 요구하는 품목이 있는 한 출고하여야 한다. 먼저 언제(출고일), 누구에게(물품의 행선지), 무엇을(아이템), 얼마만큼(출고한 양) 등의 정보를 「물품카드 : Bin Card」 또는 「식음료 입·출 재고 기록카드」에 정리하여 현재의 재고와 카드상의 재고를 항상 일치시켜야 한다.

외식업체(호텔)에 따라 양식의 내용과 명칭, 그리고 매수도 다르나 보통 1조 3매 이상을 작성하여, 원본은 창고 관리자에게, 사본 1매는 원가 관리자에게, 그리고 또다른 사본 1매는 물품 청구지점에서 보관한다.

2) 창고에서 「품목카드」 정리는 어떻게 하는가

저장고에 입고되는 식재료는 전산 또는 수작업에 의해서 아이템마다 내력을 기록·관리한다는 「품목카드 : Bin Card」 또는 「食飮料 入出 在庫記錄: 식음료 입출 재교기록 카드」라는 것이 있다.

입고된 아이템이 출고되면 이 「카드」에 그 아이템에 대한 출고내력을 기록해야 하는데, 출고(出庫)의 경우는 「불품청구서 : Requisition Form」에 기록된 내용을 바탕으로 언제, 무엇이, 어디로, 얼마만큼(가치 : 가치의 계산은 F＋B Cost Controller가 하는 것이 일반적이다)출고되어, 얼마가 남아 있다는 내력이 기록·정리된다. 전산화가 되어 있을 경우는 저장고에 있는 단말기에 이러한 정보를 입력하면 된다.

구매되어 검수지점을 거쳐 저장고에 입고(入庫)되고 출고(出庫)되는 식료와 음료는 반드시 「Storeroom Inventory Stock Card : 食飮料 入出 在庫記錄: 식음료 입출 재고기록 카드」라고 불리는 양식에 그 입출 내력이 기록되어야 한다.[10] 이 카드는 저장되는 아이템마다 하나씩 있는데 다음 표들과 같이 정리된다. 먼저 아이템 명, 날짜와 R/Q #, 그리고 행선지가 기록된다. 또한 입 (Receipt)과 출(Issue), 그리고 재고란(Balance)과 평균원가를 기록하는 난이 있어 그 가치를 기록할 수 있게 하였다.

〈표 4-1〉는 전산처리된 저장고의 특정 식료 아이템 ⓐ에 대한 한 달 동안의 입출사항을 기록한 카드이다. 이 카드의 수치를 다음과 같이 해석해 볼 수 있다.

예를 들어, ⓐ라는 특정 아이템은 단위가 팩으로 크기는 $1000ml$이다. 전달의 이월분은 4개이며, 팩당 950원으로 4개의 가치는 3,800원이다.

그리고 03/02일 R151754 ** / /은 저장고에서 재고가 4개밖에 되지 않기 때문에 120팩을 주문하였다(청구번호 R151754), 그렇기 때문에 그 기록은 03/02일 팩당 950원에 120개가 입고되어(Receipt) 그 총 가치는 114,000원으로 이월분 3,800(4팩)원과 더하면 03/02일의 재고는 124팩으로, 그 가치는 117,800원이라고 해석할 수 있다.

또한 03/02일 업장 A에서 10팩을 요청하여(청구번호 S140130) 재고는 114 팩(124-10=114)이 되었고 그 가치는 108,300원이 되었다.

이와 같은 방법으로 한 달 간의 내력을 기록하여 집계하면 구매청구서에 의해 구매되어 입고된 가치는 3,135,000원이 되고, 출고된 가치는 3,107,450 원이 되어 현재 재고는 31,350원이 된다. (Opening + Receipt - Issuing= Balance or Closing).

결국 한 달 동안의 입출사항을 종합하여 〈표 2-12〉의 카드가 다음과 같이

---

10) 이 양식은 외식업체(호텔)에 따라 상이한 명칭으로 불린다.

요약된다.

THIS MONTH TOTAL		
OPENING	:	3,800
RECEIVING	:	3,135,000
ISSUING	:	3,107,450
CLOSING	:	31,350

표 2-12   Storeroom Inventory Stock Card의 보기 - (1)

DATE	R/C#	DEPT.	RECEIPT Q'TY	RECEIPT U/COST	RECEIPT AMOUNT	ISSUE Q'TY (PKG)	ISSUE U/COST	ISSUE AMOUNT	BALANCE Q'TY	BALANCE AMOUNT	AVE. COST
1-4-11-111 아이템 Ⓐ									4.00	3,800	950.00
03/02	R151754	××	120.00	950.00	114,000	.00	.00	0	124.00	117,800	950.00
03/02	S140130	××	.00	.00	0	10.00	950.00	9,500	114.00	108,300	950.00
03/02	S	××	.00	.00	0	10.00	950.00	9,500	104.00	98,800	950.00
03/02	S	××	.00	.00	0	10.00	950.00	9,500	94.00	89,300	950.00
03/02	S	××	.00	.00	0	3.00	950.00	2,850	91.00	86,450	950.00
03/02	S	××	.00	.00	0	24.00	950.00	22,800	67.00	63,650	950.00
03/02	S	××	.00	.00	0	24.00	950.00	22,800	43.00	40,850	950.00
03/02	S	××	.00	.00	0	15.00	950.00	14,250	28.00	26,600	950.00
03/02	S	××	.00	.00	0	28.00	950.00	26,600	0	0	950.00
03/03	R	××	132.00	950.00	125,400	.00	.00	0	132.00	125,400	950.00
03/03	S	××	.00	.00	0	5.00	950.00	4,750	127.00	120,650	950.00
03/03	S	××	.00	.00	0	36.00	950.00	34,200	91.00	86,450	950.00
03/03	S	××	.00	.00	0	24.00	950.00	22,800	67.00	63,650	950.00
03/03	S	××	.00	.00	0	48.00	950.00	45,600	19.00	18,050	950.00
03/04	R	××	120.00	950.00	114,000	.00	.00	0	139.00	132,050	950.00
03/04	S	××	.00	.00	0	3.00	950.00	2,850	136.00	129,200	950.00
03/04	S	××	.00	.00	0	8.00	950.00	7,600	128.00	121,600	950.00
03/04	S	××	.00	.00	0	24.00	950.00	22,800	104.00	98,800	950.00
03/04	S	××	.00	.00	0	15.00	950.00	14,250	89.00	84,550	950.00
03/04	S	××	.00	.00	0	48.00	950.00	45,600	41.00	38,950	950.00
03/05	R	××	84.00	950.00	79,800	.00	.00	0	125.00	118,750	950.00
03/05	S	××	.00	.00	0	8.00	950.00	7,600	117.00	111,150	950.00
03/05	S	××	.00	.00	0	5.00	950.00	4,750	112.00	106,400	950.00
03/05	S	××	.00	.00	0	10.00	950.00	9,500	102.00	96,900	950.00
03/05	S	××	.00	.00	0	3.00	950.00	2,850	99.00	94,050	950.00
03/05	S	××	.00	.00	0	36.00	950.00	34,200	63.00	59,850	950.00
03/05	S	××	.00	.00	0	12.00	950.00	11,400	51.00	48,450	950.00
03/05	S	××	.00	.00	0	36.00	950.00	34,200	15.00	14,250	950.00
03/06	R	××	240.00	950.00	228,000	.00	.00	0	255.00	242,250	950.00
03/06	S	××	.00	.00	0	8.00	950.00	7,600	247.00	234,650	950.00
03/06	S	××	.00	.00	0	10.00	950.00	9,500	237.00	225,150	950.00
03/06	S	××	.00	.00	0	5.00	950.00	4,750	232.00	220,400	950.00
03/06	S	××	.00	.00	0	36.00	950.00	34,200	196.00	186,200	950.00
03/06	S	××	.00	.00	0	72.00	950.00	68,400	124.00	117,800	950.00
03/06	S	××	.00	.00	0	28.00	950.00	26,600	96.00	91,200	950.00
03/08	R	××	132.00	950.00	125,400	.00	.00	0	132.00	125,400	950.00
03/08	S	××	.00	.00	0	8.00	950.00	7,600	124.00	117,800	950.00
03/08	S	××	.00	.00	0	24.00	950.00	22,800	100.00	95,500	950.00

표 2-12 (계속)　　Storeroom Inventory Stock Card의 보기 - (2)

일자	S/R	단가	금액	수량	금액	단가	수량	금액	단가	금액	단가	금액
03/08	S	950.00	60,800	64.00	34,200		36.00	0				228.00
03/08	S	950.00	26,600	28.00	34,200		36.00	216,600	950.00			228.00
03/09	R	950.00	243,200	256.00			.00	0				
03/09	S	950.00	238,450	251.00	4,750	950.00	5.00	0				
03/09	S	950.00	233,700	246.00	4,750	950.00	5.00	0				
03/09	S	950.00	224,200	236.00	9,500	950.00	10.00	0				
03/09	S	950.00	221,350	233.00	2,850	950.00	3.00	0				
03/09	S	950.00	164,350	173.00	57,100	950.00	60.00	0				
03/09	S	950.00	147,250	155.00	17,100	950.00	18.00	0				
03/11	S	950.00	67,450	71.00	79,800	950.00	84.00	0				48.00
03/11	R	950.00	113,050	119.00			.00	45,600				48.00
03/11	S	950.00	108,300	114.00	4,750	950.00	5.00	0				
03/11	S	950.00	98,800	104.00	9,500	950.00	10.00	0				
03/11	S	950.00	89,300	94.00	9,500	950.00	10.00	0				
03/11	S	950.00	66,500	70.00	22,800	950.00	24.00	0				
03/11	S	950.00	55,100	58.00	11,400	950.00	12.00	0				
03/12	S	950.00	43,700	46.00	11,400	950.00	12.00	0				
03/12	S	950.00	9,500	10.00	34,200	950.00	36.00	0				
03/12	R	950.00	123,500	130.00			.00	114,000				120.00
03/12	S	950.00	118,750	125.00	4,750	950.00	5.00	0				
03/12	S	950.00	115,900	122.00	2,850	950.00	3.00	0				
03/13	S	950.00	93,100	98.00	22,800	950.00	24.00	0				
03/13	S	950.00	47,500	50.00	45,600	950.00	48.00	0				
03/13	S	950.00	41,800	44.00	5,700	950.00	6.00	0				
03/13	S	950.00	19,000	20.00	22,800	950.00	24.00	0				
03/13	R	950.00	247,150	260.00			.00	228,000				240.00
03/13	S	950.00	244,150	257.00	2,850	950.00	3.00	0				
03/15	S	950.00	239,400	252.00	4,750	950.00	5.00	0				
03/15	S	950.00	234,650	247.00	4,750	950.00	5.00	0				
03/15	S	950.00	225,350	237.00	9,500	950.00	10.00	0				
03/15	S	950.00	202,350	213.00	22,800	950.00	24.00	0				
03/15	S	950.00	133,950	141.00	68,400	950.00	72.00	0				
03/15	R	950.00	111,150	117.00	22,800	950.00	24.00	79,800	950.00			84.00
03/16	S	950.00	42,750	45.00	68,400	950.00	72.00	0				
03/16	S	950.00	122,550	129.00			10.00	0				
		950.00	113,050	119.00	9,500	950.00	6.00	0				
		950.00	107,350	113.00	5,700	950.00	24.00	0				
		950.00	84,550	89.00	22,800	950.00	24.00	0				
		950.00	61,750	65.00	22,800	950.00	10.00	0				
		950.00	52,650	55.00	9,500	950.00	48.00	0				
		950.00	6,650	7.00	45,600	950.00		125,400	950.00			132.00
		950.00	132,050	139.00			3.00	0				
		950.00	129,200	136.00	2,850	950.00		0				

표 2-12 (계속) Storeroom Inventory Stock Card의 보기 - (3)

Date	Received Qty	Received Unit	Received Amount	Issued Qty	Issued Unit	Issued Amount	Balance Qty	Balance Unit	Balance Amount
03/16				5.00	950.00	4,750	131.00	950.00	124,450
03/16				5.00	950.00	4,750	126.00	950.00	119,700
03/16				3.00	950.00	2,850	123.00	950.00	116,850
03/16				24.00	950.00	22,800	99.00	950.00	94,050
03/16				24.00	950.00	22,800	75.00	950.00	71,250
03/16				48.00	950.00	45,600	27.00	950.00	25,650
03/17	120.00	950.00	114,000				147.00	950.00	139,650
03/17				3.00	950.00	2,850	144.00	950.00	136,800
03/17				10.00	950.00	9,500	134.00	950.00	127,300
03/17				24.00	950.00	22,800	110.00	950.00	104,500
03/17				16.00	950.00	15,200	94.00	950.00	89,300
03/17				24.00	950.00	22,800	70.00	950.00	66,500
03/18	60.00	950.00	57,000				130.00	950.00	123,500
03/18				5.00	950.00	4,750	125.00	950.00	118,750
03/18				10.00	950.00	9,500	115.00	950.00	109,250
03/18				3.00	950.00	2,850	112.00	950.00	106,400
03/18				12.00	950.00	11,400	100.00	950.00	95,000
03/18				36.00	950.00	34,200	64.00	950.00	60,800
03/18				8.00	950.00	7,600	56.00	950.00	53,200
03/18				36.00	950.00	34,200	20.00	950.00	19,000
03/19	132.00	950.00	125,400				152.00	950.00	144,400
03/19				5.00	950.00	4,750	147.00	950.00	139,650
03/19				10.00	950.00	9,500	137.00	950.00	130,150
03/19				3.00	950.00	2,850	134.00	950.00	127,150
03/19				24.00	950.00	22,800	110.00	950.00	104,500
03/19				24.00	950.00	22,800	86.00	950.00	81,700
03/19				10.00	950.00	9,500	76.00	950.00	72,200
03/19				60.00	950.00	57,000	16.00	950.00	15,200
03/20	240.00	950.00	228,000				256.00	950.00	243,200
03/20				6.00	950.00	5,700	250.00	950.00	237,500
03/20				6.00	950.00	5,700	244.00	950.00	231,800
03/20				5.00	950.00	4,750	239.00	950.00	227,050
03/20				6.00	950.00	5,700	233.00	950.00	221,350
03/20				5.00	950.00	4,750	228.00	950.00	216,600
03/20				72.00	950.00	68,400	156.00	950.00	148,200
03/20				15.00	950.00	14,250	141.00	950.00	133,950
03/20				72.00	950.00	68,400	69.00	950.00	65,550
03/22	72.00	950.00	68,400				141.00	950.00	133,950
03/22				8.00	950.00	7,600	133.00	950.00	126,350
03/22				10.00	950.00	9,500	123.00	950.00	116,850
03/22				5.00	950.00	4,750	118.00	950.00	112,100
03/22				24.00	950.00	22,800	94.00	950.00	89,300
03/22				12.00	950.00	11,400	82.00	950.00	77,900

표 2-12 (계속)   Storeroom Inventory Stock Card의 보기 - (4)

단가	금액	수량	금액	단가	수량	금액	단가	수량					일자
950.00	68,400	72.00			10.00				GH	RORO	XX	S	03/22
950.00	11,400	12.00	9,500	950.00	60.00				A	RORO	XX**	SR	03/22
950.00	136,100	144.00	57,000	950.00		125,400	950.00	132.00	C	RORO	XXXXXXX	R	03/23
950.00	131,100	138.00			6.00				F	RORO	XXXXXXX	S	03/23
950.00	125,400	132.00	5,700	950.00	6.00				E	RORO	XXXXXXX	S	03/23
950.00	114,000	120.00	5,700	950.00	12.00				G	RORO	XXXXXXX	S	03/23
950.00	79,800	84.00	11,400	950.00	36.00				H	RORO	XXXXXXX	S	03/23
950.00	65,550	69.00	34,200	950.00	15.00				A	RORO	XXXXXXX	S	03/23
950.00	31,350	33.00	14,250	950.00	36.00				C	RORO	XXXXXXX	R	03/24
950.00	133,950	141.00	34,200	950.00		102,600	950.00	108.00	D	RORO	XXXXXXX	S	03/24
950.00	131,100	138.00			3.00				F	RORO	XX**	S	03/24
950.00	125,400	132.00	2,850	950.00	6.00				E	RORO	XXXXXXX	S	03/24
950.00	122,550	129.00	5,700	950.00	3.00				G	RORO	XXXXXXX	S	03/24
950.00	111,150	117.00	2,850	950.00	12.00				H	RORO	XXXXXXX	S	03/24
950.00	88,350	93.00	11,400	950.00	24.00				A	RORO	XXXXXXX	S	03/25
950.00	81,700	86.00	22,800	950.00	7.00				B	RORO	XXXXXXX	S	03/25
950.00	58,900	62.00	6,650	950.00	24.00				H	RORO	XXXXXXX	R	03/25
950.00	127,300	134.00	22,800	950.00		68,400	950.00	72.00	F	RORO	XXXXXXX	S	03/25
950.00	122,550	129.00			5.00				E	RORO	XX**	S	03/25
950.00	116,850	123.00	4,750	950.00	6.00				G	RORO	XXXXXXX	S	03/25
950.00	112,100	118.00	5,750	950.00	5.00				H	RORO	XXXXXXX	S	03/26
950.00	89,300	94.00	4,750	950.00	24.00				A	RORO	XXXXXXX	S	03/26
950.00	55,100	58.00	22,800	950.00	36.00				B	RORO	XXXXXXX	S	03/26
950.00	9,500	10.00	34,200	950.00	48.00				I	RORO	XXXXXXX	R	03/26
950.00	146,300	154.00	45,600	950.00		136,800	950.00	144.00	F	RORO	XXXXXXX	S	03/26
950.00	141,550	149.00			5.00				E	RORO	XX**	S	03/26
950.00	136,800	144.00	4,750	950.00	5.00				G	RORO	XXXXXXX	S	03/27
950.00	131,100	138.00	4,750	950.00	6.00				H	RORO	XXXXXXX	S	03/27
950.00	108,300	114.00	5,700	950.00	24.00				B	RORO	XXXXXXX	S	03/27
950.00	74,100	78.00	22,800	950.00	36.00				A	RORO	XXXXXXX	S	03/27
950.00	62,700	66.00	34,200	950.00	12.00				H	RORO	XXXXXXX	R	03/27
950.00	17,100	18.00	11,400	950.00	48.00				C	RORO	XXXXXXX	S	03/27
950.00	245,100	258.00	45,600	950.00		228,000	950.00	240.00	F	RORO	XXXXXXX	S	
950.00	240,350	253.00			5.00				E	RORO	XX**	S	
950.00	228,250	240.00	4,750	950.00	13.00				G	RORO	XXXXXXX	S	
950.00	223,250	235.00	12,350	950.00	5.00				H	RORO	XXXXXXX	S	
950.00	213,750	225.00	4,750	950.00	10.00				A	RORO	XXXXXXX	S	
950.00	190,950	201.00	9,500	950.00	24.00				H	RORO	XXXXXXX	R	
950.00	122,550	129.00	22,800	950.00	72.00				C	RORO	XXXXXXX	S	
950.00	111,150	117.00	68,400	950.00	12.00				F	RORO	XXXXXXX	S	03/29
950.00	54,150	57.00	11,400	950.00	60.00				E	RORO	XX**	S	03/29
950.00	133,950	141.00	57,000	950.00		79,800	950.00	84.00	G	RORO	XX	R	
950.00	131,100	138.00	2,850	950.00	3.00				H	RO	XX	S	

표 2-12 (계속) Storeroom Inventory Stock Card의 보기 - (5)

Date	Code	Flag	Received Qty	Received Amount	Received Price	Issued Qty	Issued Price	Issued Amount	Balance Qty	Balance Amount	Balance Price
03/29	×××××	S	.00	0		4.00	950.00	3,800	134.00	127,300	950.00
03/29	×××××	S	.00	0		3.00	950.00	2,850	131.00	124,450	950.00
03/29	×××××	S	.00	0		24.00	950.00	22,800	107.00	101,650	950.00
03/29	×××××	S	.00	0		7.00	950.00	6,650	100.00	95,000	950.00
03/29	×××××	S	.00	0		48.00	950.00	45,600	52.00	49,400	950.00
03/30	×××××	R **	216.00	205,200	950.00	.00		0	268.00	254,600	950.00
03/30	×××××	S	.00	0		8.00	950.00	7,600	260.00	247,000	950.00
03/30	×××××	S	.00	0		5.00	950.00	4,750	255.00	242,250	950.00
03/30	×××××	S	.00	0		10.00	950.00	9,500	245.00	232,750	950.00
03/30	×××××	S	.00	0		5.00	950.00	4,750	240.00	228,000	950.00
03/30	×××××	S	.00	0		12.00	950.00	11,400	228.00	216,600	950.00
03/30	×××××	S	.00	0		24.00	950.00	22,800	204.00	193,800	950.00
03/30	×××××	S	.00	0		36.00	950.00	34,200	168.00	159,600	950.00
03/30	×××××	S	.00	0		24.00	950.00	22,800	144.00	136,800	950.00
03/30	×××××	S	.00	0		20.00	950.00	19,000	124.00	117,800	950.00
03/30	×××××	S	.00	0		84.00	950.00	79,800	40.00	38,000	950.00
03/31	×××××	S	.00	0		7.00	950.00	6,650	33.00	31,350	950.00

MONTH TOTAL: 3,300.00 | 3,135,000 DIRECT / .00 STORE | 3,271.00 | 3,271.00 | 3,107,350 DIRECT / .00 STORE | 33.00 | 31,350 | 950.00

TOTAL (FOOD): 3,135,000 DIRECT / .00 STORE | 3,107,450 DIRECT / .00 STORE | 31,350

3) 출고보고서는 어떻게 작성되는가?

물품청구서에 의해서 출고되는 아이템에 대해서는 출고보고서라는 양식이 작성되는데, 매일매일을 기준으로 작성되는 것을 일일출고보고서, 그리고 월 단위로 작성되는 것을 월말출고보고서라고 한다. 그리고 이 출고보고서는 식료와 음료로 구분되어 작성된다.

🔖 일일식료 출고보고서의 실제 🔖

「Daily Food Issuing Report : 일일식료출고보고서」라고도 불리는 〈표 2-13〉의 일일식료출고보고서는 서울에 소재 하는 특 1등급 특정호텔의 실제 일일 식료출고보고서이다.

〈표 2-13〉을 보면 저장고에 저장되어 있는 아이템이 청구서에 의해서 출고된 내력과 일일시장리스트에 의해 구매되어 입고된 아이템의 내력을 한 눈으로 파악할 수 있도록 정리되어 있다.

즉, 청구서의 번호(앞에 있는 S와 D는 Store와 Direct의 약자이다), 아이템의 행선지, 아이템의 재고코드번호, 아이템의 설명, 크기, 단위, 양, 단위당 원가, 총원가, 계정번호(Account #), 그리고 비고란이 있다. 그리고 요약(Summary)하여 총계를 산출한다.

예를 들어, 특정일 업장 A에는 계정번호 3(Account # 3)[11]에 해당하는 출고 가치는 $301,950 + 658,350 + 144,000 + 137,500 + 57,600 + 302,500 + 149,500 + 89,500 = 1,840,900$원어치에 해당하는 아이템을 직접(D / M / L)공급하였다는 기록이다.

그리고 전체적으로는 하단 Summary란의 G. T의 수치, 즉 20,154,019원어치가 D / M / L과 물품청구서에 의해 각 업장에 공급되었다는 것을 알 수 있다.

저장고에서 출고되어 각 업장에 공급된 식료와 D / M / L에 의해서 구매되

---

11) 구매한 후 저장고로 이동하지 않고 각 업장으로 직접 가는 식재료만을 계산한 것이다.

어 각 업장에 공급된 식료는 그 날 전부 소비된 것으로 간주되기 때문에 이 수치가 각 업장별, 그리고 전체 식료원가를 계산하는 데 이용된다.

표 2-13 일일식료 출고보고서의 보기

REQ #	DEPT.	SER CODE	DESCRIPTION	SIZE	UNIT	Q'TY	U/COST	AMOUNT	ACC#	REMARK
D××××	업장 A	001 1-5-85-126	×××	8/8×10×30	BOX	1.00	25,500.00	25,000	03	
		002 1-2-31-318	×××		KGR	57.00	4,850.00	276,450	03	
						*S.T		301,950		
D××××	업장 A	001 1-1-21-132	×××		KGR	92.00	2,250.00	207,000	03	
		002 1-2-11-461	×××		KGR	60.00	4,200.00	252,000	03	
		003 1-2-11-513	××××		KGR	21.00	3,650.00	76,650	03	
		004 1-3-21-383	××××		KGR	20.00	2,180.00	43,600	03	
		005 1-3-21-671	×××		KGR	4.00	1,300.00	5,200	03	
		006 1-3-21-691	×××		KGR	10.00	5,950.00	59,500	03	
		007 1-3-21-835	×××		KGR	18.00	800.00	14,400	03	
						*S.T		658,350		
D××××	업장 A	001 1-2-21-291	×××		KGR	10.00	4,000.00	40,000	03	
		002 1-2-21-332	×××		KGR	5.00	5,800.00	29,000	03	
		003 1-2-41-121	×××		KGR	30.00	2,500.00	75,000	03	
						*S.T		144,000		
D××××	업장 A	001 1-1-51-111	×××		KGR	55.00	2,500.00	137,500	03	
						*S.T		137,500		
D××××	업장 A	001 1-5-91-111	×××	540 GR	EA	36.00	350.00	12,600	03	
		002 1-2-43-182	×××		KGR	10.00	4,500.00	45,600	03	
						*S.T		57,600		
D××××	업장 A	001 1-3-24-115	×××		KGR	200.00	1,150.00	230,000	03	
		002 1-3-24-125	×××		KGR	50.00	1,450.00	72,500	03	
						*S.T		302,500		
D××××	업장 A	001 1-4-16-311	×××	100 ML	BTL	650.00	230.00	149,500	03	
						*S.T		149,500		
D××××	업장 A	001 1-3-21-151	×××		KGR	25.00	460.00	11,500	03	
		002 1-3-21-362	××××		KGR	20.00	2,400.00	48,000	03	
		003 1-3-21-621	××××		KGR	30.00	550.00	16,500	03	
		004 1-3-21-711	××××		KGR	3.00	4,500.00	13,500	03	
						*S.T		89,500		
SUMMARY						*G.T		20,154,015		
						#01		18,283,819		
						#02		10,800		
						#03		1,840,900		
						#04		18,500		

❧ 일일음료 출고보고서의 실제 ❧

「Daily Beverage Issuing Report」라고도 불리는 〈표 2-14〉의 일일음료출고보고서는 서울에 소재하는 특 1등급 특정 호텔의 실제 일일 음료 출고 보고서이다.

〈표 2-14〉를 보면 청구번호(REQ. #) 앞에 S만 있는데, 음료는 식료와는 달리 구매되어 검수지점을 거쳐 직접 생산지점이나 판매지점으로 이동하는 경우가 거의 없어 일단 저장지점에서 이동하기 때문이다.

식료와 마찬가지로 저장고에 저장되어 있는 아이템이 청구서에 의해서 출고된 내력을 한 눈으로 파악할 수 있도록 정리되어 있다.

즉, 청구서의 번호, 아이템의 행선지, 아이템의 재고코드번호, 아이템의 설명, 크기, 단위, 양, 단위당 원가, 총원가, 계정번호(Account #), 그리고 비고란이 있다. 그리고 Summary하여 총계를 산출한다.

예를 들어, 특정일 업장 1에는 3,660,030, 업장 2에는 88,080과 347,902원 어치를 출고하였다는 기록이다. 그리고 저장고에서 다른 업장에 출고한 음료의 가치를 더하면 총 6,275,646원 어치가 창고에서 각 업장에 출고하였다는 기록이다.

표 2-14 일일음료 출고보고서 - (1)

REQ.#	DEPT.	SEQ CODE	DESCRIPTION	SIZE	UNIT	Q'TY	U/COST	AMOUNT	ACC#	REMARK
S XXX	업장 1									
001		2-3-12-112	XXXX	355ML*24CN	BOX	10.00	18,840.00	188,400	02	
002		2-3-12-141	XXXX	355ML*24CN	BOX	6.00	19,800.00	118,800	02	
003		2-3-12-131	XXXX	355ML*24CN	BOX	8.00	19,800.00	158,400	02	
004		2-3-12-151	XXXX	355ML*24CN	BOX	6.00	42,720.00	256,320	02	
005		2-4-12-161	XXXX	250ML*30CN	BOX	7.00	7,630.00	53,410	02	
006		2-4-12-922	XXXX	250ML*30CN	BOX	5.00	9,420.00	47,100	02	
007		2-4-11-921	XXXX	190ML*15CN	BOX	20.00	5,140.00	102,800	02	
008		2-5-12-111	XXXX	50ML	BTL	192.00	3,650.00	700,800	02	
009		2-5-12-721	XXXX	50ML	BTL	120.00	17,000.00	2,040,000	02	
						*ST		3,660,030		
S XXX	업장 2									
001		2-1-22-912	XXXX	750ML	BTL	3.00	3,900.00	11,700	02	
002		2-1-52-913	XXXX	750ML	BTL	1.00	3,900.00	3,900	02	
003		2-1-51-222	XXXX	375ML	BTL	1.00	10,040.00	10,040	02	
004		2-1-49-121	XXXX	700ML	BTL	6.00	3,100.00	18,600	02	
005		2-1-49-141	XXXX	700ML	BTL	6.00	5,940.00	35,640	02	
006		2-1-31-613	XXXX	750ML	BTL	1.00	8,200.00	8,200	02	
						*ST		88,080		
S XXX	업장 2									
001		2-2-12-111	XXXX	760ML	BTL	1.00	35,406.51	35,407	02	
002		2-2-12-123	XXXX	750ML	BTL	3.00	68,637.59	205,913	02	
003		2-2-14-171	XXXX	750ML	BTL	2.00	14,763.50	29,527	02	
004		2-2-12-182	XXXX	700ML	BTL	1.00	17,000.00	17,000	02	
006		2-4-11-211	XXXX	46OZ	CAN	6.00	874.26	5,246	02	
007		2-4-11-181	XXXX	46OZ	CAN	6.00	1,319.48	7,917	02	
008		2-4-11-151	XXXX	32OZ	BTL	2.00	1,885.19	3,770	02	
009		2-4-13-131	XXXX	399ML*24BT	BTL	1.00	4,540.00	4,540	02	
010		2-1-82-121	XXXX	750ML	BTL	1.00	5,010.00	5,010	02	
011		2-2-44-112	XXXX	700ML	BTL	2.00	12,586.00	25,172	02	
012		2-4-11-175	XXXX	1400ML	CAN	6.00	1,400.00	8,400	02	
						*ST		347,902		
S XXX	업장 3									
001		2-3-13-111	XXXX	2.0LT	KEG	3.00	17,250.00	51,750	02	
002		2-4-14-171	XXXX	18.9LT	KEG	1.00	44,270.00	44,270	02	
003		2-2-12-123	XXXX	750ML	BTL	1.00	68,637.59	68,638	02	
004		2-2-42-161	XXXX	750ML	BTL	1.00	17,035.50	17,036	02	
005		2-1-49-141	XXXX	700ML	BTL	3.00	5,940.00	17,820	02	
006		2-1-22-912	XXXX	750ML	BTL	2.00	3,900.00	7,800	02	
007		2-3-11-114	XXXX	330ML*30BT	BOX	2.00	18,600.07	37,200	02	
008		2-3-11-231	XXXX	330ML*30BT	BOX	1.00	19,530.00	19,530	02	
009		2-3-11-251	XXXX	330ML*24BT	BOX	2.00	42,719.91	85,440	02	
010		2-4-12-171	XXXX	250ML*30CM	BOX	1.00	7,629.91	7,630	02	
						*ST		357,114		

표 14 (계속)   일일음료 출고보고서 - (2)

부서	No.	코드	규격	단위	수량	단가	금액	구분
S XXX 연장 4	001	2-1-66-311 XXX XXX	750ML	BTL	1.00	7,600.00	7,600	02
	002	2-1-49-121 XXX XXX	700ML	BTL	4.00	3,100.00	12,400	02
	003	2-1-62-211 XXX XXX	750ML	BTL	1.00	6,499.91	6,500	02
	004	2-2-12-182 XXX XXX	700ML	BTL	1.00	17,000.00	17,000	02
	005	2-2-22-171 XXX XXX	750ML	BTL	1.00	6,290.00	6,290	02
	006	2-1-49-111 XXX XXX	700ML	BTL	1.00	2,650.00	2,650	02
	007	2-2-12-121 XXX XXX	750ML	BTL	1.00	14,774.00	14,755	02
		2-2-21-161 XXX XXX	750ML	BTL	1.00	2,826.60	2,827	02
						*ST	407,180	
S XXX 연장 5	001	2-2-14-117 XXX XXX	1000ML	BTL	1.00	32,000.00	32,000	02
	002	2-2-12-261 XXX XXX	750ML	BTL	1.00	22,900.00	22,900	02
	003	2-2-41-142 XXX XXX	700ML	BTL	2.00	14,301.70	28,603	02
	004	2-2-22-171 XXX XXX	750ML	BTL	1.00	6,290.00	6,290	02
	005	2-2-12-221 XXX XXX	750ML	BTL	1.00	8,771.00	8,771	02
	006	2-3-11-251 XXX XXX	330ML*24BT	BOX	2.00	42,719.91	85,440	02
	007	2-3-11-114 XXX XXX	330ML*30BT	BOX	2.00	18,600.07	37,200	02
	008	2-3-11-112 XXX XXX	330ML*30BT	BOX	1.00	13,650.00	13,650	02
	009	2-3-11-231 XXX XXX	330ML*30BT	BOX	1.00	19,530.00	19,530	02
	010	2-3-11-124 XXX XXX	330ML*30BT	BOX	1.00	18,600.00	18,600	02
						*ST	272,984	
S XXX 연장 3	001	2-4-11-131 XXX XXX	46OZ	CAN	12.00	1,474.70	17,696	01
	002	2-4-11-175 XXX XXX	1400ML	CAN	18.00	1,400.00	25,200	01
	003	2-4-11-181 XXX XXX	46OZ	CAN	12.00	1,319.48	15,834	01
	004	2-4-11-211 XXX XXX	46OZ	CAN	12.00	874.26	10,491	01
	005	2-1-49-221 XXX XXX	700ML	BTL	2.00	2,650.00	5,300	01
	006	2-2-32-911 XXX XXX	700ML	BTL	1.00	9,330.00	9,330	01
						*ST	83,851	
S XXX 연장 6	001	2-3-11-114 XXX XXX	330ML*30BT	BOX	1.00	18,600.07	18,600	02
	002	2-3-11-231 XXX XXX	330ML*30BT	BOX	1.00	19,530.00	19,530	02
						*ST	38,130	
SUMMARY						*GT	6,275,646	
						#01	83,851	
						#02	6,191,795	
						#03	0	
						#04	0	

월말식료 출고보고서의 실제

일일출고보고서를 기초로 하여 월말 식음료 출고보고서가 작성된다. 여기서는 각 업장 주방별로 구분하여 특정업장 주방에서 한 달 동안 공급받은 모든 식료와 음료에 대한 가치가 평균원가로 계산되어 총 가치가 합산된다. 또한 이 총 가치는 단위당 평균원가가 변화하여 발생하는 원가의 영향도 반영된다.

이러한 방법으로 집계된 각 영업장 주방에서 공급받은 식료와 음료는 그 영업장의 원가를 계산하는 데 기초자료로 이용될 뿐만 아니라 한 달 동안의 전체 식료와 음료의 원가를 계산하는 데 기초자료가 된다.

「Monthly Food Issuing Report」라고도 불리는 〈표 2-15〉의 월말식료 출고 보고서는 서울에 소재하는 특 1등급 특정호텔의 실제 월말식료출고보고서이다. 이 〈표 2-15〉를 보면 물품청구서에 의해서 저장고에서 출고된 아이템과 일일 시장 리스트에 의해서 구매되어 각 생산지점으로 입고된 아이템을 그 가치와 함께 정리·기록하였다.

즉, 부서(아이템의 행선지), 아이템의 재고코드번호, 아이템에 대한 설명, 크기, 단위, 양, 단위당 이번 달과 전달의 평균 원가, 가격변화의 영향, 그리고 비고란이 있다.

그리고 아이템의 그룹별 소계와 그룹별 소계를 집계한 특정업장의 총계, 각 영업장별 계를 집계한 총계로 되어 있어, 특정 달에 어느 정도의 아이템이 소비되었는가를 파악할 수 있도록 정리한 것이 월말출고보고서이다.

예를 들어, 특정 달의 부처주방에 입고된 식료는 총 158,859,027(122,878,461 + 35,588,725 + 35,588,725 + 33,360 + 358,481)원어치로, 그 중 육류가 122,878,461원어치이고, 생선과 해산물이 35,588,725원어치, 유제품이 33,360원어치, 그리고 그로우서리가 358,481원어치가 부처주방에 반입되었다는 기록이다.

그리고 와인이 18,550원어치, 스피리츠와 리큐어가 9,330원어치로 음료의 총 가치는 27,880(9,330 + 9,330)원어치라는 기록이다.[12]

---

12) 여기에서 음료는 대체에 의한 것으로 음료이지만 식료의 가치로 고려된 것이다.

　　즉, 부처 주방에서는 특정 달에 식료와 음료를 합쳐 총 158,886,907원어치를 소비하였다는 기록이며, 환언하면 창고에서 공급받은 식료, 직접 구매를 요청하여 공급받은 식료, 그리고 창고에서 공급받은 음료의 가치는 총 158,886,907원어치라고 설명할 수 있다. 그리고 이러한 사실을 보고서로 작성한 것이 월말 출고보고서이다.

　　이렇게 정리된 각 영업장별 식료출고보고서가 종합되어 식료 전체에 대한 출고보고서가 작성되며, 전체적으로 어느 정도의 식료가 출고되었는가를 파악할 수가 있다. 이렇게 파악된 가치(438,352,243원)가 월말 식료원가 계산에서 당기 출고의 가치로 사용되게 된다.

　　그리고 상단의 Cost Impact란은 이번 달과 지난 달 간의 평균원가의 차이에서 생긴 수치를 기록한 것이다.

　　예를 들어, 두 번째 줄의 코드 # 1-1-11-321의 Cost Impact란의 20,500이란 수치는 이번 달의 평균원가 2,514.21원과 지난 달의 2,465.97원과의 차이이다. 즉, 2,514.21 × 425kg = 1,068,539과 2,465.97 × 425kg = 1,048,037의 차이 20,502(≒20,500)이다.

　　이렇게 정리된 차이는 그룹별로 정리되어 구매가격의 변화가 원가에 미치는 영향을 파악할 수 있도록 하였다. 여기서는 육류의 경우, 전달에 비하여 총 1,003,799원이 상승했고 해석할 수 있다.

표 2-15　　월말식료 출고보고서 - (1)

CODE	DESCRIPTIOPN	SIZE	UNIT	Q'TY	AMOUNT	AVE. COST THIS MONTH	AVE. COST LAST MONTH	COST IMPACT	REMARK
1-1-11-242	XXX		KGR	139.00	973,000	7,000.00	7,000.00	0	
1-1-11-321	XXX		KGR	435.00	1,068,538	2,514.21	2,465.97	20,500	
1-1-11-323	XXX		KGR	235.00	752,000	3,200.00	3,200.00	0	
1-1-11-325	XXX		KGR	620.00	5,270,000	8,500.00	8,500.00	0	
1-1-11-411	XXX		KGR	568.20	4,762,450	8,381.64	8,454.60	41,458	
1-1-12-111	XXX		KGR	53.20	347,400	6,530.08	6,530.09	1	
1-1-12-125	XXX		KGR	212.20	2,784,482	13,121.97	12,996.12	26,704	
1-1-12-212	XXX		KGR	2,495.60	25,651,399	10,278.65	10,280.75	-5,255	
1-1-12-221	XXX		KGR	25.30	221,062	8,737.63	8,737.62	0	
1-1-12-231	XXX		KGR	117.54	802,798	6,830.00	.00	2	
1-1-12-251	XXX		KGR	293.50	3,479,231	11,854.28	11,854.28	2	
1-1-12-311	XXX		KGR	2,211.30	13,909,077	6,290.00	6,290.00	0	
1-1-12-361	XXX		KGR	301.70	1,770,811	5,869.44	5,860.28	2,762	
1-1-13-112	XXX		KGR	1,783.75	25,922,329	14,532.49	14,334.62	352,936	
1-1-13-131	XXX		KGR	1,041.00	9,264,909	8,900.00	8,900.00	0	
1-1-21-112	XXX		KGR	540.00	1,494,900	2,768.83	2,737.29	16,763	
1-1-21-121	XXX		KGR	20.00	54,000	2,700.00	3,450.00	15,000	
1-1-21-132	XXX		KGR	603.00	1,477,350	2,450.00	2,491.83	25,225	
1-1-21-142	XXX		KGR	36.00	158,400	4,400.00	4,328.83	2,562	
1-1-21-171	XXX		KGR	352.70	1,432,686	4,062.05	3,819.96	85,383	
1-1-21-211	XXX		KGR	427.00	1,878,800	4,400.00	.00	0	
1-1-21-333	XXX		KGR	100.00	140.000	1,400.00	1,400.00	0	
1-1-21-341	XXX		KGR	110.00	33.000	300.00	299.90	10	
1-1-31-121	XXX		KGR	316.56	3,523,313	11,130.00	11,130.00	1	
1-1-31-131	XXX		KGR	145.31	1,162,099	7,997.38	7,997.38	1	
1-1-31-161	XXX		KGR	31.54	163,466	5,182.82	5,182.81	0	
1-1-41-111	XXX		KGR	449.02	3,048,846	6,790.00	.00	0	
1-1-42-131	XXX		KGR	19.80	127,750	6,452.02	.00	0	
1-1-43-111	XXX		KGR	130.10	643,995	4,950.09	4,950.00	1	
1-1-43-132	XXX		KGR	179.20	821,111	4,582.09	4,582.08	0	
1-1-51-111	XXX		KGR	1,118.00	2,234,711	1,998.85	1,591.51	453,163	
1-1-51-131	XXX		KGR	280.00	869,531	3,201.90	2,813.04	108,879	
1-1-51-151	XXX		KGR	10.00	28,000	2,800.00	2,900.00	1,000	
1-1-51-171	XXX		KGR	809.00	323,600	400.00	374.35	20,744	
1-1-52-211	XXX		KGR	256.77	599,499	2,334.77	2,329.58	1,332	
1-1-53-221	XXX		KGR	103.01	275,776	2,677.18	2,677.16	1	
1-1-56-121	XXX		KGR	31.82	312,695	9,827.00	.00	0	
1-1-56-171	XXX		KGR	2.72	31,716	11,660.29	.00	0	
1-1-91-111	XXX		KGR	1.00	15.848	15,848.00	.00	0	
1-1-92-111	XXX		KGR	450.00	3,150.00	7,000.00	7,000.00	0	
1-1-92-211	XXX		KGR	180.00	1,260,000	7,000.00	7,000.00	0	
1-1-92-311	XXX		KGR	15.00	300.00	20,000.00	.00	0	
1-1-97-312	XXX	22-24MM	BOX	12.00	291,442	24,286.83	24,286.77	1	
1-1-98-171	XXX	90*50	PC	25.00	19.450	778.00	.00	0	
TOTAL	(MEAT)				122,878,461			1,003,799	

표2-15 (계속)   월말식료 출고보고서 - (2)

Code		Spec	Unit	Qty	Amount			
1-2-11-112	XXX		KGR	320.00	1,120,059	3,500.18	3,523.54	-7,477
1-2-11-121	XXX		KGR	214.00	1,348,200	6,300.00	.00	0
1-2-11-122	XXX		KGR	330.00	2,079,000	6,300,000	.00	0
1-2-11-315	XXX		KGR	260.00	3,120,347	12,001.00	12,027.62	6,836
1-2-11-432	XXX		KGR	44.00	154,000	3,500.00	3,488.69	497
1-2-11-611	XXX		KGR	23.00	583,750	25,380.43	23,512.60	42,960
1-2-11-643	XXX		KGR	40.00	800,000	20,000.00	.00	0
1-2-11-731	XXX		KGR	56.70	719,045	12,681.57	12,681.56	0
1-2-12-223	XXX		KGR	1,508.50	11,797,873	7,820.93	7,681.54	210,262
1-2-21-412	XXX		KGR	108.88	1,527,918	14,033.05	14,033.06	2
1-2-22-211	XXX		KGR	68.10	2,581,185	37,902.86	37,902.86	0
1-2-22-311	XXX		EA	1,566.00	3,190,784	2,087.54	2,037.53	650
1-2-22-322	XXX		EA	12,540.00	3,439,072	274.25	274.30	0
1-2-22-411	XXX		EA	2,000.00	400,000	200.00	200.00	0
1-2-22-422	XXX		KGR	145.28	1,660,990	11,433.03	10,729.04	102,275
1-2-22-511	XXX		KGR	68.00	404,102	5,942.68	6,418.95	-32,387
1-2-23-212	XXX		PC	480.00	62,400	130.00	130.00	0
1-2-31-131	XXX		KGR	21.00	132,300	6,300.00	6,300.00	0
1-2-31-313	XXX		KGR	75.00	467,700	6,236.90	6,309.00	-5,543
TOTAL (FISH & SEAFOOD)					35,588,725			303,099
1-4-16-113	XXX	100ML	PKG	45.00	14,400	320.00	320.00	0
1-4-33-171	XXX	1KG	PKG	1.00	6,700	6,700.00	6,700.00	0
1-4-41-111	XXX		EA	210.00	12,260	58.38	.00	0
TOTAL (DAIRY PRODUCTS)					358,481			78
1-5-11-911	XXX	1LB	CAN	1.00	4,673	4,673.00		0
1-5-12-235	XXX	1LB	CAN	3.00	7,224	2,408.00	2,382.00	78
1-5-12-611	XXX	24KG/BG	KGR	12.00	3,600	300.00	300.00	0
1-5-12-631	XXX		PKG	60.00	90,000	1,500.00	1,500.00	0
1-5-13-271	XXX	500GR	PKG	1.00	5,063	5,063.00	5,063.00	0
1-5-13-291	XXX		BTL	27.00	246,456	9,128.00	9,128.00	0
1-5-51-121	XXX	1.5KG	KGR	3.00	1,465	488.33	488.33	0
TOTAL (GLOCERY)					358,481			78
TOTAL (FOOD)					158,859,027			1,306,976
2-1-49-221	XXX	700ML	BTL	7.00	18,550	2,650.00	.00	0
TOTAL (WINE)					18,550			0
2-2-32-911	XXX	700ML	BTL	1.00	9,330	9,330.00	9,330.00	0
TOTAL (SPIRITS & LIQUEURS)					27,880			0
TOTAL (BEV)					27,880			0
DEPT TOTAL					158,886,907			1,306,976
TOTAL FOOD COST					438,352,243			1,104,487

월말음료 출고보고서의 실제

「Monthly Beverage Issuing Report」라고도 불리는 〈표 2-16〉의 월말음료 출고보고서는 서울에 소재하는 특 1등급 특정호텔의 실제 월말음료 출고보고서이다.

〈표 2-16〉을 보면 물품청구서에 의해서 저장고로부터 각 업장으로 출고된 아이템을 그 가치와 함께 정리·기록하였다.

식료와 마찬가지로 부서(아이템의 행선지), 아이템의 재고코드번호, 아이템의 설명, 크기, 단위, 양, 단위당 이번 달과 전달의 평균원가, 가격변화의 영향, 그리고 비고란이 있다.

그리고 아이템의 그룹별 소계와 그룹별 소계를 집계한 특정 업장의 총계, 각업장별 총계를 집계한 총계로 되어 있어, 특정 달에 어느 정도의 아이템이 소비되었는가를 파악할 수 있게 하였다.

예를 들어, 특정 달의 『N』레스토랑으로 입고된 음료는 총 1,439,859원어치로, 그 중 와인이 1,423,899원어치이고, 스피리츠와 리큐어가 15,960원어치로 『N』레스토랑에 총 1,439,859원의 가치에 해당하는 음료가 출고되었다는 기록이다.

이와 같은 방법으로 〈표 2-16〉을 해석해 보면 창고에서 각 영업장에 입고된 음료의 총계는 55,043,216원어치이라고 해석할 수 있겠다.

표 2-16 월말음료 출고보고서

CODE	DESCRIPTION	SIZE	UNIT	Q'TY	AMOUNT	AVE.COST THIS MONTH	LAST MONTH	COST IMPACT	REMARK
2-1-11-171	XXXX	750ML	BTL	2.00	184,000	92,000.00	.00	0	
0-0-00-000	XXXX	750ML	BTL	2.00	16,600	8,320.00	.00	0	
0-0-00-000	XXXX	750ML	BTL	1.00	8,000	8,000.00	.00	0	
0-0-00-000	XXXX	375ML	BTL	8.00	48,400	6,050.00	.00	0	
0-0-00-000	XXXX	750ML	BTL	2.00	13,000	6,500.00		0	
0-0-00-000	XXXX	750ML	BTL	4.00	38,960	9,740.00	9,740.00	0	
0-0-00-000	XXXX	750ML	BTL	2.00	34,000	17,000.00	17,000.00	0	
0-0-00-000	XXXX	375ML	BTL	4.00	38,800	9,700.00	9,700.00	0	
0-0-00-000	XXXX	750ML	BTL	4.00	80,612	20,153.00		0	
0-0-00-000	XXXX	750ML	BTL	3.00	11,583	3,831.00	3,861.00	0	
0-0-00-000	XXXX	700ML	BTL	.400	30,720	7,680.00	7,680.00	0	
0-0-00-000	XXXX	750ML	BTL	1.00	5,670	5,670.00	5,670.00	0	
0-0-00-000	XXXX	750ML	BTL	2.00	8,000	4,000.00	4,000.00	0	
0-0-00-000	XXXX	750ML	BTL	2.00	13,000	6,500.00	.00	0	
0-0-00-000	XXXX	750ML	BTL	1.00	8,500	8,500.00	.00	0	
0-0-00-000	XXXX	750ML	BTL	1.00	7,200	7,200.00	.00	0	
0-0-00-000	XXXX	750ML	BTL	1.00	8,400	8,400.00	.00	0	
0-0-00-000	XXXX	700ML	BTL	23.00	60,950	2,650.00	2,650.00	0	
0-0-00-000	XXXX	700ML	BTL	21.00	65,100	3,100.00	3,100.00	0	
0-0-00-000	XXXX	350ML	BTL	11.00	17,050	1,550.00	1,550.00	0	
0-0-00-000	XXXX	700ML	BTL	9.00	53,460	5,940.00	5,940.00	0	
0-0-00-000	XXXX	700ML	BTL	2.00	6,200	3,100.00	3,100.00	0	
0-0-00-000	XXXX	750ML	BTL	2.00	34,600	17,300.00	16,900.00	800	
0-0-00-000	XXXX	375ML	BTL	1.00	4,300	4,300.00	4,300.00	0	
0-0-00-000	XXXX	700ML	BTL	1.00	1,670	1,670.00	.00	0	
0-0-00-000	XXXX	360ML	BTL	1.00	1,489	1,489.00	1,489.00	0	
0-0-00-000	XXXX	700ML	BTL	1.00	3,251	3,251.00	.00	0	
0-0-00-000	XXXX	750ML	BTL	1.00	7,900	7,900.00	.00	0	
0-0-00-000	XXXX	750ML	BTL	3.00	11,400	3,800.00	3,800.00	0	
TOTAL (WINE)					1,423,899			1,598	
2-2-42-241	XXX	700ML	BTL	1.00	15,960	15,960.00	.00	0	
TOTAL (SPIRITS & LIQUERS)					15,960			0	
TOTAL (BEV.)					1,439,859			1,598	
DEPT. TOTAL					1,439,859			1,598	
TOTAL BEVERAGE COST					55,043,216			14,103	

3. 식재료의 선입선출 관리란 무엇인가

영어로 FIFO(First In First Out)라고도 하는데 저장된 아이템의 관리를 위해서 창고에 먼저 입고된 아이템을 먼저 출고한다는 식재료 재고관리법을 말한다. 즉, 먼저 구매한 아이템을 먼저 사용함으로써 저장고에서 식재료가 부패하거나 유효기간 등을 넘겨서 원래의 가치를 상실하는 것을 예방하기 위한 식재료 재고관리법이다.

선입선출의 관리가 잘 실행될 수 있게 하기 위해서는 창고 설계시에 업장의 수와 규모에 적합한 용량, 그리고 보관기능이 아닌 관리기능을 고려한 설계가 지켜졌을 때에만 가능하도록 되어 있다.

예를 들어, 냉동실의 경우를 생각해 보자. 냉동실의 온도는 −18℃ 이하이어야 한다. 업장의 수에 비례하여 상대적으로 용량이 작은 경우에는 저장되어야 할 아이템은 많은데 장소가 좁아 내용물의 정리정돈이 잘 될 수 없다. 또한 정리정돈이 잘 되지 않은 상태에서는 선입선출은 기대할 수 없으며, 선입선출이 지켜지지 않으면 때로는 유효기간을 넘기는 경우가 있어 폐기처분을 해야 하는 경우가 발생한다.

결국, 업장의 수와 규모, 그리고 유형을 감안하여 저장고는 설계되어야 하고, 선입선출은 이러한 기본적인 조건이 충족될 때만이 가능한 것이다. 그리고 이와 반대의 경우에는 식재료에 대한 관리의 소홀로 원가의 상승을 초래할 수밖에 없는 당연한 논리에 귀착하게 된다.

4. 식재료의 청구와 입출사항을 전산화할 수도 있는가

전산화가 보편화된 요즘은 창고에서 구매부서에 요구하는 식재료에 대한 구매청구와 생산지점에서 요구하는 식재료의 구매청구, 그리고 생산지점과 판매지점에서 창고에 요구하는 물품청구를 각 지점에 있는 단말기를 통하여 실행할 수 있다.

즉, 은행의 온라인 시스템과 같은 방식으로 A라는 은행의 전국지점을 본점을 중심으로 하나의 망으로 연결하는 방식을 말한다.

이것을 Lan Net Working 시스템이라고 불리기도 하는데 중앙컴퓨터 (Server)를 중심으로 각 통제지점에 Workstation이라고 불리는 개인용 단말기를 연결하는 방식이다. 각 Workstation들은 중앙컴퓨터에 연결되어 있어 통제지점 상호간에 정보를 교환할 수 있도록 되어 있다.

통제지점에서 요구되는 정보를 입력시키면 중앙 컴퓨터가 처리하여 각 통제지점에서 필요로 하는 정보를 제공하는 역할을 한다. 그래서 각 Workstation에서 서로가 필요로 하는 정보를 이용하여 보고서도 작성하고 분석도 할 수 있게 고안되어 있다.

예를 들어, 저장고와 구매부서의 식음료 재료 담당자의 컴퓨터, 각 생산지점의 컴퓨터(각 주방), 그리고 F＋B Controller의 컴퓨터가 서로 연결되어 업무를 전산화할 수 있도록 고안된 시스템을 말한다.

일례를 들어 ⓐ라는 업장에서 필요한 아이템을 공급받기 위하여 ⓐ라는 업장에 있는 단말기에 요구하는 식료와 음료를 입력하여 저장고에 있는 단말기에 전달한다. 그리고 원하는 아이템을 저장고로부터 공급받는다.

또한 식음료 재료를 관리하는 저장고의 담당자는 저장고의 단말기에 출고된 아이템에 대한 정보를 입력시킨다. 저장고의 담당자가 입력시킨 정보는 중앙 컴퓨터에 메모리 된다.

만약, 식음 코스트 콘트롤러가 일일출고된 아이템의 수량과 가치, 그리고 행선지 등에 대한 정보를 원한다면 식음 코스트 콘트롤러 사무실에 있는 단말기를 이용하여 원하는 정보를 출력할 수 있다.

또 다른 예를 들면, 만약 ⓐ라는 업장주방에서 필요한 아이템의 구매를 의뢰하기 위해서 일일 시장 리스트를 작성하여 구매부서에 전달하는 대신 ⓐ라는 업장주방에서 사용하고 있는 단말기에 구매의뢰할 아이템들을 입력시키면 중앙컴퓨터에 메모리되어 구매부서에 있는 단말기에서 ⓐ업장 주방에서 구매의뢰 한 아이템을 출력하여 주문할 수 있게 고안된 시스템이다. 이것을 도식화해서 나타내면 다음의 〈그림 2-8〉과 같다.

그림 2-8	식재료의 청구와 입출사항의 전산화

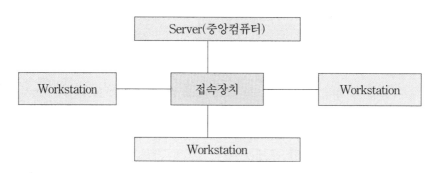

앞으로 외식업체(호텔)에서 사용하는 식재료의 종류는 현재보다 더 많아지 겠지만, 외식업체(호텔)가 관리하여야 할 식료와 음료를 저장할 저장고의 수 는 줄어들 것으로 판단된다.

반면, 식재료를 공급하는 공급자는 식재료를 공급받을 외식업체(호텔)와 전 산망을 구축하여 외식업체(호텔)에서 원하는 아이템들을 필요한 양만큼 필요 한 때에 공급하는 JIT(Just in Time) 시스템이 도입될 날도 그리 멀지 않다.

즉, 외식업체(호텔) 저장고의 수와 용량은 줄어들어 전반적으로 식재료 관 리는 쉬워지고, 그 대신에 공급자의 역할이 중요시되기 때문에 공급자와 수 요자와의 관계는 상호이익을 보장한다는 기본적인 원칙에 입각하여 신뢰를 바탕으로 그 관계가 유지·발전되어야 한다고 믿는다.

5. 종합정리

지금까지 다룬 내용을 다음과 같이 종합하여 정리할 수 있다.

1) 식재료의 입고

사전에 정한 절차에 따라 구매된 식료와 음료는 크게 2가지로 구분할 수 있다.

첫번째, 저장고에서 정한 절차에 따라 구매청구서에 의해 요청된 아이템으로 구매된 후 검수지점을 거쳐 저장고에 저장될 아이템들을 말한다. 이것을 Store Purchase라고 하고, 아이템의 상태에 따라 냉장, 냉동, 일반 저장고, 음료창고 등으로 그 행선지를 달리한다.

두번째, 생산지점(주방)과 판매지점(각 영업장)에서 필요로 하는 식료(일반적으로)로 구매된 후 호텔에 입고되면 검수지점을 거쳐 저장고에 입고되지 않고 생산지점이나 판매지점으로 직접 이동되어 입고된 날의 원가로 계산되는 아이템들이다. 이것을 Direct Purchase라고도 한다.

식재료가 구매되어 외식업체(호텔)에 납품된 후 검수지점을 거쳐 이동되는 과정을 다음과 같이 종합 정리할 수 있다.

① 검수과정을 거쳐 음료 저장고로의 이동
② 검수과정을 거쳐 식료 저장고로의 이동(일반 저장고, 냉동고, 냉장고, 기타)
③ 검수과정을 거쳐 직접 생산지점(주방)으로의 이동(D/ M/ L, 또는 긴급구매나 현금구매의 경우)
④ 검수과정을 거쳐 직접 판매지점(각 영업장)으로 이동(긴급구매나 현금구매의 경우)

2) 식재료의 출고

구매되어 검수과정을 거쳐 저장고에 저장되는 아이템은 각 아이템에 대한 입출 내력을 파악할 수 있는 양식이 있다. 이 양식에 각 아이템에 대한 내력을 변동이 있을 시(출고가 이루어지면) 기록하여 보존하여야 한다. 이것을 재고의 계속기록법이라고 한다.

이 양식은 호텔에 따라 각각 다르게 불리고 있으나 재고관리에 있어서 아주 중요한 역할을 한다.

저장고에 입고된 식음료 재료가 출고되어 이동하는 행선지를 종합적으로 정리하면 다음과 같다.

① 음료 저장고에서 출고되어 각 바(Bars)로

② 음료 저장고에서 출고되어 메인 주방으로

③ 음료 저장고에서 출고되어 각 영업장 주방으로

④ 음료 저장고에서 출고되어 각 영업장(영업장)으로

⑤ 식료 저장고에서 각 바(Bars)로

⑥ 식료 저장고에서 메인 주방으로

⑦ 식료 저장고에서 각 영업장 주방으로

⑧ 식료 저장고에서 각 영업장으로

일자	수령(입고)	출고가격	재 고
1/01	10(15/단위당)		10(15/단위당) = 150
1/03	10(17/단위당)		10(15/단위당) = 150
			10(17/단위당) = 170
			= 320
1/04		8(17/단위당) = 136	10(15/단위당) = 150
			2(17/단위당) = 34
			= 184
1/08	20(20/단위당)		10(15/단위당) = 150
			2(17/단위당) = 34
			20(20/단위당) = 400
			= 584
1/12		20(20/단위당) = 400	
		2(17/단위당) = 34	
		2(15/단위당) = 30	8(15/단위당) = 120
		= 464	

* 출고원가 136 + 464 = 600

3) 이동평균에 의한 방법

Moving Average Method라고도 하는 이동평균에 의한 방식은 입고되는 가격을 앞서 입고된 가격에 더하여 2로 나누어서 얻어진 가치를 출고가격으로 이용하는 방법이다.

일자	수령(입고)	출고가격	재고평균가치	재고량	재고가치
1/01	10(15/단위당)		15	10	150
1/03	10(17/단위당)		16	20	320
1/04		8(16 /단위당) = 128	16	12	192
1/08	20(20/단위당)		18.5	32	592
1/12		24(18.5/단위당) = 444	18.5	8	148

* 출고원가 128 + 444 = 572

상기의 보기에서와 같이 출고된 식재료의 원가와, 그리고 재고로 남아 있는 식재료의 가치의 결과는 어떤 방식을 적용하느냐에 따라서 다음과 같이 상이한 결과를 보여 주고 있다.

① FIFO의 경우

출고원가는　120 + 440 = 560

재고가치는　　20 × 8 = 160

② LIFO의 경우

출고원가는　　136 + 464 = 600

재고가치는　　15 × 8 ＝ 120

③ 이동평균법의 경우

출고원가는　　　　　128 ＋ 444 = 572

재고가치는 단위당　　18.5 × 8 = 148

출고된 식재료의 출고원가와 재고가치 중 최저와 최고의 차이를 살펴보면 출고원가의 경우는 최저를 기준으로 할 경우, 7.14%(600 – 560 ＝ 40, 40 ÷ 560 × 100 ＝ 7.14%), 재고가치의 경우는 33.3%(160 – 120 ＝ 40, 40 ÷ 160 × 100 ＝ 33%)이다.

이것은 한 아이템에 대한 것이지만 전체 아이템을 대상으로 할 때에는 상당한 금액이 아닐 수가 없다.

결과적으로 출고원가의 결정방식은 임의로 정해서는 안 되고 다음과 같은 사항을 고려하여 정하는 것이 일반적이라고 생각한다.

① 저장기간이 긴 아이템은 평균산출법
② 주류와 음료의 경우는 FIFO의 방식을 이용하되 회전율이 높은 아이템의 경우는 평균산출법을 적용하는 것이 바람직하다.

• LIFO의 방식은 식재료의 관리에서는 적용되는 범위가 지극히 한정되어 있다. 가령, 계절적인 상품을 구매하여 연간 사용할 목적으로 냉동하고 냉동된 가격 보다 싸게 살 수 있는 경우 등을 제외하고는 적용 대상 아이템이 드문 경우이다.

4) 가중 평균에 의한 방식

Weighted Average Method라고도 하는 이 방식은 주로 회계연도 초에서 회계연도 말까지 출고, 또는 소비된 총 식재료의 원가를 계산할 때 쓰는 방법으로 재무회계의 목적으로 이용하는데, 총 구매가의 합을 총 구매수량으로 나누어서 얻는다.

일자	수령(입고)	출고가격	재고평균가치	재고량	재고가치
1/01	10(15/단위당)			10	150
1/03	10(17/단위당)			20	320
1/04		8(18/단위당)=144		12	176
1/08	20(20/단위당)			32	576
1/12		24(18/단위당)=432	18	8	144

가중평균 방식에 의한 단위당 출고원가는 다음 공식에 의해(총구매가의 합 ÷ 총 구매수량) 계산된다.

① $10 \times 15 = 150$, $10 \times 17 = 170$, $20 \times 20 = 400$

② $(150 + 170 + 400) \div (10 + 10 + 20) = 18$원/단위당

③ 총 32 단위에 대한 출고 원가는 $18 \times 32 = 576$원이 된다.

5) 실제 入庫된 가격으로 평가

이 방식은 저장고에 입고되는 모든 아이템 하나하나에 구매가격을 표시하는 방법이다. 이 방법이 입고된 재고의 가치를 평가하는 가장 정확한 방법이다.

예를 들어, 저장고에 남아 있는 아이템이 8개인데 각 아이템에 2개는 15원, 3개는 17원, 그리고 3개는 18원이 표시되어 있다면, 이 아이템에 대한 기말재고 가치는 135원 $[(2 \times 15) + (3 \times 17) + (3 \times 18) = 135]$이 된다.

6) 최종 입고된 가격으로 계산하는 방식

이 방식은 기말재고의 가치를 최종 입고된 아이템의 가격으로 평가하는 것으로 다음과 같이 설명할 수 있다.

예를 들어, 최종 입고된 특정 아이템이 8개로 단위당 20원이라면 재고가치

는 160원이 된다(8 × 20 = 160).

이와 같이 어떠한 방법을 이용하느냐에 따라서 기말재고의 가치는 과소 또는 과대평가될 수 있기 때문에 실무자가 임의로 평가해야 할 일은 아니라고 생각한다.

4. 생산지점(주방), 판매지점에 있는 재고의 평가는 어떻게 하는가

저장고에서 출고되는 아이템에 대한 평가방법은 그렇게 어렵지 않게 비교적 정확하게 평가를 할 수가 있다. 그러나 주방이나 각 업장에 있는 재고의 가치는 계산이 정확하다고 할 수는 없다.

저장고로부터 물품청구서에 의해서 공급받은 아이템과 일일시장리스트에 의해서 직접 구매되는 아이템으로 구성된 생산지점의 재고는 원상태로, 또는 일차 가공된 상태로, 또는 완전히 가공된 상태로 되어 있으므로 그 가치를 평가하기란 그리 쉽지 않다는 것이다. 이 경우는 무게를 측정하여 그 상품의 표준레시피에 의해서 원가를 계산하여 측정하지만 상당한 오차를 고려해야 한다.

또한 각 생산지점(주방)에 있는 식재료의 경우는 무게나 단위의 측정이 곤란한 것들이 많아 실사하여 정확한 재고의 가치를 평가하는 데 어려움이 많다. 이러한 어려움을 해결하기 위해서 일단 실사(實査)에 들어가기 전에 실사의 원칙을 정해야 한다. 예컨대, 측정이 곤란한 아이템의 경우는 그 중요도에 따라 실사에서 제외한다든지 하여 어림잡아서 계산하는 오류를 범해서는 안된다.

일반적으로 Open Stock은 특별한 사유가 없는 한 매달 일정한 양을 유지하고 있으므로 평균에 의한 평가도 그렇게 커다란 차이를 보이지 않는다. 이러한 이유로 각 업장에 남아 있는 Open Stock에 대한 재고가치는 일반적으로 다음과 같은 방법에 의해서 평가하기도 한다.

예를 들어, 실사가 비교적 용이한 중요한 아이템을 중심으로 실사를 행하고, 나머지 아이템에 대해서는 기준 달을 근거로 하여 그 가치를 평가한다.

일례를 들어, 특정 달의 Open Stock에 대한 실사의 가치가 5,400이고, 그 중 실사가 용이하고 중요했던 육류, 생선, 가금류의 가치가 2,500, 나머지 아이템에 대한 가치가 2,900이었다. 다음 달에 실사가 용이한 주요 아이템에 대한 실사의 가치가 2,750으로 평가되었다는 전제하에 실사의 내용을 해석해 보자.

먼저, 우리는 ⓐ 전달에 비하여 Open Stock의 가치가 5,940으로 10% 증가하였다고 생각할 수도 있고(0.1 × 5,400＝540, 540 ＋ 5,400＝5,940), 또는 ⓑ 육류, 생선, 가금류 등과 같은 주요한 아이템의 가치만 10% 증가하고 나머지 아이템은 그대로라고 해석할 수도 있다(2,900 ＋ 2,750＝5,650).

이러한 가정하에서 ⓐ와 ⓑ의 차이 290(5,940 −5,650)는 다음과 같은 논리로 정리할 수 있다.

① 전달에 비하여 Open Stock의 가치 10%의 증가가 전체 아이템에 대한 가격상승의 결과라면 ⓐ에 의해서 ⓐ와 ⓑ의 차이가 설명되고

② 전달에 비하여 Open Stock의 가치 10%의 증가가 주요 아이템을 전달에 비하여 더 많이 보유한 것이 원인이라면 290의 차이는 ⓑ에 의해서 설명될 수 있겠다.

5. 재고가치 조정은 어떻게 하는가

실사(Actual Inventory or Physical Inventory)의 결과와 장부상(Book Inventory) 평가된 재고가치에 대한 차이가 있기 마련인데, 이 차이가 사전에 정한 허용범위를 초과하면 원인규명이 필요하게 된다.

저장고에 있는 재고의 가치를 매일매일 정리하여 당일 기말재고의 가치가 계산된다. 그리고 당일의 기말재고(Closing Inventory)는 다음 날의 기초재고(Opening Inventory)가 된다. 이러한 과정을 반복하여 한 달 동안 장부상의 재고가치가 계산되는데, 이것을 월말 재고가치라고 한다. 이 가치와 월말에 행하는 실사에서 얻어진 실제 저장고의 재고가치를 비교하게 되는데, 여러 가지 사정에 의해서 두 가지는 상이하기마련이다.

〈표 2-21〉은 식료 저장고의 실사와 장부상의 가치에 대한 차이를 보고하는 양식으로 다음과 같이 해석할 수 있다.

① 장부상의 월말 재고가치는 2,456.85인데 실사에 의한 재고의 가치는 2,443.20으로 그 차이는13.65이다.

② 일반적인 허용치를 보통 1%로 보고 있기 때문에 저장고의 관리가 비교적 정확하게 행해지고 있다고 말할 수 있다.

③ 이 경우는 실사와 장부상의 재고가치에 대한 설명을 쉽게 하기 위한 보기나 실제 현업에서는 많은 차이가 있는 것으로 사료된다.

표 2-21		Food Storeroom Inventory Control Form		
날짜	기초재고	구매	출고	기말재고
1	2,242.16	163.19	58.17	2,347.18
2	2,347.18		112.24	2,234.94
3	2,234.94	157.92	107.60	2,285.26
⋮				
30	2,406.19	118.70	42.61	2,482.28
31	2,482.28	90.63	116.06	2,456.85
계		3,612.40	3,397.71	2,456.85
월말의 실제 재고				2,443.20
차이				13.65

자료 : Michael M. Coltman, Cost Control for the Hospitality Industry, VNR/NY, 1989, 2nd ed. p.104

6. 재고 회전율이란 무엇인가

식재료는 흐르는 것이지 정지해야 될 이유가 없다. 식재료가 정지하고 있으면 재고가 되며, 재고는 관리하는 것이 아니라 없애 버려야 되는 것이다. 관리해야 할 것은 재고가 아니라 물자의 흐름이다.

재고가 과대할 경우, ① 식재료의 손실을 초래하고, ② 과다한 자본이 재고에 묶이게 되고, ③ 필요 이상의 유지 관리비가 요구되고, ④ 필요 이상의 공간을 차지하고, ⑤ 기회 이익의 상실 등을 초래한다. 이 반대의 경우는 ① 판매 기회의 상실, ② 이미지 실추 등의 부정적인 측면도 있다.

수입 식재료의 비중이 높은 우리나라 호텔의 경우, 구매의 횟수, 재고의 적정수준을 내부적으로 통제할 수 없는 경우도 있을 것이다. 그러나 내부적으로 통제가 가능한 사항에 대하여는 합리적인 방법을 적용하여 적정한 재고를 유지하여야 한다.

재고 회전율은 창고에 있는 식재료의 구매와 사용빈도에 대한 측정을 하기 위하여 실시하는 것으로, 창고에 저장되어 있는 식재료의 저장기간을 말한다.

예를 들어, 구매빈도가 매달 2회이고 사용빈도도 2회라면 일년에 24회로 상당히 양호한 편이라고 평가받을 수 있다. 그러나 이것은 모든 아이템에 대한 평균을 말하는 것으로 가령 저장이 곤란한 식재료의 경우는 매일매일 구매되어 사용되고, 캔에 든 식재료의 경우는 저장고에 재고로 남아 있는 기간이 길다. 그렇기 때문에 보다 세부적인 재고관리 측면에서 재고회전율을 아이템별로 나누어서 행하기도 한다.

1) 저장고와 영업장의 재고는 어느 정도가 이상적인가

이상적인 재고보유량을 결정하기란 대단히 어렵다. 특히나 레스토랑 비즈니스의 특수성과 식재료 공급시장의 특수성 때문에 경제적인 재고량만을 보유하기란 그리 쉽지 않다.

식재료 공급이 원활한 상황에서의 이상적인 재고보유량은 일정기간 동안의 소비량(액)의 1.5배라고 한다.

예를 들어, 주 10,000원어치의 식료를 소비한다면 평균 보유하고 있어야 할 재고의 가치(양)는 15,000원어치이다. 이것은 안전 재고와 리드타임(Lead Time)까지를 고려한 수치이다.

식료의 그룹에 따라 보유하고 있어야 할 재고의 가치(양)에 대한 다음과 같은 가이드라인이 있다.

① 빵, 육류, 생선, 가금류, 乳製品 … 등은 2일 동안 사용할 양

② 냉동식품은 1주일 동안 사용할 양

③ 캔에 든 아이템, 또는 마른 아이템은 1.5주간 사용할 양

④ 잘 변질되지 않는 가치가 낮은 아이템들은 2달간 사용할 양

⑤ 업장에서 사용 중인 식재료는 해당업장 1일 원가의 1.5배에 해당하는 양

2) 재고 회전율은 어떻게 계산하는가

재고 회전율을 계산하기 위해서는 다음과 같은 기본적인 용어의 이해가 있어야 한다.

예를 들어, 1년의 시작이 1 / 1이고 마감이 12 / 31일 때, 1 / 1일을 「기초」, 12 / 31일을 「기말」이라고 부르고, 1 / 1일 영업개시 전의 재고액을 「기초재고액」, 12 / 31일의 영업 종료시의 재고액을 「기말재고액」이라 부른다. 그리고 기초에서 기말의 기간매출을 「기간 중 또는 당기매출액」, 기초에서 기말의 기간매입을 「기간 중 또는 당기매입액」이라고 부른다. 이러한 관계를 월 단위로 생각하면 월별재고가 된다.

매달 말 재고의 실사결과를 바탕으로 월 재고회전율을 계산하는데, 공식은 다음과 같다.

```
월 재고회전율 = 총 매출원가 ÷ 평균 재고액
총 매출원가 = 월초재고 + 당기매입 ― 월말재고
월 평균재고 = 월초재고 + 월말재고 ÷ 2
```

일례를 들어 A라는 레스토랑의 월 재고회전율을 다음에 주어진 데이터를 이용하여 계산해 보자.

```
월초재고(전달의 월말 재고) = 5,650
월말재고(다음 달의 월초 재고) = 5,350
총 매출원가 = 9,900
```

▶▶월 재고회전율 ＝ 9,900 ÷ 5,500 ＝ 1.8회 (월 평균재고) ＝ 5,650 + 5,350 ÷ 2
＝ 5,500

만약, 매달 1.8회라면 연간 21.6회(1.8 × 12달)가 된다.

재고회전율도 일일 식료원가율을 계산할 때와 같이 영업실적에 따라 어떤 달은 높을 수도 있고(영업이 활발할 때), 어떤 달은 상대적으로 낮을 수도 있다. 그래서 재고수준이나 재고량의 좋고 나쁨을 재고회전율만으로 평가해서는 안 된다. 특히나 월 재고회전율은 의사결정에 그다지 도움을 주지 못한다. 몇 회전했다거나 회전기간이 어느 정도라는 것만으로 재고관리의 적부 평가를 해서는 안 되기 때문에 매출량의 몇 일분에 해당하는가를 판단하는 지표로 삼아야 하는 것이 옳다고 본다. 즉, 현재 있는 보유재고액은 지금 팔리고 있는 상태라면 며칠 정도면 다 팔릴 것인가, 몇 일분의 매출에 상당하는 재고량이라는 관점에서 관리하여야 할 것이다. 이것을 「재고보유 일수」, 또는 「재고 잔존 일수」라고 부른다.

3) 재고자산 잔존(또는 보유)일수 분석은 어떻게 하는가

재고재산 잔존일수(Number of Days of Inventory on Hand)는 재고자산이 완전히 소모되기까지 소용되는 날짜를 의미하며, 다음과 같은 공식에 의해 계산된다.

> 재고자산 잔존일수 = 월일수 ÷ 재고회전율

일례를 들어, 월평균 재고액이 400,000,000원이고, 총 매출원가 750,000,000원, 월 일수가 30일이라고 했을 때 재고자산 잔존일수는 다음과 같이 계산된다.

① 월 재고회전률 ＝ 750,000,000 ÷ 400,000,000 ＝ 1.875회전
② 재고자산 잔존일수 ＝ 30 ÷ 1.875 ＝ 16일

즉, 16일 동안 사용할 수 있는 재고자산을 가지고 있다는 결론이다.

그런데 문제는 이 잔존일수는 저장고에 있는 전체 재고자산으로 각 아이템

에 대한 잔존일수가 아닌 한, 또는 각 그룹에 대한 잔존일수가 아닌 한 구체적이 아닌 전체적인 수치제시에 불과할 것으로 판단된다.

7. 재고자산 회전율과 재고자산 잔존 일수는 어떻게 계산하는가?

〈표 2-22〉는 서울에 소재하는 특1등급 호텔의 특정 달의 재고자산 회전율과 재고자산 잔존일수에 대한 보고서이다.

이 보고서를 보면 먼저 식료와 음료로 나누었다. 식료는 다시 내산과 외산으로 나누어 육류, 생선과 해산물, 유제품, 그로서리(Grocery), 중식과 일식에 이용되는 식재료로 군집하여 정리하였다.

그리고 음료의 경우도 국내산과 수입산으로 나눈 다음, 다시 와인, 스피리츠(Spirits)와 증류주(Liqueurs), 맥주, 소프트(Soft)와 믹서(Mixers), 미니애추어(Miniatures)로 그룹핑하였다. 그런 다음 각 그룹별 회전율과 잔존 일수를 계산하여 표시하였다.

예를 들어, 특정 달의 식료창고에 보관 중인 국내산 육류의 경우, 기초 재고의 가치가 4,142,256원, 기말재고의 가치가 2,775,020원으로 기록되어 있다. 그리고 기초와 기말재고 가치에 대한 정보를 바탕으로 월 평균재고의 가치를 계산한 것이 3,458,638원(4,142,256+2,775,020÷2)이라고 기록되어 있다. 또한 특정 달의 국내산 육류 그룹에 대한 출고의 가치가 28,283,041원으로 기록되어 있다.

이와 같은 정보를 가지고 계산된 재고회전율 「Times」은 8.178회로, 이 수치는 출고가치(매출원가) 28,283,041원을 월 평균 재고가치 3,458,638원으로 나누어서 얻는 값이다(28,283,041÷3,458,638＝8.1775≒8.178).

그리고 재고잔존 일수 「Days」의 3은 특정 달의 일수를 재고회전율로 나누어서 얻거나(31÷8.178＝3.7906≒3), 또는 월평균 재고액을 1일 평균 매출원가(28,283,041÷31)로 나누어서 얻은 수치이다(3,458,638÷912,356＝3.7908≒3).

마지막에 있는 수치 9.632와 3은 전달의 재고회전율과 재고자산 잔존일수를 기록한 것으로 전달과의 비교를 위한 목적으로 기록되었다.

이 표에서와 같이 재고회전율과 잔존일수가 그룹별로 표시되어 있어, 이 정도의 재고이면 며칠 정도는 사용할 수 있는 양을 보유하고 있다는 것을 알 수가 있게 되어, 보다 구체적으로 재고를 관리할 수 있다.

표 2-22 F & B Storeroom Inventory Turnover

DESCRIPTION	STOREROOM INVENTORY			TOTAL ISSUES	T/O · THIS MONTH		T/O · LAST MONTH	
	OPENING	CLOSING	AVERAGE		TIMES	DAYS	TIMES	DAYS
*FOOD STOREROOM								
LOCAL- [MEAT]	4,142,256	2,775,020	3,458,638	28,283,041	8.178	3	9.632	3
[FISH & SEAFOOD]	4,912,275	4,727,876	4,820,076	112,820,449	23.406	1	34.311	1
[FRUIT & VEGETABLE]	28,132,220	27,042,440	27,587,330	62,139,125	2.252	13	2.973	9
[DAIRY PRODUCTS]	1,415,122	1,178,704	1,296,913	19,724,428	15.209	2	14.075	2
[GROCERY]	26,849,215	23,923,007	25,386,111	52,278,553	2.059	14	3.072	10
[CHINESE & JAPANESE FOOD]	14,373,300	4,807,000	9,590,150	23,582,100	2.459	14	2.676	16
SUB TOTAL	79,824,388	64,454,047	72,139,218	298,827,696	4.142	6	5.755	5
IMPORT- [MEAT]	100,109,593	214,756,631	157,433,112	127,205,250	.808	51	.697	29
[FISH & SEAFOOD]	29,661,162	79,749,921	54,704,542	32,166,427	.588	74	1.667	20
[FRUIT & VEGETABLE]	2,898,197	10,714,760	6,806,479	8,356,223	1.228	38	3.664	6
[DAIRY PRODUCTS]	3,039,083	25,993,601	14,516,342	5,262,179	.363	148	2.037	10
[GROCERY]	36,271,834	32,156,288	34,214,061	12,605,204	.368	77	.630	50
[CHINESE & JAPANESE FOOD]	18,201,244	18,678,819	18,440,032	6,101,659	.331	92	.462	61
SUB TOTAL	190,181,113	382,048,020	286,114,567	191,696,942	.670	60	.848	28
TOTAL- [MEAT]	104,251,849	217,531,651	160,891,750	155,488,291	.966	42	.929	22
[FISH & SEAFOOD]	34,573,437	84,475,797	59,524,617	144,986,876	2.436	17	6.909	5
[FRUIT & VEGETABLE]	31,030,417	37,757,200	34,393,809	70,495,348	2.050	16	3.050	9
[DAIRY PRODUCTS]	4,454,205	27,172,305	15,813,255	24,986,607	1.580	33	5.646	4
[GROCERY]	63,121,049	56,079,295	59,600,172	64,883,757	1.89	26	1.555	20
[CHINESE & JAPANESE FOOD]	32,574,544	23,485,819	28,030,182	29,683,759	1.059	24	1.225	27
SUB TOTAL	270,005,501	446,502,067	358,253,784	490,524,638	1.369	27	2.010	13
*BEV. STOREROOM								
LOCAL- [WINE]	6,680,023	6,514,072	6,597,048	6,161,001	.934	32	2.929	15
[SPIRITS & LIQUEURS]	5,895,675	4,797,550	5,346,613	2,806,956	.525	51	.799	41
[BEER]	3,292,372	2,839,252	3,065,812	8,346,970	2.723	10	3.848	9
[SOFT & MIXERS]	3,023,307	4,754,864	3,889,086	7,216,365	1.856	20	3.095	10
[MINIATURES]	0	0	0	0	.000	0	.000	0
SUB TOTAL	18,891,377	18,905,738	18,898,558	24,531,301	1.298	23	2.402	15
IMPORT- [WINE]	27,436,966	27,658,936	27,547,951	6,734,842	.244	123	.607	48
[SPIRITS & LIQUEURS]	120,913,974	129,666,444	125,290,209	13,825,290	.110	281	.186	167
[BEER]	4,320,177	5,944,925	5,132,551	6,696,052	1.305	27	1.910	19
[SOFT & MIXERS]	2,777,653	2,080,876	2,429,265	1,861,037	.766	34	1.183	32
[MINIATURES]	33,138,951	31,814,545	32,476,748	4,120,406	.127	232	.142	209
SUB TOTAL	188,587,721	197,165,726	192,876,724	33,237,627	.172	178	.288	106
TOTAL- [WINE]	34,116,989	34,173,008	34,144,999	12,895,843	.378	79	.929	33
[SPIRITS & LIQUEURS]	126,809,649	134,463,994	130,636,822	16,632,255	.127	243	.213	146
[BEER]	7,612,549	8,784,177	8,198,363	15,043,022	1.835	18	2.778	13
[SOFT & MIXERS]	5,800,960	6,835,740	6,318,350	9,077,402	1.437	23	2.271	15
[MINIATURES]	33,138,951	31,814,545	32,476,748	4,120,406	.127	232	.142	209
SUB TOTAL	207,479,098	216,071,464	211,775,281	57,768,928	.273	112	.455	68

*REMARK 1. TIMES : NO OF TIMES TO TURN OVER A MONTH
2. DAYS : NO OF DAYS NEEDED TO CONSUME
3. *** : INFINITY

8. 재고와 원가는 어떤 관계가 있는가

재무회계의 규정은 제조원가에 대한 회계에 큰 영향을 끼친다. 예를 들면, 일반적으로 인정된 회계원칙하에서 제품의 제조원가는 먼저 자산으로 간주된다. 그것들은 일반적으로 인정된 회계원칙하에서 재무제표에 자산으로 보고되는 제품의 모든 원가인 재고가능 원가(Inventoriable Costs)이다.

그리고 이와 같은 원가는 단지 재고상품이 판매될 때에만 매출원가의 형식으로 비용이 된다. 이러한 판매는 생산과 같은 회계기간에서 발생하거나 그 다음 기간에 일어난다.

외식업체(호텔)에서 상품(메뉴)을 생산하여 판매할 목적으로 식재료를 구입한다. 이 때, 유일한 재고가능 원가는 식음재료(상품)의 구입원가이다. 아직 판매되지 않은 식음재료(상품)는 대차대조표에서 자산으로 나타나는 재고자산으로 표시되며, 창고에 재고로 있는 식음재료가 필요한 부서에서 물품청구서에 의해서 출고되어질 때의 원가는 매출원가라는 이름으로 비용화된다.

재고자산에 대한 회계에는 두 가지 기록방법이 있는데, 첫째가 계속기록법이고, 두 번째가 재고실사법이다.

1) 재고계속기록법이란 무엇인가

「Perpetual Inventory Method」라고도 하는 계속기록법은 저장고에 있는 재고자산의 증가나 감소를 계속적으로 기록해서, 이들 재고자산 계정뿐만 아니라 매출원가도 계속 측정하는 방법이다. 이와 같은 기록은 관리적 통제(par stock의 관리)와 중간 재무제표의 작성을 용이하게 한다.

다음 〈표 2-23〉은 특정 아이템을 관리하기 위해 그 아이템의 내력을 계속적으로 기록하는 카드의 일례이다.

이 카드는 아이템 명과 코드번호, 크기, 공급자, 기준(Par), 재주문점, 그리고 재주문량 등이 기록되어 있다.

예를 들어, 2006년 1월 31일 특정 아이템의 기말재고 44kg이 2월 달로 이

월되었다. 그 결과, 2월 1일의 기초재고는 44kg이 된다. 그리고 2월 1일 2kg
이 출고되어 42kg이 남았다는 기록이다. 그런데 재주문점이 42kg이고, 재주
문량이 120kg이기 때문에 120kg를 주문하여야 한다.

표 2-23	Perpetual Inventory Card			

Item(code no) :		Cost :		
Size :		Par Stock : 134kg		
Supplier :		Reorder Point : 42kg		
		Reorder Quantity : 120kg		

Date	Order	In	Out	Balance
				44
2/ 1	120		2	42
2/ 2			2	40
2/ 3			6	34
2/ 4			4	30
2/ 5			3	27
2/ 6			7	20
2/ 7			6	14
2/ 8		120		134

〈표 2-23〉을 이해하기 위해서는 Par Stock, Lead Time, 사용량(Usage
Rate), 안전재고(Safety Level), 재주문점, 재주문량에 대한 이해가 있어야
한다.

◆ PAR STOCK

Par란 어떤 기준을 말하는 것으로, 다음과 같이 여러 가지의 뜻으로 해
석된다. 여기서는 ②의 뜻으로 쓰인다.

① 항상 보유하고 있어야 할 특정 아이템에 대한 재고 보유량
② 보유하고 있어야 할 특정 아이템에 대한 최대와 최소량
③ 주문한 특정 아이템이 입고되었을 때의 최대량

◆ Lead Time

특정 아이템을 주문하여 도착할 때까지 걸리는 기간

◆ 사용량(Usage Rate)

특정기간 동안 사용하는 양

◆ 안전재고(Safety Level)

Lead Time 기간 내에 주문한 식음재료가 도착하지 않을 경우를 대비하여 보유하고 있어야 할 안전재고의 양

◆ 재주문점(Teorder Point)

재주문점이라고 하는데, 일반적으로 리드타임 동안 사용할 양 + 안전재고가 된다.

재주문점을 결정하는 데 요구되는 정보는 다음과 같이 2가지가 있다.

① Lead Time : 주문한 아이템이 입고될 때까지 걸리는 시간
② 기간 동안에 소비되는 양(예 ; 1일 4kg, 한 달 120kg)

가령, 〈표 2-23〉과 같이 아이템의 월 평균소비량이 1일 4kg(한 달 120kg), Lead Time이 7일인 경우에는 재주문점은 42kg이고 재주문량은 120kg이며, 그리고 최대보유량은 134 kg이 된다.

① 최대보유량
134kg = 월 평균소비량(120kg = 30×4kg) + 리드타임 동안 사용할 양(28kg = 4kg×7일) + 안전재고(14kg = 리드타임 동안 사용하여야 할 양의 50%)
134kg은 Par Stock의 상한선이 된다.

② 최소보유량
42kg = 리드타임(7일) 동안 사용하여야 할 양 28kg(4kg × 7일) + 안전재

고 14kg(리드타임 동안 사용하여야 할 양 28kg의 50%)가 된다. [18]

③ 재주문점

42kg＝최소 보유량과 동일하다. 즉, 주문한 아이템이 도착할 때까지의 사용량 28kg(4kg×7일)+안전재고 14kg.

이 경우는 Par Stock의 하한선을 나타낸다.

④ 재주문량

120kg으로 한 달 동안 사용할 양(4kg×30일)이 재 주문량이 된다.

즉, 특정 아이템의 상한선은 134kg이고, 하한선은 42kg으로 하한선이 재주문시점이 된다.

결국 Par Stock 관리에서 상한선의 결정은 다음과 같은 정보를 바탕으로 하여 결정되는 것이 일반적이다.

① 저장고의 공간
② 사전에 설정한 재고가치에 대한 제한
③ 주문빈도
④ 사용량
⑤ 공급자의 최소 주문 요구량
⑥ 공급시장의 여건

결국, 재고계속기록법에서 중요한 것은 특정 아이템이 입·출고되는 사항을 계속적으로 기록해 가는 것이다.

다음은 보유해야 할 재고의 최고와 최저수준, 그리고 주문량과 시점을 구체적인 실례를 들어 단계적으로 설명한 것이다.

① 구매단위 = 상자
② 사용량 = 1일 2상자
③ 주문횟수 = 1달(30일 기준)에 1회
④ 월 사용량 = 60상자(1일× 2상자 × 30일 = 60상자)

---

18) 안전재고란 주문한 식음재료가 정한 기간에 도착하지 않은 등의 만약의 사태에 대비하여 보유하는 재고로, 일반적으로 리드타임 기간 동안 사용할 양의 50%로 산정함. 그러나 이 수치는 절대적인 수치가 아니고 임으로 정한 수치임.

⑤ 리드타임＝4일

⑥ 리드타임 동안의 사용량 ＝ 8상자(4일 × 2상자)

⑦ 안전재고수준＝8상자(4일×2상자)[19]

⑧ 주문시점＝리드타임(1일×2상자×4일＝8상자)+안전재고(1일×2상자×4일
  ＝8상자)＝16상자

⑨ 최고수준 ＝ 사용량(1일 × 2상자 × 30일 ＝ 60상자)+안전재고(1일×2상자
  ×4일＝8)＝68상자

⑩ 재주문량＝사용량(1일 × 2상자 × 30일＝60상자)

▶▶ 주문시점에서 주문량은 월 사용량 60박스가 된다는 것이 다음과 같이
증명된다.

① 주문시점＝16박스(Lead Time+안전재고)

  재고량이 이 수준에 도달하면 재주문을 하는데, 재주문은 1개월에 한
  번하기 때문에 재주문량은 1개월 동안 사용할 양(60박스)이 된다.

② 리드타임 동안의 사용량 ＝ 8박스

  주문 시점에서 16상자가 있었으나 주문한 아이템이 도착하기까지 4일이
  소요되기 때문에 4일 동안 8상자가 사용된다. 그렇기 때문에 주문한 아
  이템이 입고되면 68상자가 되고, 이것이 재고의 상한선이 된다.

  만약 재고가 25상자 남아 있는 시점에서 재주문을 하여야 할 상황이 발생
하였다면, 재주문량을 어느 정도나 하여야 할까?

  이때는 원래 재주문 시점은 특정 아이템에 대한 재고가 16상자에 도달하게
되면 재주문에 들어가야 된다. 그러나 25상자가 남았을 때 재주문을 하여야
하기 때문에 25상자에서 16상자를 뺀 9상자를 재주문량(한 달 사용량 60상
자)에서 뺀 수치가 재주문량이 된다.

---

19) 혹자는 Lead Time 기간 동안의 사용량의 50%를 안전재고로 유지하여야 한다고 말하기도 한다. 그러
나 기간 동안의 사용량과 동일하게 안전재고를 유지하여야 한다고 말하기도 한다. 여기서는 Time 기
간 동안의 사용량과 동일한 수준으로 안전재고의 수준을 설정한다.

> 재고분 = 25상자 — 16상자 = 9상자
> 주문량 = 원래 재주문량 60상자 — 초과재고분 9상자 = 51상자가 된다.

즉, 현재 재고가 25상자 남아 있기 때문에, 현재의 시점에서 51상자를 주문하게 되면 76상자가 된다. 그러나 주문한 51상자가 도착하게 되면, 리드타임 동안(4일 동안) 8상자를 사용하였기 때문에 68상자가 된다.

❧ 저장고 재고스톡카드의 실제 ◊

〈표 2-24〉는 서울에 소재하는 특1등급 특정호텔의 저장고의 재고를 계속적으로 관리하는 저장고 재고스톡카드의 실제이다. 이 카드를 보면 특정 아이템에 대한 내력을 쉽게 알 수 있다.

먼저 입(Receipt)과 출(Issue)로 구분하였다. 제일 상단의 Balance란 Q'ty가 216.30kg으로 재고의 가치가 2,995,755원이다. 이 가치가 전달에 이월된 (전달의 기말재고는 이번 달의 기초재고가 된다) 이번 달의 기초재고이다. 여기서 계산된 평균가격은 지난달의 평균가격이며, 03/13일 재고 30.40kg에 대한 421,040원 어치는 03/16일 출고되어 03/16일 현재의 재고는 0이다. 그런데 구매발주한 1,690.40kg(15,690원/kg) 25,565,286원어치가 03/29일 입고되어 재고가치를 계산하는 평균가격도 15,690.00원으로 상승하였다.

이와 같은 내력을 집계한 마지막 난을 보면 한 달간 구매한 특정 아이템은 25,565,286원어치이며, 6,965,325원어치를 출고하였고, 현재의 재고의 가치는 21,595,716원어치라는 것을 알 수 있다.

표 2-24								

저장고 식료재고스톡카드의 실제

DATE	R/O#	DEPT.	RECEIPT			ISSUE			BALANCE		AVE COST
			Q'TY	U/COST	AMOUNT	Q'TY	U/COST	AMOUNT	Q'TY	AMOUNT	
1-1-12-141 ○○○○	#189A					KRG			216.30	2,995,755	13,850.00
03/04 S××××	×× BUTCHERY		.00	.00	0	61.70	13,850.00	854,545	154.60	2,141,210	13,850.00
03/05 S××××	×× BUTCHERY		.00	.00	0	31.00	13,850.00	429,350	123.60	1,711,860	13,850.00
03/06 S××××	×× BUTCHERY		.00	.00	0	61.60	13,850.00	853,160	62.00	858,700	13,850.00
03/13 S××××	×× BUTCHERY		.00	.00	0	31.60	13,850.00	437,660	30.40	421,040	13,850.00
03/16 S××××	×× BUTCHERY		.00	.00	0	30.40	13,850.00	421,040	.00	0	13,850.00
03/29 R××××	** / /		1,629.40	15,690.00	25,565,286	.00		0	1,629.40	25,565,286	15,690.00
03/29 S××××	×× BUTCHERY		.00	.00	0	185.40	15,690.00	2,908,926	1,444.00	22,565,360	15,690.00
03/29 S××××	×× BUTCHERY		.00	.00	0	31.90	15,690.00	500,511	1,412.10	22,155,849	15,690.00
03/30 S××××	×× BUTCHERY		.00	.00	0	35.70	15,690.00	560,133	1,376.40	21,595,716	15,690.00
MONTH TOTAL			1,629.40		25,565,286	469.30		6,965,325	1,376.40	21,595,716	15,690.00
						DIRECT	.00	0			
						STORE	469.30	6,965,325			
								6,965,325		21,595,716	
								0			
								6,965,325			

이와 같은 과정을 거쳐 한 아이템에 대한 요약표가 다음과 같이 작성된다.

THIS MONTH TOTAL	OPENING	:	2,995,755
	RECEIVING	:	25,565,286
	DIRECT ISSUE	:	0
	STORE ISSUE	:	6,965,325
	TOTAL ISSUE	:	6,965,325
	CLOSING	:	21,595,716

상기와 같이 각 아이템마다의 결과는 저장고에 저장되어 있는 전체 아이템에 대한 재고의 가치를 평가할 수 있는 자료가 된다. 전체 재고에 대한 요약표는 다음 〈표 2-25〉와 같이 정리된다.

여기서는 아이템 하나하나를 집계한 식료와 음료에 대한 재고의 가치를 요약했다. 먼저, 식료를 그룹별로 나누어 그 가치를 집계하기 위해서 식료를 육류, 생선과 해산물, 과일과 채소, 유제품, 그로서리, 그리고 일식과 중식 식재료로 구분했다.

예를 들어, 상단의 기초재고, 당기구매(Receipt), 출고란(Issue)의 직접과 저장고, 그리고 두 개를 합한 소계, 마지막으로 기말재고의 가치가 정리되어 있다.

실제 보기에서 특정 달 육류의 경우, 기초재고의 가치는 325,571,538원어치이고, 당기 구매한 가치가 63,094,471원어치, 직접 구매하여 생산지점으로 이동한 가치가 8,275,729원어치, 저장고에서 출고된 것이 100,879,927원어치로, 총 109,155,656원어치가 출고되었다는 기록이다. 마지막으로 재고의 가치는 279,510,353원(325,751,538+63,094,471-109,156,656)어치라고 정리되어 있다.

또한 전체적으로는 기초재고가 559,639,597원어치, 당기구매가 365,487,921원어치, 출고된 가치가 428,262,526원, 그리고 특정 달의 재고의 가치는 496,684,992원이라고 해석할 수 있다.

표 2-25 저장고 식료 재고 요약표

00/0000

CODE DESCRIPTION	OPENING	RECEIPT	ISSUE			CLOSING
			DIRECT	STORE	TOTAL	
0–00–000 FOOD INVENTORY						
1–00–000 [MEAT]	325,751,538	63,094,471	8,275,729	100,879,927	109,155,656	279,690,353
2–00–000 [FISH & SEAFOOD]	133,095,076	100,295,733	90,910,900	29,054,489	119,965,389	113,425,420
3–00–000 [FRUIT & VEGETABLES]	13,138,051	84,910,750	80,221,250	4,334,319	84,555,569	13,493,232
4–00–000 [DAIRY PRODUCTS]	18,591,138	22,395,498	1,793,040	24,227,433	26,020,473	14,966,163
5–00–000 [GROCERY]	49,671,588	67,825,444	23,321,027	43,618,603	66,939,630	50,557,402
6–00–000 [CHINESE & JAPANESE(FOOD)]	19,392,206	26,966,025	5,103,400	16,522,409	21,625,809	24,732,422
TOTAL [FOOD]	559,639,597	365,487,921	209,625,346	218,637,180	428,262,526	496,864,992

음료의 경우도 식료와 마찬 가지로 정리하면 〈표 2-26〉과 같이 정리된다.

표 2-26   저장고 음료 재고 요약표

CODE	DESCRIPTION	OPENING	RECEIPT	ISSUE			CLOSING
				DIRECT	STORE	TOTAL	
0—00—000	BEVERAGE INVENTORY						
1—00—000	[WINE]	26,544,160	10,963,934	0	15,118,156	15,118,156	22,389,938
2—00—000	[SPIRITS & LIQUEURS]	117,393,604	17,414,604	0	17,859,626	17,859,626	116,948,582
3—00—000	[BEER]	7,712,635	16,078,980	0	19,025,245	19,025,245	4,766,370
4—00—000	[SOFT & MIXERS]	5,142,106	8,905,072	0	11,149,644	11,149,644	2,897,534
5—00—000	[MINIATURES]	20,418,701	13,830,720	0	4,818,482	4,818,482	29,430,939
TOTAL [BEVERAGE]		177,211,206	67,193,310	0	67,971,153	67,971,153	176,433,363

2) 재고실사법이란 무엇인가

「Periodic Inventory System」이라고도 하는 재고실사법은 장부를 매일매일 정리하지 않고 실사에 의해서 정리하는 방법을 말한다.

즉, 저장고에 입고되고, 그리고 저장고에서 출고되는 아이템의 내력을 매일매일 기록하지 않는다. 사용된 재료의 원가나 매출원가는 기초 재고액에 당기구입액 및 기타 원가를 합계한 후, 실사에 의해 결정된 기말 재고액을 차감하여 계산하기 때문에 재고의 가치를 실사 전까지는 정확하게 계산할 수 없다.

재고계속기록법과 재고실사법이 월말원가의 계산에 어떻게 작용하는가를 설명하기 위해서는 다음과 같은 도표의 이해가 우선되어야 한다.

그림 2-10　　　　　　　　　구매에 대한 기록

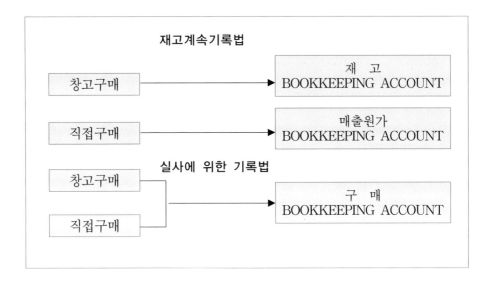

우리가 앞서 언급한 대로 외식업체(호텔)에 입고(入庫)되는 식음료 재료들은 저장고로 이동되는 것이 있고(Store Purchases), 직접 생산지점(일반적으로 주방)으로 이동되는(Direct Purchases) 것이 있다고 했다.

저장고에 입고(入庫)된 아이템의 경우는 물품청구서에 의해서 출고된다. 반면, 일일시장구매 리스트에 의해서 입고(入庫)되는 아이템은 검수를 거쳐 직접 생산부서로 이동되는데, 이때는 물품청구서가 없다.

그런데 재고기록법에 따라서 각각 다른 계정이 생기는데, 재고계속기록법에서「Store Purchase」의 경우에는 자산계정인 재고라는 항목으로 기록이 되고,「Direct Purchase」의 경우에는 비용계정인 매출원가라는 항목에 기록이 된다.

반면, 재고실사법에서는 모든 구매는 비용계정인 구매라는 항목에 기록이 된다.

또한 재고계속기록법에서는 저장고의 관리자는 저장고의 식음료 재료에 대한 거래(Transaction)상황을 거래가 발생할 때마다「Perpetual Inventory Card」, 또는「Inventory Ledger Card」에 기록한다.

〈그림 2-11〉에서 보는 바와 같이 「구매」의 경우, 검수를 거쳐 창고에 식음료 재료가 입고되면 창고 담당자는 「Perpetual Inventory Card」 또는 「Inventory Ledger Card」에 입고된 아이템의 증가분을 기록한다. 그리고 검수지점에서 작성한 서류는 식음료원가 담당자에게 전달된다.

식음료 원가를 담당하는 부서에서는 송장과 기타 정보를 이용하여 장부상의 재고계정에 기록하는데, 이때는 재고자산계정의 증가가 발생한다.

반면, 「출고」의 경우는 저장고에 저장되어 있는 아이템이 사전에 정해진 절차에 의해서 출고되면 저장고의 담당자는 「Perpetual Inventory Card」에 기록을 하는데, 이때는 「Perpetual Inventory Card」에 그 아이템에 대한 감소가 발생한다.

이와 같이 출고된 아이템에 대한 정보는 식음료 담당자에게 전달되고, 식음료 원가 담당자는 재고자산 계정에서 출고원가로 감하고, 이 감소분은 비용계정에 팔린 식료에 대한 원가로 기록하여야 한다.

이 계정은 나중에 종업원의 식사, 또는 각종 크레디트를 감하여 순수한 고객이 지불하고 소비한 식음료의 원가만을 찾아내기 위해서 조정되어진다.

그림 2-11   재고계속기록법에서의 업무 흐름도

구매시

1. 식재료 수령 기록   1. 재고자산 계정 증가
2. 재고가치 증가   2. 현금계정 감소, 또는 지불금이 증가

출고시

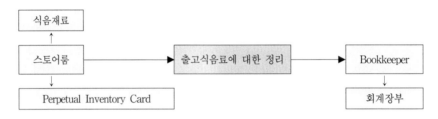

1. 식재료 출고 기록   1. 매출원가 증가
2. 재고가치 감소   2. 재고자산계정 감소

3) 재고계속기록법에서 원가의 계산은 어떻게 하는가

예를 들어 다음과 같은 정보를 이용하여 재고계속기록법에서 원가를 계산
하면 다음과 같다.

> • 5/31의 기말재고의 가치 = 3,800
> • 6/1 의 기초재고의 가치 = 3,800
> • 당기구매의 가치 = 12,200
> • 당기출고의 가치 = 12,000

① 출고 가능한 식료의 가치 16,000 = 기초재고(3,800) + 당기구매(12,200)

② 기말재고의 가치 4,000 = 기초재고(3,800) + 당기구매(12,200) − 당기출고(12,000)

③ 당기출고의 가치 12,000 = 기초재고(3,800) + 당기구매(12,200) − 기말재고의 가치(4,000)

실사를 통하여 계산된 기말재고의 가치가 4,000이라는 결과를 얻었다면 원가담당자는 다음과 같은 절차로 장부를 정리하여야 한다.

① 6/1일의 기초재고 = 3,800

② 구매로 인한 재고자산의 증가 = 12,200(당기 구매분)

③ 현금의 감소, 또는 외상매입금의 증가(지급할 돈: Accounts Payable) = 12,200

차 변		대 변	
재고자산	12,200	A/P 거래	12,200
A/P 거래	12,200	현금	12,200

④ 출고로 인한 재고의 감소 = 12,000(출고분)

⑤ 소비된 식료원가의 증가 = 12,000(출고분)

⑥ 기말재고(6/30) = 4,000

차 변		대 변	
식료원가	12,000	재고자산	12,000
재고자산	200	식료원가	200

만약, 종업원의 식사비가 180이라고 하고, 이 중 객실/50, 식음료/130이라는 정보를 얻었다면 식음 원가 담당자는 다음과 같은 절차에 의해서 비용을 처리한다.

① 식료 매출원가의 감소 = 180

② 객실부서 종업원의 식사비용의 증가 = 50

③ 식음부서 종사원의 식사비용의 증가 = 130

차 변		대 변	
Human Resource	180	식료원가	180

결과적으로 소비된 식료의 원가(Cost of Food Sold)는 다음과 같이 조정되어야 한다.

① 조정된 소비된 식료원가 = 소비된 식료원가(출고분) - 종사원의 식사

② 11,820   = 12,000   - 180

여기에서는 종업원의 식사만을 보기로 들었지만 각종 크레딧도 여기에 포함하여야 한다.

결과적으로 재고계속기록법의 장점은 재고수준을 유지하는 데 필요한 정보를 재고에 대한 실사 없이 즉시 얻을 수 있다는 것이다.

그리고 이 방법은 대부분의 호텔에서 사용하고 있는 방법인데, 관리와 유지에 많은 비용이 소요된다는 단점도 있으나 다음과 같은 장점도 있다.

① 특정 아이템에 대한 재구매 시점을 파악할 수 있다.
② 얼마나 사용했고, 얼마나 필요할지를 쉽게 알 수 있어 적량을 구매할 수 있다.
③ 언제라도 실사 없이 재고 기록카드에서 현재의 재고량을 파악할 수 있다.
④ 재고 카드상의 양과 실사의 양을 비교하여 그 차이를 쉽게 파악할 수 있다.
⑤ Slow Moving Items과 Dead Items을 쉽게 파악할 수 있다.

4) 재고실사법에서의 원가의 계산은 어떻게 하는가

재고실사법에서는 구매되는 모든 식음료 재료는 식음료 원가 담당자의 회계장부에 「구매」라는 항목에 기록한다. 그리고 저장고에 입고되는 식음료 재료, 저장고에서 각 생산지점으로 출고되는 식음료 재료는 재고카드에 기록하지 않는다.

재고실사법의 장점은 관리와 유지가 간단하지만 재고의 수준과 기간 동안의 출고에 대한 정보를 원할 때 얻을 수 없고 실사를 통하여야만 가능하다는 단점도 있다. 그 결과, 재무제표를 작성해야 할 때에는 실사를 하여야만 한다.

만약, 다음과 같은 정보만 주어진다면 기말재고의 가치와 당기출고된 아이템의 가치를 파악할 수가 없다.

- 6/1 기초재고의 가치　　　　　　 = 　3,800
- 당기구매의 가치　　　　　　　　 = 12,200
- 6월 중 사용 가능했던 식재료의 가치 = 16,000

실사에서 얻어진 기말재고의 가치를 모르는 상태에서 위에서 주어진 정보만을 가지고는 기말재고의 가치와 당기출고된 아이템의 가치를 알 수가 없다. 기말재고와 당기출고된 가치를 알아내기 위해서는 다음과 같은 절차가 필요하게 된다.

재고실사 기록법하에서는 입·출고된 아이템에 대한 기록이 없으므로 사용한 식료의 원가는 월간의 출고분을 더하여 구할 수 없다. 그렇지만 사용한 식료의 원가는 사용가능했던 식료의 원가에서 기말재고분을 감하여 얻을 수 있다. 그런데 기말재고는 기말재고에 대한 기록이 없으므로 실사를 통하여만 얻을 수 있다.

실사에 의해 기말재고의 가치가 4,000이고, 또한 종업원의 식사비용이 180이라고 한다면 다음과 같은 계산절차에 의해서 원가를 계산할 수 있다.

①		기초재고	= 3,800
② +		당기 식료구매	= 12,200
③ =		Cost of Food Available for Sales	= 16,000
④ -		기말재고	= 4,000
		Cost of Food Used	
⑤ =		종업원의 식사	= 12,000
⑥ -		Cost of Food Sold	= 180
⑦ =			= 11,820

결과적으로 다음과 같은 계산공식을 이용하여 고객이 소비하고 지불한 원가를 계산해 낼 수 있다.

	기초재고
+	당기매입
=	Cost of Food Available for Sale
−	기말재고
=	Cost of Food Used(Gross)
−	종업원의 식사, 각종 크레딧
=	Cost of Food Sold(Net)

5) 저장고의 재고조정이란 무엇인가

「Storeroom Reconciliation」이라고도 하는 저장고의 재고조정은 저장고의 재고가 증가 또는 감소하였나를 알아보기 위한 것이다.

만약, 구매된 양(量)이 소비된 양(量)보다 많을 경우는 저장고의 재고가 증가했다고 말할 수 있다. 반대의 경우는 감소했다고 말할 수 있다. 즉, 당기구매와 당기소비가 같을 때, 또는 기초재고와 기말재고가 같을 때는 재고의 변동은 없는 것으로 나타난다.

기초 재고의 가치
+ 당기 구매액
= 계
− 당기 출고된 가치
= 기말재고의 가치

Ⅶ. 생산지점의 관리 ▪▪

외식업체의 생산지점은 규모에 따라 다르지만 규모가 큰 대형 호텔의 경우는 메인 주방(또는 Production Kitchen), 각 영업장주방, 바[20] 등으로 구성되어 있다. 이러한 지점들을 일반적으로 생산지점이라고 부르고, 이 지점들의 관리는 물자와 운영 통제적인 면에서 아주 중요한 위치를 차지하고 있다. 이 지점에서의 관리가 잘 되면 식재료 관리는 거의 완벽하다고 해도 지나친 표현은 아니다. 환언하면 이 지점의 관리가 그만큼 중요하다는 점을 강조하는 것이다.

1. 생산지점의 조직은 어떻게 구성되어 있는가

생산지점의 조직은 방대하다. 조직 구성원의 수도 많을 뿐만 아니라 관리영역 또한 넓다. 호텔의 경우, 호텔 전체 조직 속에서 생산지점의 소속은 호텔에 따라 크게 2가지로 구분되는데, ① 식음부서에 소속되어 있어 식음부서장의 지휘하에 있는 조직으로 대부분의 체인 호텔이 여기에 속하고, ② 단독부서로서 조리부서를 구성하여 조리부서의 부서장이 지휘·감독하는 경우로 대부분의 로칼 호텔이 이에 속한다. 또한 ①의 조직구성을 미국식, 그리고 ②의 조직 구성을 유럽식이라고 부르기도 한다.

메인 주방(또는 생산주방)을 중심으로, 각 영업장주방으로 나누어지는데 뱅켓이나 케이터링 쪽은 대부분 메인 주방에서 관리하며 뱅켓을 위한 주방이 별도로 있는 곳도 있다. 호텔의 규모가 크고, 업장의 수가 많은 경우는 생산주방이 독립적으로 기능을 하는 곳도 있으나 대부분이 메인 주방이 대신한다.

그러나 단일업장을 가지고 있는 대부분의 외식업체의 경우는 생산부문(주방)의 구성이 단순하게 되어 있어 주방장의 지휘하에 관리된다. 즉, 직원의 선발, 구매, 메뉴관리, 근무스케줄 등 거의 모든 것들이 주방장의 손에서 전결된다. 하지만 규모가 큰 외식업체의 경우는 호텔과 같은 과정을 거쳐 업무

---

20) 생산과 판매가 동시에 이루어지는 곳으로, 생산지점이라고도 한다.

가 진행된다.

2. 메인 주방은 어떻게 구성되어 있는가

호텔의 경우, 메인 주방은 주로 뱅켓이나 케이터링, 또는 각 영업장 주방에서 필요로 하는 음식, 기본적인 스탁(Stock : 소스를 만드는 기본이 되는 것), 가공식품 등을 준비하여 공급하는 역할을 하는 곳으로 다음과 같이 구분되어 있다.

1) Hot Kitchen

주로 뜨거운 음식을 만드는 곳으로 육류를 조리하는 조리사, 생선을 조리하는 조리사, 소스를 준비하는 조리사, 그리고 야채와 뽀따쥬(Potage)를 준비하는 요리사 등으로 세분화하여 작업을 하는데, 규모와 조직에 따라 통폐합되기도 한다.

2) Cold Kitchen

주로 찬 음식을 준비하는 곳으로 이곳을 가드-망제(Garde-Manger)라고도 하는데, 이곳에서는 Hot Kitchen에서 필요한 육류와 생선을 준비하기도 하고 저장하기도 하며, 찬 전채요리, 가공식품, 야채 등을 준비하기도 한다. 이 곳이 주방에서 사용하는 식재료의 보관과 관리가 이루어지는 곳이다.

메인 주방의 식재료 관리를 원활히 하기 위하여 작성하는 양식이 있는데, 이것을 가드망제의 보고서라고 한다.

우리는 앞서 검수지점에서 즉시 필요로 하는 비교적 저장기간이 짧은 일부 식재료는 직접 생산지점 또는 판매지점으로 전달된다고 했다. 이렇게 주방으로 직접 전달된 식재료는 조직에 따라 다르기는 하나[21] 물품카드(Bin Card)가 없고 대신 주방의 가드망제에서 관리하는 가드망제 보고서가 작성된다.

---

21) 가령, 식재료 입고의 집중화 방식을 택할 경우는 모든 아이템이 일단 저장된 것으로 처리하는 방식으로 아이템은 직접 생산 또는 판매지점으로 이동되지만 서류상으로는 입고 후 출고하는 형식을 택하는 방식이다.

메인 주방뿐만 아니라 각 업장 주방도 이와 거의 비슷한 형태로 운영되는데, 각 주방에서도 가드망제 보고서가 작성된다.

가드망제 보고서는 그날그날 주방의 전체적인 식재료 상황을 총괄적으로 기록한 것을 말한다. 여기서 전체적이란 말은 주방에 있는 저장이 곤란한 식재료의 전부를 종합하여 보고서를 만들기 때문이고, 그날그날이란 말은 당일만을 말하는 것이다.

3) 제과제빵 주방[22]

주로 제과와 제빵을 만드는 곳으로 호텔의 경우, 베이커리 숍에서 판매할 각종 제과제빵과 각 영업장 주방에서 필요한 빵과 후식 등을 생산한다.

제과제빵 주방도 일반 주방과 마찬가지로 제과제빵을 생산하는 데 필요한 원재료를 저장고에서 공급받기도 하고, 직접 공급받기도 한다.

제과제빵 주방에서 생산된 제과와 제빵은 호텔의 경우는 베이커리 숍에서 팔기도 하고, 각 판매 지점(영업장)에서 후식 또는 빵으로 고객에게 제공되기도 한다.

제과제빵 주방도 하나의 생산지점으로 간주되므로 생산된 아이템이 판매되는 지점(베이커리 숍)과 각 업장에 제공되는데, 베이커리 숍을 제외한 각 업장에 제공되는 제빵제과는 주방간 대체양식에 의해서 통제된다.

그리고 베이커리 숍이나 각 주방에 대체되는 상품에 대한 원가계산은 완제품을 기준으로 표준레시피상의 원가를 기준으로 하여 계산된다.

이 양식은 3매 이상 작성되어 1매는 전달하는 주방에서 보관하고, 1매는 물품을 받은 주방, 그리고 1매는 원가관리부서에 전달된다.

4) 부처주방

외식업체(호텔)에서 육류나 생선을 구매할 때 주방에서 준비가 필요 없이

---

22) 호텔을 제외한 단일 외식업체의 경우는 제과제빵 주방을 보유하고 있지 않다. 왜냐하면, 외부에서 완제품을 필요한 만큼 공급받는 편이 원가와 다양성 측면에서 더 효율적이기 때문이다.

조리할 수 있게 된 상태로(Ready-to-Cook) 구매한다면 부처주방은 필요가 없다. 그런데 여러 가지 요인으로 그렇지 못한 경우가 대부분이다.

부처주방을 이해하기 위해서는 우리 주변에 있는 정육점을 생각하면 이해가 쉽다. 만약, 우리가 안심스테이크를 원한다면 정육점에 가서 안심스테이크 1kg를 요구하고, 일인분이 250g으로 잘라 주세요 하면 정육점 주인은 1kg의 안심스테이크를 250g씩 4조각을 만들어 집에 가서 조리하기만 하게 만들어 줄 것이다.

또 다른 예로 여러분이 삼계탕을 만들고 싶어서 정육점이나 닭을 파는 가게에 가서 닭을 한 마리를 산다. 그리고 내장을 꺼내고 발을 자른 후 집에 가져와서 한 번만 씻은 후 원하는 재료를 넣고 「조리만 하면 되게 만들어 주세요」 하면 정육점의 친절한 사장님들께서 여러분이 요구한 대로 준비해 주신다.

이와 마찬가지로 부처주방을 여러분 동네의 정육점이라고 생각하고 여러분의 주방을 호텔 내부의 각 업장주방이라고 생각하면 된다. 환언하면, 각 업장주방에서 필요한 육류나 생선을 조리할 수 있도록 준비, 보관하여 각 업장주방의 청구가 있을 경우는 정해진 절차와 양식에 따라 제공하고 통제한다.

그러나 일반 외식업체의 경우는 부처(Butcher)를 별도로 운영하는 곳은 거의 찾아보기 어려우나, 대형 갈비집의 경우는 부처(Butcher) 주방의 기능이 대단히 중요하다.

호텔과 대형 갈비집의 경우 부처(Butcher)주방이 식료 원가를 절감할 수 있는 중요한 역할을 하고 있음에도 불구하고 그 중요성을 인식하지 못한다.

부처주방은 다른 업장 주방[23]에서 필요로 하는 육류나 생선 등을 다듬고 분량화(포션)하여 전달하는 아주 간단한 기능만을 고려한다. 그 결과, 부처주방의 시설과 규모도 관리와 통제적인 양면을 고려하여 설계되지 않은 듯하다. 그렇지만, 부처주방과 식료원가관리와는 불가분의 관계로 기능보다는 관리적인 측면이 더 많이 고려되어야 한다는 사실을 잊어서는 안 된다.

---

23) 영업장이 다양한 경우

주방에서 사용하는 식재료의 수는 많지만 그 중에서 약 20%에 해당하는 것이 전체 구매가격의 80%를 차지한다고 했다. 그런데 20%에 해당하는 거의 대부분이 부처주방을 경유한다는 사실을 알아야 한다.

그리고 이 부처주방이 관리적인 면을 고려하여 설계되었다면 앞서 언급한 20%에 해당하는 아이템 중 부처주방을 통하여 분배되는 모든 아이템에 대한 관리(통제)는 거의 완벽하게 해낼 수 있다.

부처주방도 하나의 업장주방과 같은 기능을 한다고 생각하면 된다. 단지 부처주방에서는 생산을 하여 고객에게 직접 판매하지 않고 다른 업장에서 사용할 육류나 생선 등을 다른 주방에서 요구가 있을 때 대체(Transfer)형식으로 전달한다.

부처주방도 하나의 업장주방으로 간주된다. 그렇기 때문에 필요한 아이템은 각 영업장주방에서 청구가 있을 때, 저장고로부터 물품청구서에 의해 공급을 받는다. 그리고 조리할 수 있도록 준비하여 청구가 있는 주방에 대체의 형식으로 공급한다.

5) 부처주방에서 육류표 관리는 어떻게 하는가

육류 중에서 저장고에 저장되는 아이템으로 단가가 높은 아이템에 대해서는 흔히들 육류표(Meat Tag)를 이용하여 관리한다고 한다.

육류표란 육류가 입고되면 고기 자체에 꼬리표를 붙여서 무게, 입고일, 단위당 가격, 등급, 그리고 공급자 등에 대한 정보를 기록한 두 파트로 되어 있는 표(Tag)가 있다. 표의 한 파트는 입고됨과 동시에 떼어 식음료 원가 콘트롤러(Controller)에게 전달되고 나머지 한 파트는 고기에 그대로 매달아 둔다.

창고에서 육류가 부처주방으로 출고되면 부처주방에서는 부위별로 세분화하고 버리는 것, 다른 용도로 쓰이는 것 등을 감안하여 수율(收率: Yield)을 계산하고 새로운 수율에 따라 원가도 재조정하는 것이다.

부처주방에서 얻은 정보는 고기에 붙어 있었던 표의 뒷면에 기록하여 식음료 원가 콘트롤러(Controller)에게 전달한다. 이러한 절차에 따라 식음료

원가 콘트롤러는 구매되었던 고기의 구체적인 사후내력을 파악할 수가 있게 된다.

보다 정확한 육류표의 관리는 육류표의 조정(Reconciliation of Meat Tag) 을 통하여 실행할 수 있다.

표 2-27	육류표의 보기(앞면)
표번호 : (F + B COST CONTROLLER 용)	**표 번 호**
수령일자 : 아이템 : FILET OF BEEF 등급 : 무게 : Kg당 원가 : 총 원가 : 공급자 : 출고일 : 가공일 :	수령일자 : 아이템 : FILET OF BEEF 등급 : 무게 : Kg당 원가 : 총 원가 : 공급자 : 출고일 : 가공일 :

표 2-28	육류표의 보기(뒷면)

다듬은 후의 무게 :
사용할 수 있는 무게 :
사용용도 또는 부위별 :
 − 6 oz × 2
 − 8 oz × 3
 −16 oz × 1

＊부처주방에서 정리한 것

표 2-29	육류 조정표의 보기

아이템 : BEEF RIBS   기간 : 2008/ 1/ 1~31까지

수령일자	표번호	공급자	가치	출고일자
2008/ 1/ 1	12345	AAA	150,000	2008/ 1/ 3
2008/ 1/ 3	12346	AAA	220,000	2008/ 1/ 6
2008/ 1/ 7	12347	BBB	90,000	2008/ 1/12

6) 부처주방에서 Par Stock 관리는 어떻게 하는가

만약, 부처주방이 관리적인 측면을 고려하여 설계되었다면 각 업장에서 사용할 육류를 보관할 수 있는 공간의 확보는 필연적으로 되어 있어야 한다.

예를 들어, ⓐ라는 업장에서 사용하는 메뉴에 스테이크 종류가 5가지 정도라고 하면, 이 다섯 가지의 스테이크가 부처주방에서 어떻게 관리되어지는지를 설명해 보자.

① 부처주방에서 다섯 가지의 스테이크를 보관할 수 있는 공간을 확보한 (냉장, 또는 냉동실).

② ⓐ라는 업장 주방에서 상기의 다섯 가지 아이템에 대한 수요를 예측하여 적정량을 결정한다.
예를 들어, 아이템 1은 20, 아이템 2는 25, 아이템 3은 15, 아이템 4는 30, 그리고 아이템 5는 40이 매일 준비되어 있어야 할 Par라고 한다. 그런데 부처주방에서의 Par는 업장주방(여기서는 ⓐ업장)의 수요량보다 1.5배 정도의 수준에서 Par가 유지되도록 하여야 한다.

③ 부처주방에서는 ⓐ라는 업장의 영업개시 전에 상기의 아이템과 수량이 항상 준비되어 있어야 한다.

④ 2006년 1/1일 ⓐ라는 업장에서 각 아이템마다 10, 15, 5, 20, 30개씩을 사용하였다면 1/2일을 위해서 부처주방에서는 ⓐ라는 업장에 공급한 수량만큼을 보충하여 Par를 유지하여야 한다.

아래의 〈표 2-30〉을 보면 상기의 내용을 보다 쉽게 이해할 수 있다.

| 표 2-30 | 부처주방의 Par Stock 관리표 |

Date :

Items	Par Stock	Issues	Balance	Remarks
아이템 1	30	10	20	
아이템 2	35	15	20	
아이템 3	25	5	20	
아이템 4	40	20	20	
아이템 5	50	30	20	

7) 각 영업장 주방에서 Par Stock 관리는 어떻게 하는가

부처주방에서 Par Stock 관리하는 방식으로 업장주방에서도 Par Stock 관리를 하는데, 그 방법과 절차는 부처주방과 동일하다.

① 보유하여야 할 Par의 수준을 결정

각 아이템의 매출상황을 고려하여 1일 소요되는 양을 산출한다.

예를 들어, 아이템을 각각 20개, 25개, 15개, 30개, 그리고 40개 정도 유지하여야 한다고 하자.

② 영업의 결과를 기록한다.

하루 영업이 종료되면 각 아이템별로 오늘 팔린 수량을 기록한다.

예를 들어, 각 아이템이 각각 10, 15, 5, 20, 30개씩 팔렸다고 하자.

③ Par 수준을 유지시킨다.

영업개시 전 익일에 팔린 수량만큼을 부처주방에서 공급받아 업장 주방의 Par 수준을 유지한다.

즉, 〈표 2-31〉과 같이 관리하면 된다.

표 2-31		업장 주방에서의 PAR STOCK 관리		
Date : . .				
Items	Par Stock	Issues	Balance	Remarks
아이템 1	20	10	10	
아이템 2	25	15	10	
아이템 3	15	5	10	
아이템 4	30	20	10	
아이템 5	40	30	10	

이러한 방법으로 재고를 관리해 나가면 각 업장 주방에 과다한 재고가 있을 수 없다. 그렇기 때문에 기말재고에서 원가가 왜곡되는 일이 줄어들 수 있을 뿐만 아니라 각 업장 주방의 냉장고를 효율적으로 사용할 수 있어 Open Stock을 효과적으로 관리할 수 있다.

그리고 이와 같은 식재료 관리는 〈표 2-32〉에 일례로 제시된 판매지점에서 작성하는 매출일보의 작성으로 더욱더 명확하게 할 수 있다.

예를 들어, 다음 〈표 2-32〉와 같은 양식을 작성하여 ⓐ라는 업장에서 팔린 수량과 ⓐ라는 업장 주방에서 소비한 수량, 그리고 부처주방에서 ⓐ라는 주방에 공급한 양과의 비교를 통해서 완벽한 통제를 할 수가 있다.

이러한 재고관리기법을 일반 제조업에서는 끌어내기 방식(Pull System)이라고 한다.

이 시스템에서는 물자 흐름의 양과 시간의 결정이 미리 계획된 수요예측에 의하기보다는 그 물자의 현재 소비상태에 근거하고 있다.

표 2-32							육류에 대한 매출일보
	아이템1	아이템2	아이템3	아이템4	아이템5	아이템6	비 고
1/1	10	15	5	20	30		
1/2							
⋮							
⋮							
1/31							

육류에 대한 매출일보

우선, 파이프라인의 각 단계에 적정량의 초기 재고량을 비치해 둔다(par stock). 그러한 후는 단지 이 초기재고량에 필요한 양을 끌어다 쓰고, 또 사용한 양만큼만 재공급을 하면 되는 것이다. 그리고 재공급되는 양은 꼭 끌어다 쓴 양, 판매된 양만큼만 하고, 재공급하는 시간은 매영업시작 전에(업장 주방의 경우), 또는 공급 후(부처 주방의 경우)에 한다.

3. 수율(收率) 테스트란 무엇인가

모든 육류나 생선이 포션화되어 구매되면 부처주방은 필요가 없다고 했다. 부처주방이 있는 한 수율(Yield Test)테스트는 필요하다.

예를 들어, 머리가 잘리고 내장이 정리된 소 한 마리를 구입했다면, 부처주방에서 소는 부위별로 포션화되어 조리할 수 있도록 준비가 될 것이다. 그런데 원래 소를 100만원에 구입했는데, 포선화하는 과정에서 손실이 발생할 수 있을 것이다. 이 손실된 가치만큼을 공제하고 실제 사용할 수 있는 부위만을 계산하여 다시 부위마다 현 시가를 적용하여 가격을 재평가하는 것을 수율 테스트라고 한다.

또한 조리할 수 있도록 준비된 육류나 생선을 조리한 후 무게를 측정하면 일정량에 무게가 줄어드는데(액체에서 조리하는 경우를 제외하고는 무게가 줄어든다), 조리 전의 무게와 조리 후의 무게의 비를 수율이라고도 한다.

혹자는 조리한 후의 무게와 서빙시의 분량(일인 분량)에 대한 수율도 언급하는데, 이 경우는 음식을 서빙하기 위하여 포선화하는 과정에서 생기는 손실의 비를 말한다.

엄격하게 원가관리 제도가 정착된 학교, 병원 등과 같은 단체급식업체[24]를 제외하고는 두 번째와 세 번째의 수율은 무시하여도 된다. 그러나 대형 뱅켓 행사의 경우는 로스팅 하는 육류에 한하여 일정량의 손실을 사전에 고려하는 것도 현명한 방법이다.

1) 수율(Yield %)의 계산은 어떻게 하는가

수율을 이해하기 위하여 먼저 다음과 같은 용어를 이해하는 것이 우선적으로 필요하다.

① 구매한 무게(As Purchased Weight)

　A. P Weight라고 표시하는데, 이것은 구매할 당시의 무게를 말한다.

② 먹을 수 있는 부분의 무게(Edible Portion Weight)

　E. P Weight라고 표시하는데, 고객에게 서빙되는 최종 무게를 말한다.

③ 손실(Waste)

　구매한 원래의 상태에서 준비와 조리, 그리고 조리된 내용물을 포선화하는 과정에서 발생하는 손실을 통틀어 말하며, 일반적으로 낭비율, 또는 손실률로 표시한다. 즉,

---

24) 식수가 많은 단체급식과 대형 뱅켓 등의 경우, 정량 10g의 초과가 원가에 미치는 영향이 크기 때문이다.

손실률(낭비율) = 손실된 무게(낭비) ÷ A. P Weight

④ 총 수율(Yield %)

구매된 무게에서 조리하기 위하여 준비하는 과정에서 생기는 모든 손실, 그리고 준비된 아이템을 조리하는 과정에서 발생하는 손실과 조리된 아이템을 포션화하는 과정에서 생기는 손실을 제외하고 남는 양을 산출고라고 하는데, 수율은 다음과 같은 공식으로 얻어진다.

총 수율 = 산출고(Yield) ÷ 구매시 무게(A. P. weight)

⑤ 준비수율

구매한 무게(A. P. Weight)와 조리하기 위하여 다듬는 과정에서 생긴 손실과의 비를 말한다.

준비수율 = 조리하기 위하여 준비하는 과정에서 발생한 손실된 무게
÷ A. P. Weight

⑥ 조리수율

A. P. Weight와 조리한 후에 발생한 손실과의 비를 말한다.

조리수율 = 조리한 후의 무게 ÷ A. P. Weight

⑦ 서빙수율

A. P .Weight 무게와 서빙하기 위하여 자르는 과정에서 발생한 손실의 비를 말한다.

서빙수율 = 자르는 과정에서 발생한 손실된 무게 ÷ A. P. Weight

예를 들어, 구매시에 무게가 8kg인 로스팅할 소고기를 구매하여 조리할 수 있도록 준비하는 과정에서 1kg의 손실이 발생하고, 또 조리하는 과정에서 500g이 감소하고, 그리고 조리된 고기를 서빙하기 위하여 표선화하는 과정에서 500g의 감소가 있었다면 원래의 구매 무게에서 2kg의 손실이 발생한 것이다. 이 수치를 주어진 식에 대입하여 수율(Yield %)을 다음과 같이 얻을 수 있다.

```
A. P무게(100.00%)   =   8.00kg/8.00kg
준비손실(12.50%)    =   1.00kg/8.00kg
조리손실( 6.25%)    =   0.50kg/8.00kg
서빙손실( 6.25%)    =   0.50kg/8.00kg
총  손실(25.00%)    =   2.00kg/8.00kg
총  수율(75.00%)    =   6.00kg/8.00kg
```

수율 테스트의 목적은 ; ① 보다 정확한 원가로 합리적인 매가를 결정하는 데 필요한 정보를 얻고, ② 같은 아이템이라도 수율이 높은 아이템을 구매할 수 있는 정보, ③ 준비와 조리, 그리고 서빙하는 데에서 생기는 손실을 감안하면, 정해진 표준 1인 서빙분량으로 얼마 정도의 고객을 서빙할 수 있을까 하는 정보를 얻기 위함이 근본목적이다.

2) 구매할 양과 가격의 결정은 어떻게 하는가

여기서 말하는 구매할 양의 결정은 수율(Yield), 서빙할 고객의 수, 일인분량을 알고 있을 때의 특정 아이템에 대한 적정량을 결정하는 방식이다. 그렇기 때문에 서빙할 인원과 일인 분량에 대한 정보를 알면 구매하여야 할 양을 다음과 같이 쉽게 산출할 수가 있다.

① 서빙할 고객의 수×일인 분량(Portion Size)＝최종적으로 고객에게 서빙될 무게(E. P. Weight)

② E. P. Weight ÷ Yield %＝A. P. Weght

예를 들어, 서빙할 고객이 100명이고, 일인 서빙 분량이 200g, 수율이 50%라면 서빙하는 데 필요한 양(100 × 200g＝20,000g/ 1000＝20kg)과 구매하여야 할 양(20kg/0.5＝40kg)이 계산된다.

그리고 수율을 테스트한 후의 원가는 구매시의 구매가격이 재조정되어야 하는데, 구매시의 원가보다 높다.

예를 들어, 1kg당 10,000원 하는 쇠고기의 로스팅할 부위를 구매하였다면,

그리고 수율이 50%라는 정보를 알고 있다면 새로운 원가는 다음과 같이 20,0000원이 된다.

① 최종적으로 서빙되는 양에 대한 가격(E. P. Price)계산

수율(Yield %)	= E. P. Weight ÷ A. P Weight
E. P. Price	= 구매가(A. P. Price) ÷ 수율(Yield %)
20,000	= 10,000원 / 0.5(kg)

② 일인분량에 대한 원가계산

만약, 일인분량이 200g, 서빙할 고객의 수가 100명, 구매가격이 10,000/kg, 수율이 50%라고 하면 일인분량에 대한 원가는 다음과 같이 계산할 수 있다.

총 구매량	= E. P Weight × Yield %	; 40kg	= 20kg ÷ 0.5
총 구매가	= 총 구매량 × 구매가격/kg	; 400,000	= 40kg × 10,000
일인당 원가	= 총구매가 ÷ 서빙할 고객 수	; 4,000	= 400,000 ÷ 100명

③ 원가인수(Cost Factor) 계산

원가인수는 특정 아이템에 대한 구매가격에 대한 변동이 있을 때마다 원가 인수(因數)를 사용하면 편리하게 E. P. Price를 구할 수 있다.

원가인수	= E. P. Price ÷ A. P. Price
	= 20,000원 ÷ 10,000원
	= 2가 된다.

만약, 동일품목에 대하여 구매가격의 변동이 생겼을 때 E. P. Price을 구하기 원한다면 구매가격에 원가인수만 곱하면 E. P. Price을 얻을 수 있다.

예를 들어, 구매가격이 10,000원에서 12,000원으로 인상된 경우 E. P. Price는 12,000 × 2 = 24,000이 된다.

④ 일인분량 인수(Portion Factor) 계산

같은 호텔에서도 업장에 따라 일인분량의 무게가 다른 경우가 많이 있
다. 이런 경우에는 분량 인수(因數)가 다르게 산출되는데, 이 분량 인수
는 분량 디바이더(Portion Divider)를 구하기 위하여 계산되는 것이다.
그램(g) 단위를 쓰고 있는 우리나라의 경우는 1000g를 미리 정해진 일
인분 분량으로 나누어서 얻는다.[25]

예를 들어, 일인표준분량이 200g인 스테이크의 경우에 분량인수는
1,000g / 200g으로 얻어진 5가 된다.

⑤ 분량 디바이더(Portion Divider) 계산

분량 디바이더에 따라서 서빙할 고객을 알면 구매하여야 할 분량은 각
각 다르게 산출될 것이다. 이러한 계산을 용이하게 하기 위하여 수율
(Yield%)과 일인분량 인수를 이용하여 분량 디바이더를 구한다. 그리고
분량 디바이더와 서빙할 고객의 수를 이용하여 구매해야 할 양을 산출
할 수 있다.

> 분량 디바이더 = 수율 × 일인 분량 인수

수율이 50%, 일인분량 인수가 5(1000g ÷ 200g)인 경우에 분량 디바이더는
0.5×5 = 2.5이다.

만약, 서빙할 고객이 100명인 경우에 구매하여야 할 특정 아이템의 구매량
은 서빙하여야 할 고객의 수 ÷ 분량 디바이더, 즉 100 ÷ 2.5 = 40kg이 된다.

만약, 일인분량에 대한 원가를 계산하기 원한다면 다음과 같이 계산된다.

> 일인분량 원가(Portion Cost) = 구매가격(A. P. Price) ÷ 일인분량 디바이더

다음 〈표 2-33〉과 〈표 2-34〉는 수율이 50%인 특정 아이템에 대한 분량
의 크기에 따른 그램과 온스에 대한 분량인수(Portion Factor), 분량 디바이

---

[25] 미국의 경우는 파운드를 사용한다. 1 파운드가 16 온스이므로, 16 온스를 일인분량으로 나누어 분량 디
바이더(Portion Divider)를 구한다.

더(Portion Divider), 그리고 분량원가(Portion Cost)표를 정리한 것이다.

표 2-33			분량인수, 분량 디바이더, 분량원가표	
분량 크기(P.S)	분량인수(P.F)	收率	분량 디바이더(P. D)	분량 원가(P. C)
50g	20	50%	0.5 × 20 = 10	구매가격/ 10 =
100g	10	50%	0.5 × 10 = 5	구매가격/ 5 =
150g	6.7	50%	0.5 × 6.7 = 3.35	구매가격/ 3.35 =
200g	5	50%	0.5 × 5 = 2.5	10,000/ 2.5 = 4,000
250g	4	50%	0.5 × 4 = 2	구매가격/ 2 =
300g	3.3	50%	0.5 × 3.3 = 1.65	구매가격/ 1.65 =

표 2-34			그램과 온스에 대한 분량인수·분량 디바이더, 분량원가표	
분량 크기(P.S)	분량인수(P.F)	收率	분량 디바이더(P.D)	분량 원가(P.C)
6 oz	2.7	50%	0.5 × 2.7 = 1.35	구매가격/ 2.70 =
7 oz	2.3	50%	0.5 × 2.3 = 1.15	구매가격/ 1.15 =
8 oz	2.0	50%	0.5 × 2.0 = 1.00	구매가격/ 1.00 =
10 oz	1.6	50%	0.5 × 1.6 = 0.80	10,000/ 0.80 = 8,000
12 oz	1.3	50%	0.5 × 1.3 = 0.65	구매가격/ 0.65 =
16 oz	1.0	50%	0.5 × 1.0 = 0.50	구매가격/ 0.50 =

⑥ 표준레시피 수율조정(Adjusting Standard Recipe Yield)

이것은 원래 특정인분으로 고정된 표준 레시피를 늘리거나 줄였을 때 각 아이템에 대한 요구량을 레시피상에서 조정할 때에 이용된다.

예를 들어, 4인분을 기준으로 작성된 표준레시피를 20인분으로 수정하기를 원할 때, 다음과 같이 계산하여 조정할 수 있다.

$$원하는\ 기준 \div 원래기준 = 20 \div 4 = 5$$

즉, 5가 조절인수가 된다.

그렇기 때문에 4인분을 만들 때에 요구되는 모든 재료의 양에 5를 곱하여 요구되는 양을 산출하여야 한다.

3) 수율 테스트 요약표는 어떻게 만드는가

상기의 사항을 참고로 각 아이템에 대하여 수율 테스트 요약표(Yield Test Summary Report)를 다음 〈표 2-35〉와 같이 만들 수 있다.

표 2-35	수율 테스트 요약표

아이템   : CANADIAN SMOKED SALMON
구매 명세서 번호   : 12345
표준양목표 번호   : 12346
구매시 무게(A. P Weight)   : 3.4 kg
Kg당 구매가격   : 7,000원

준비와 조리	무 게	%
구매시 무게	3.400kg	100%
다듬는 과정의 손실	− 0.900kg	26%
조리시 무게	2.500kg	74%
조리시 손실된 무게	− 0.500kg	15%
서빙할 수 있는 상태의 총 무게	= 2.000kg	59%

① 구매시 무게와 서빙할 수 있는 상태에 대한 무게의 비 = 59%

$$\frac{\text{서빙할 수 있는 상태의 무게}}{\text{구매시 무게}} \quad \frac{2.000\text{kg}}{3.400\text{kg}} = 59\%$$

② 1kg당 서빙할 수 있는 상태의 가격 = 11,864

$$\frac{\text{kg당 구매가격}}{\text{원래 무게에 대한 \%}} \quad \frac{7,000원}{59\%} = 11,864원$$

③ Cost Factor = 1.695

$$\frac{\text{kg당 서빙할 수 있는 상태의 가격}}{\text{kg당 구매가격}} \quad \frac{11,864원}{7,000} = 1.695$$

④ 포션원가(포션 크기 200g일 때) = 2,373원

$$\frac{\text{kg당 서빙할 수 있는 상태 무게의 가격}}{\text{서빙할 수 있는 상태에서 kg당 포션의 수}} \quad \frac{11,864}{\frac{1,000\text{g}}{200\text{g}}} = 2,373원$$

4) Butchering Test Report는 어떻게 작성하는가

구매된 육류를 조리할 수 있는 상태로 만드는 과정에서 생기는 손실과 용도별로 육류를 분류하여 각각의 무게와 가격을 재조정하여 다음과 같이 작성한다.

| 표 2-36 | | | | BUTCHERING TEST REPORT의 보기 |

NAME OF ITEM : Fillets of Beef   등급 : Frozen-Irish
PIECES : 10   무게 : 51.00kg
kg당 가격 : 8,500원   공급자 : ABCD
총가격 : 433,500원   테스트일 : 2008년 ××월 ××일

ITEM	무 게		Ratio	가 격	
	k	g	%	가격 / kg	총 계
수율					
▲ 원래의 무게와 수율	51		100.00	8,500원	433,500원
• 뼈, 지방, 다듬기	10	800	21.18		
▲ 판매가능한 무게	40	200	78.82	10,784원	433,500원
▲ 세부구분					
• 다듬어진 필레	30		58.82		
• 햄버거 미트	6	200	11.76		
• 스트로가노프(Stroganoff)	4		8.24		
Total	40	200			

이와 같은 과정을 거쳐 일상적으로 많이 사용되는 아이템에 대한 팩토(Factor)를 정리하여 쉽게 적용할 수 있는 표를 만들어 사용하면 훨씬 효율적이다.

다음의 〈표 2-37〉을 살펴보면 먼저 아이템의 용도와 사용처(각 영업장)가 표시된다. 용도와 사용처에 따라 다듬고 난 후의 팩토가 다르기 때문이다. 가격변동이 있을 때마다 다듬고 난 후의 팩토에 새로운 가격을 곱하여 원가를 쉽게 계산할 수 있다.

예를 들어, 「M20012의 Fork Loin With Bone」의 경우는 사용용도가 피카타와 에스칼로프를 만드는 데 이용되고, 다듬고 난 후의 팩토는 1.52로 원가는 5,928원(1.52 × 3,900)이 된다. 생선의 경우는 육류에 비하여 조리할 수 있는 상태, 또는 서빙할 수 있는 상태로 준비하는 과정에서 생기는 손실은 더욱 크다.

예를 들어, 〈표 2-38〉의 「M17003」이란 아이템은 용도가 사시미인데 「Trimmed Factor」가 무려 8.70이나 된다. 즉, 1kg의 서빙할 수 있는 사시미를 만들기 위해서는 8.70kg의 원상태의 생선이 있어야 한다는 말이 되겠다.

표 2-37   육류 FACTOR 표의 보기

번호	아이템명	단위	사용 용도의 설명	사용업장	Trimmed Factor	최근가격	지난가격	계	비고
M18001	CHICKIN BROILER	KG	MEAT	OOO	1.77	1,800	1,450	3,186	
M20012	PORK LION w/ BONE	KG	PICCATTA, ESCALOP	OOO	1.52	3,900	3,100	5,928	
M20012	PORK LION w/ BONE	KG	SPARE RIB	OOO	1.12	3,900	3,100	4,368	
M20012	PORK LION w/ BONE	KG	RABBIT LION	OOO	1.00	3,900	10,000	3,900	
M18010	RABBIT LOCAL	KG	RABBIT FILLETE, TERRINE	OOO	4.29	10,000	10,380	42,900	
34227	SHORT RIB U.S.	KG	BROILED SHORT RIB	OOO	1.00	10,000	10,380	10,000	
34227	SHORT RIB U.S.	KG	L.A. SHORT RIB	OOO	1.46	14,370	10,380	20,000	
34213	TURKEY WHOLE U.S.	KG	TURKEY BREAST, SMOKED	OOO	1.10	14,370	1,900	15,807	
34213	TURKEY WHOLE U.S.	KG	TURKEY MEAT (LEG)	OOO	2.27	2,650	1,900	6,016	
M18008	QUAIL CLEANED LOCAL	KG	BREAST	OOO	1.00	2,650	10,000	2,650	
M18008	QUAIL CLEANED LOCAL	KG	MEAT	OOO	2.33	10,000	10,000	23,300	
34235	BRISKET U.S.	KG	PASTRAMI	OOO	1.28	10,000	6,330	12,800	
34235	BRISKET U.S.	KG	BEEF CONSOMME	OOO	1.43	8,690	6,330	12,427	
M21007	BEEF KIDNEY	KG	CLEANED KIDNEY (PIE)	OOO	1.00	8,690	2,300	8,690	
M21011	BEEF LIVER	KG	CLEANED LIVER	OOO	1.14	1,000	4,000	1,140	
M20011	PORK TENDERLION	KG	PORK FILLET, SMOKED	OOO	1.39	4,000	3,000	4,480	
M20011	PORK TENDERLION	KG	PORK MEAT	OOO	1.00	4,000	3,000	5,560	
34242	VEAL BACK	KG	ESCAPE, PAILLARD	OOO	2.34	4,000	8,410	4,000	
34242	VEAL BACK	KG	VEAL CHOP (160 GR)	OOO	1.32	8,410	8,410	19,679	
34300	LAMB BACK	KG	LAMP CHOP, PATE	OOO	1.00	8,410	6,790	11,101	
34300	LAMB BACK	KG	RACK OF LAMB	OOO	2.38	6,790	6,790	6,790	
M20013	PORK LION w/o BONE	KG	CORDON BLEU, PORK PITACA	OOO	1.10	3,900	3,300	4,290	
M20013	PORK LION w/o BONE	KG	HAMBURGER	OOO	1.00	3,900	3,300	3,900	

| 표 2-38 | 생선 FACTOR 표의 보기 |

번호	아이템명	단위	사용 용도의 설명	사용업장	Trimmed Factor	최근가격	지난가격	계	비고
M16063	YELLOW TAIL FRESH	KG	SASHIMI	OOO	2.19	20,000	18,000	43,800	
M16063	YELLOW TAIL FRESH	KG	TERIYAKI	OOO	1.00	20,000	18,000	20,000	
M16043	SEABREAM FRESH	KG	SASHIMI	OOO	2.74	24,000	22,000	65,760	
M16043	SEABREAM FRESH	KG	SHIOYAKI	OOO	1.00	24,000	22,000	24,000	
M17003	AKAKAI FRESH	KG	SASHIMI	OOO	8.70	18,000	16,000	156,600	
M17043	SCALLOP FRESH	KG	SASHIMI	OOO	3.18	15,000	12,000	47,700	
M16042	SARDINE	KG	SUSHI	OOO	2.50	2,000	2,000	5,000	
M16016	HAKE FILLET	KG	MEAT(FILLET)	OOO	1.10	5,500	5,500	6,050	
35219	SALMON FROZEN HEAD-OFF	KG	FILLET	OOO	1.38	6,243	7,240	8,615	
35219	SALMON FROZEN HEAD-OFF	KG	SMOKED	OOO	1.54	6,243	7,240	9,614	
M16017	HERRING	KG	FILLET	OOO	1.93	2,600	1,600	5,018	
M16017	HERRING	KG	SMOKED	OOO	2.41	2,600	1,600	6,266	
M16035	SALMON FRESH	KG	FILLET	OOO	1.73	14,000	14,000	24,220	
35219A	SALMON FROZEN HEAD-ON	KG	STEAK(160 GR)	OOO	1.49	7,240	8,290	10,788	
35219A	SALMON FROZEN HEAD-ON	KG	MEAT(SHIOYAKI)	OOO	1.00	7,240	8,290	7,240	
	SALMON FRESH SMOKED	KG	SMOKED	OOO	1.12	24,220	24,220	27,126	
	SALMON FROZEN SMOKED	KG	SMOKED	OOO	1.12	9,614	9,614	10,768	
	TUNA SMOKED	KG	SMOKED	OOO	1.19	10,000	8,500	11,900	
	JOHNDORY SMOKED	KG	SMOKED	OOO	1.18	5,800	6,000	6,844	
	HAKE FISH SMOKED	KG	SMOKED	OOO	1.19	5,500	5,500	6,545	
	RED SNAPPER SMOKED	KG	SMOKED	OOO	1.18	28,440	28,440	33,559	
	KING FISH SMOKED	KG	SMOKED	OOO	1.09	7,560	9,240	8,240	
	GLOBE FISH (HON FUGU)	KG	SASHIMI	OOO	5.03	48,000		241,440	
	GLOBE FISH FROZEN	KG	CHI RI	OOO	1.09	18,000		19,620	

4. 생산지점에서의 물자와 운영의 통제는 어떻게 이뤄지는가

구매된 식재료는 생산지점에서 어떠한 형태로든 상품화되어 판매된다. 생산지점에서 물자와 운영의 관리는 식재료의 흐름을 따라 관리되는데, 그 흐름은 식재료의 입고, 식재료의 대체, 가공된 식재료의 재입고 등으로 구분된다.

1) 생산지점에서 식재료의 통제를 위해서 사용하는 양식은 어떤 것들이 있는가

일반적으로 다음과 같은 양식들이 식재료의 통제에 사용된다.

◆ 일일시장리스트(D/M/L)

저장고에 저장되지 않는 식재료로 생산지점에서 그때그때 필요로 하는 아이템을 구매 청구하기 위해서 필요로 하는 곳(각 영업장 주방)에서 정해진 양식에 작성하여, 절차에 따라 구매부서에 보내는 양식을 말한다.

◆ 표준양목표(표준레시피)

표준양목표란 특정 아이템 1인분을 만드는 데 소요되는 재료와 양, 단위당 원가와 총원가, 그리고 판매가 등을 자세히 기록한 표이다.

◆ 대체양식

호텔과 같이 레스토랑의 수가 많으면 서로 필요한 식음료 재료를 주고받는 경우가 있다. 이렇게 영업장간 식료와 음료를 서로 주고받는 것을 대체(對替 : Transfer)라고 한다.

여기에서의 대체는 검수 후, 또는 저장창고에서의 이동을 말하는 것이 아니다. 생산지점에 입고된 식료나 음료를 주방과 주방 간, 또는 주방에서 바(Bars), 또는 반대로 바에서 주방으로의 이동하는 것을 말한다. 그리고 이러한 이동을 통제하는 양식을 대체양식이라 한다.

일반적으로 다음과 같은 5가지의 경우가 있다.

① 메인 주방에서 각 영업장의 주방으로
② 각 업장 주방 상호간
③ 주방에서 바(Bars)로(식료의 경우)
④ 바(Bars)에서 주방으로(음료의 경우)
⑤ 바 상호 간

2) 각 생산지점(각 영업장의 주방)에서 필요로 하는 식재료는 어떻게 공급받는가

생산지점에서 필요로 하는 식재료는 일일시장리스트, 식재료 청구서, 그리고 식재료 대체에 의해서 공급받는다.

◆ 일일시장리스트

영업장의 수가 많은 호텔의 경우는 대부분 가드망제의 보고서를 사용하지 않고 일일시장리스트라는 양식을 사용하고 있다. 일일시장리스트는 일반적으로 익일에 필요로 하는 저장창고에 있는 아이템이 아닌 아이템 중에서 주방에 남아 있는 재고량과 예측된 수요를 고려하여 구매의뢰하는 양식이다. 매일매일 배달이 가능한 아이템들이 주류를 이룬다.

주로 16시를 전후하여 각 생산지점(각 업장주방)에서 3매 이상이 작성되어 주방책임자의 결재를 득한 후 구매부서의 식재료 담당자에게 보내어진다.

그런데 일부 식재료의 경우는 (유제품, 卵류 등) 창고 아이템으로 간주하여 저장고의 책임자가 구매의뢰하는 방법을 택하는 외식업체(호텔)도 있다.

일일시장리스트에 의해서 구매되는 식료에 대해서는 "Direct Requisition"으로 정리하는데 다음 〈표 2-39〉와 같이 정리가 된다.

〈표 2-39〉에 제시하는 D／R은 서울에 소재하는 특1등급 특정 호텔의 실제 D／R로 청구#, 행선지, 아이템의 재고코드#, 아이템에 대한 설명, 크기, 단위, 量, 단위당 원가, 그리고 계 등으로 구성되어 있다.

예를 들어, 업장1에서 1-5-85-126이란 아이템을 1박스 청구하여 받았다. 그리고 단위당 가격은 박스당 25,500원으로 1-5-85-126의 아이템의 소계는 25,500원이다. 이와 같은 방식으로 업장1에서 수령한 22개의 아이템에 대한 총계는 각 아이템의 소계를 더한 1,840,900원이 된다.

여기서 얻어진 한 업장에 대한 총계는 저장고에서 물품청구서에 의해서 공급받은 총계와 누계하여 특정업장의 일일원가를 계산하는 데 기초자료로 활용한다. 또한 여기서 얻는 수치는 일일출고보고서의 특정업장의 출고원가와 동일하여야 한다.

한 업장이 아닌 전체적인 업장의 직접 수령분(D/R)과 저장고에서 물품청구서에 의해 공급받은 가치를 누계한 것이 식음료 원가계산시 당기출고의 가치로 이 수치는 일일출고보고서의 출고가치와 일치하여야 한다.

표 2-39 　Direct Requisition의 보기 [Food] -(1)

REQ.#DEPT.	CODE	DESCRIPTION	SIZE	UNIT	Q'TY	U/PRICE	AMOUNT	ACC#	REMARK
DXXX ×× 영장 1	1·5·85·126	×××	8/8*10430	BOX	1.00	25,500.00	25,500	03	
	1·2·31·318	×××		KGR	57.00	4,850.00	276,450	03	
DXXX ×× 영장 1	1·1·21·132	×××		KGR	92.00	2,250.00	207,000	03	
	1·2·11·461	×××		KGR	60.00	4,200.00	252,000	03	
	1·2·11·513	×××		KGR	21.00	3,650.00	76,650	03	
	1·3·21·383	×××		KGR	20.00	2,180.00	43,600	03	
	1·3·21·671	×××		KGR	4.00	1,300.00	5,200	03	
	1·3·21·691	×××		KGR	10.00	5,950.00	59,500	03	
	1·3·21·825	×××		KGR	18.00	800.00	14,400	03	
DXXX ×× 영장 1	1·2·21·291	×××		KGR	10.00	4,000.00	40,000	03	
	1·2·21·332	×××		KGR	5.00	5,800.00	29,000	03	
	1·2·41·121	×××		KGR	30.00	2,500.00	75,000	03	
DXXX ×× 영장 1	1·1·5·111	×××		KGR	55.00	2,500.00	137,500	03	
DXXX ×× 영장 1	1·5·91·111	×××	540GR	EA	36.00	350.00	12,600	03	
	1·2·43·182	×××		KGR	10.00	4,500.00	45,000	03	
DXXX ×× 영장 1	1·3·24·115	×××		KGR	200.00	1,150.00	230,000	03	
	1·3·24·125	×××		KGR	50.00	1,450.00	72,500	03	
DXXX ×× 영장 1	1·4·16·311	×××	100ML	BTL	650.00	230.00	149,500	03	
DXXX ×× 영장 1	1·3·21·151	×××		KGR	25.00	460.00	11,500	03	
	1·3·21·362	×××		KGR	20.00	2,400.00	48,000	03	
	1·3·21·621	×××		KGR	30.00	550.00	16,500	03	
	1·3·21·711	×××		KGR	3.00	4,500.00	13,500	03	
DXXX ×× 영장 9	1·5·12·241	×××		KGR	5.00	13,500.00	67,500	01	
DXXX ×× 영장 9	1·1·51·141	×××		KGR	39.00	3,300.00	128,700	01	
DXXX ×× 영장 9	1·3·21·227	×××		KGR	20.00	900.00	18,000	01	
	1·3·21·911	×××		KGR	10.00	3,300.00	33,000	01	
	1·3·21·721	×××		KGR	10.00	2,500.00	25,000	01	
	1·3·21·781	×××		KGR	10.00	2,800.00	28,000	01	
DXXX ×× 영장 9	1·5·91·212	×××	200GR	EA	100.00	440.00	44,000	01	
	1·5·72·211	×××		KGR	100.00	1,150.00	11,500	01	
	1·5·72·221	×××		PAN	1.00	3,000.00	3,000	01	
	1·3·25·141	×××		KGR	9.00	2,700.00	24,300	01	

표 2-39 (계속) Direct Requisition의 보기 [Food] -(2)

번호	아이템명	단위	사용 용도의 설명	사용업장	Trimmed Factor	최근가격	지난가격	계	비고
M18001	CHICKIN BROILER	KG	MEAT	OOO	1.77	1,800	1,450	3,186	
M20012	PORK LION W/ BONE	KG	PICCATA, ESCALOP	OOO	1.52	3,900	3,100	5,928	
M20012	PORK LION W/ BONE	KG	SPARE RIB	OOO	1.12	3,900	3,100	4,368	
M20012	PORK LION W/ BONE	KG	RABBIT LION	OOO	1.00	3,900	10,000	3,900	
M18010	RABBIT LOCAL	KG	RABBIT RILLETE, TERRINE	OOO	4.29	10,000	10,000	42,900	
34227	SHORT RIB U.S.	KG	BROILED SHORT RIB	OOO	1.00	10,000	10,380	10,000	
34227	SHORT RIB U.S.	KG	L.A. SHORT RIB	OOO	1.46	14,370	10,380	20,000	
34213	TURKEY WHOLE U.S.	KG	TURKEY BREAST, SMOKED	OOO	1.10	14,370	1,900	15,807	
34213	TURKEY WHOLE U.S.	KG	TURKEY MEAT (LEG)	OOO	2.27	2,650	1,900	6,016	
M18008	QUAIL CLEANED LOCAL	KG	BREAST	OOO	1.00	2,650	10,000	2,650	
M18008	QUAIL CLEANED LOCAL	KG	MEAT	OOO	2.33	10,000	10,000	23,300	
34235	BRISKET U.S.	KG	PASTRAMI	OOO	1.28	10,000	6,330	12,800	
34235	BRISKET U.S.	KG	BEEF CONSOMME	OOO	1.43	8,690	6,330	12,427	
M21007	BEEF KIDNEY	KG	CLEANED KIDNEY (PIE)	OOO	1.00	8,690	2,300	8,690	
M21011	BEEF LIVER	KG	CLEANED LIVER	OOO	1.14	1,000	4,000	1,140	
M20011	PORK TENDERLION	KG	PORK FILLET, SMOKED	OOO	1.39	4,000	3,000	4,480	
M20011	PORK TENDERLION	KG	PORK MEAT	OOO	1.00	4,000	3,000	5,560	
34242	VEAL BACK	KG	ESCAPE, PAILLARD	OOO	2.34	4,000	8,410	4,000	
34242	VEAL BACK	KG	VEAL CHOP(160 GR)	OOO	1.32	8,410	8,410	19,679	
34300	LAMB BACK	KG	LAMP CHOP, PATE	OOO	1.00	8,410	6,790	11,101	
34300	LAMB BACK	KG	BACK OF LAMB	OOO	2.38	6,790	6,790	6,790	
M20013	PORK LION W/O BONE	KG	CORDON BLEU, PORK PITTACA	OOO	1.10	3,900	3,300	4,290	
M20013	PORK LION W/O BONE	KG	HAMBURGER	OOO	1.00	3,900	3,300	3,900	

◆ 물품 청구서

각 생산지점에서 필요로 하는 식료와 음료는 청구서를 필요로 하는 곳에서 작성하여 책임자의 결재를 득한 후에 저장고에 제출하고, 정해진 절차에 따라 원하는 식료와 음료를 공급받는다.

이때 공급받은 식료와 음료는 저장고에 있는 물품카드(전산, 또는 수작업)에 그 물품에 대한 출고내역이 기록되고, 저장고에서 출고된 아이템에 대한 일일 출고 보고서가 작성된다. 이 보고서 상에서 저장고의 출고 가치는 일일 출고 보고서의 저장고 출고분과 일치하여야 한다. 그리고 이 보고서는 저장고에서 출고된 아이템의 행선지별 가치가 집계되어 일일시장리스트에 의해 각 영업장에 공급된 아이템과 그 가치를 총계하여 일일 원가계산에 기초정보로 이용한다.

◆ 각 영업장 주방 상호간 대체양식[26)]

각 영업장 주방에서 메인 주방으로 식재료(완제품, 반제품, 원상태)가 대체되는 경우는 극히 드문 경우이다. 메인 주방에서 각 영업장 주방, 각 영업장 주방간의 대체는 흔한 경우이다. 이것은 주방 상호간 대체라고 하는 양식(Inter-Kitchen Transfer)에 의하여 통제된다.

이 때, 공급하는 주방의 경우는 그 주방의 식료원가에서 공급한 만큼을 공제하고, 반대로 공급받은 주방은 받은 만큼의 가치를 원가에 추가한다.

외식업체(호텔)에 따라 다양한 양식으로 각 영업장간 물자의 이동을 통제하는데, 부록을 보면 서울에 소재하는 특1등급 특정호텔에서 사용하고 있는 식료와 음료의 대체양식이 수록되어 있다.

▶▶ 각종 대체 식은 부록을 참조 바람

---

26) 단일업장을 유지하는 외식업체의 경우는 해당되지 않으나, 호텔과 같이 다양한 업장을 보유하고 있는 경우에는 업장 주방간의 대체가 발생한다.

◆ 메인 주방과 각 영업주방간의 대체

호텔의 경우, 일반적으로 메인 주방에서 각 영업장 주방으로 음식을 완성(Ready-to-Eat)하여, 또는 반제품으로, 또는 원상태대로 다른 업장주방으로 전달해야 할 경우가 종종 있다.

앞서 메인 주방 또는 생산주방에서 소스의 기본이 되는 스탁(Stocks) 등을 준비하여 타 영업장 주방에 공급한다고 했다.

이러한 현상은 각 영업장마다 모든 것을 만들 수 있는 시설과 공간을 마련한다는 것은 여러 가지 사정으로 곤란하다. 또한 비용면에서도 부정적인 측면이 강하기 때문에 한정된 아이템에 대해 메인 주방에서 만들어 각 영업장 주방에 공급하는 것이다.

이러한 통제는 식재료의 대체양식이 있어, 이 양식에 의해 무엇이, 언제, 어디로, 얼마만큼 대체되었는가가 통제된다. 그리고 그 가치의 평가는 ; ① 완제품의 경우는 사전에 설정된 표준양목표로 산출된 원가를, ② 조리할 수 있는 상태는 수율에 의해서, 그리고 ③ 원상태로의 대체는 출고시에 가치를 적용하는 것이 일반적인 방법이다.

◆ 주방과 바(Bars)간의 대체

바는 주로 음료(주류와 비주류 포함)를 생산 또는 판매하는 곳이다. 바에서 필요한 식료를 직접 식료 저장고에서 공급받을 수도 있지만 대부분 주방으로부터 공급받는다. 이러한 이동도 대체라 하여 관계되는 주방에서는 식료원가에서 공제하고, 반대로 공급받은 바에서는 음료원가에 추가된다.

주방에서 음료 저장고로부터 필요한 음료를 직접 공급받을 수도 있는데, 이러한 경우는 식료의 원가에 더한다.

주방에서 식료가 바로 공급되는 것과 마찬가지로 바에서도 주방으로 음료가 공급된다. 주로 조리하는 데 필요한 와인이나 코냑, 샴페인 등이 여기에 포함된다.

이 경우 바에서 주방으로 대체된 음료는 바에서는 음료원가에서 공제하고, 반대로 음료를 대체받은 주방에서는 식료원가에 추가한다.

바에서 필요한 식료를 식료창고에서 직접 공급받을 수도 있는데, 이러한 경우는 음료의 원가에 추가한다.

이와 같은 절차와 방법으로 업장 상호간에 대체된 식료와 음료는 종합되어 다음 〈표 2-40〉과 같은 일일 식음료 대체 바우처(Voucher)가 정리된다.

〈표 2-40〉에 의하면 식료원가의 업장 11의 경우, 4,470,967원어치의 식료를 다른 업장 주방에 대체양식에 의해 공급하였다는 기록이다. 그리고 식료의 경우는 공급받은 가치가 공급한 가치보다 크기 때문에 −474,955원이 되었고, 음료의 경우는 공급받은 가치가 357,869원어치이다. 그 결과 식료와 음료의 차이(474,955 − 357,869)인 117,086원어치가 기타 크레디트로 기록되었다.

여기서 정리된 식료의 −474,955원은 일별 식료원가 계산시에 식료의 원가에서 감하고, 음료의 경우에 357,869원을 음료의 원가에 추가하여 일별 음료원가를 계산한다.

실제로 완제품의 상태로 대체되는 경우 원가의 산정은 표준원가에 의해 그 가치를 산정할 수 있지만 상당한 오차를 감안하여야 한다.

예를 들어 뷔페 주방의 경우가 대표적인 경우인데, 뷔페 주방에서는 상당량의 식료를 다른 업장 주방에서 먹을 수 있는(Ready-to-Eat) 상태로 공급받고 있어서 다른 업장 주방에서 원가를 과다하게 부과하는 경우가 있을 수 있다.

표 2-40   일일 식음료 원가 대체 바우처 요약표

DATE : 00/00/0000

DEPT.	TRANSFER SHEET		OFFICER'S CHECK	
	INTER-KITCHEN	INTER-BAR	FOOD	BEVERAGE
FOOD COST 식료 12 BUTCHERY	-4,470,967	0	0	0
식료 12 PASTRY	-325,493	0	0	0
식료 13 MAIN KIT.	-1,446,363	0	0	0
식료 21	410,910	0	0	0
식료 22	-42,537	0	0	0
식료 23	409,188	0	0	0
식료 24	0	0	0	0
식료 25	280,223	0	0	0
식료 26	1,965,921	0	0	0
식료 27	990,891	0	0	0
식료 28	51,012	0	0	0
식료 29	161,440	0	0	0
식료 31	117,407	0	0	0
식료 32	140,346	0	0	0
식료 33	14,804	0	0	0
식료 34	11,635	0	0	0
식료 35	54,630	0	0	0
식료 36	0	0	0	0
식료 39	1,201,998	0	0	0
[TOTAL]	-474,355	0	0	0
BEV. COST 음료 21	0	0	0	0
음료 22	0	0	0	0
음료 23	0	0	0	0
음료 24	0	0	0	0
음료 25	0	0	0	0
음료 26	166,960	0	0	0
음료 27	65,290	0	0	0
음료 28	30,810	0	0	0
음료 29	0	0	0	0
음료 31	0	0	0	0
음료 32	0	0	0	0
음료 33	91,600	0	0	0
음료 34	3,209	0	0	0
음료 35	0	0	0	0
음료 36	0	0	0	0
음료 39	0	0	0	0
[TOTAL]	357,869	0	0	0
OTH. CREDIT [TOTAL]	117,086	0	0	0
GRAND TOTAL	0	0	0	0

3) 출고된 식료가 재입고되는 경우도 있는가

식료를 식료청구서에 의해 저장고로부터 공급받아 주방에서(주로 메인 주방)가공하여 다시 저장고에 입고시키는 경우가 있다(소시지, 훈제한 연어, 각종 테린과 빠떼… 등). 이런 경우의 원가계산은 재입고되는 상태의 원가로 계산된다.

예를 들어, 신선한 연어 1kg의 구매당시 가격이 5,000원이었으나, 이것을 훈제한 연어로 만드는 과정에서 소요된 제 원가를 산출하여 가치를 재평가한다. 이 가치가 재입고되는 아이템에 대한 가치가 된다. 여러 가지의 원재료가 배합되어 생산된 아이템을 재입고시킬 때에는 표준양목표상의 원가를 적용하여 그 가치를 재입고의 가치로 계산한다.

이 밖에도 저장고에서 관리의 소홀로 사용할 수 없는 아이템이 생길 수도 있다. 이 경우는 식료원가로 산입(算入)하거나 비용(Expense)으로 처리한다.

5. 생산의 통제는 어떻게 하는가

메뉴, 또는 음료 리스트상에 있는 식료나 음료는 각 생산지점에서 사전에 설정된 표준양목표에 의해서 생산되어 고객에게 제공된다. 그리고 이 표준양목표에 의해서 이론상의 원가가 추적된다.

1) 표준양목표는 어떻게 관리되는가

표준양목표란 특정 식료, 또는 음료 1인 몫을 만드는 데 무엇이(필요로 하는 아이템), 얼마나(필요로 하는 아이템의 양) 소요되며, 소요되는 각 아이템의 단위당 원가, 총원가는 얼마이고 등을 자세히 기록한 표이다. 여기에다 아이템을 만드는 방법, 담을 기물의 종류와 크기, 그리고 담는 방법, 고객에게 제공하는 방법까지를 자세히 기록하기도 한다.

표준양목표의 작성은 원칙적으로 주방, 식음부서의 총책임자가 관련부서 실무자들의[27] 조언 등을 참작 작성하여 보관한다. 그리고 매가를[28] 결정할 때에는 식음료 원가 담당부서 실무자를 당연히 참여시켜야 한다.

이렇게 하여 작성된 표준양목표는 책임자의 최종승인을 받아 생산부서와 원가담당 부서에 비치되어 생산과 이론적인 원가를 계산하는 데 이용된다.

일례를 들어, 메뉴상의 ⓐ라는 아이템이 일정 기간 동안 100개 팔렸다면 여기에 소비된 식음료 재료의 합은 표준양목표상에 있는 식음료 재료의 합으로 계산된다. 이것을 가치로 환산하여 원가를 계산할 수 있다.

표 2-41	표준식료 레시피의 일례 ①

표준 식료 레시피와 코스팅 양식	
레시피 번호 : 1	분량 : 1인분
주재료의 수율 : 50% (As Purchase - > Ready To Cook) 일인 분량의 량 :	
원 가 :	5,000
매 가 :	12,000
원가율 :	41.67%

재 료	상태	단위	포션 크기	구매가격	원 가
Filet of Beef	R.T.C	kg	0.200	10,000/k	2,000
				총원가	5,000
준비방법	준비하는 방법을 기록한다.			접시에 담은 음식을 사진으로 찍어 부착	
플레이트의 크기와 종류 :					

---

27) 구매, 저장, 마케팅, 식음부서 등의 실무자 등은 식자재의 시장상황을 잘 알고 있을 뿐만 아니라, 고객과의 직접적인 접촉을 하는 당사자들로 고객의 취향과 욕구 등을 파악할 수 있기 때문이다.
28) 매가에는 원재료 이외에도 직·간접비용과 일정률에 이익까지도 포함해야 하기 때문에 원가담당 부서의 참여가 필요하다.

| 표 2-42 | 표준식료 레시피의 일례② |

레시피 명: CARBONADE OF BEEF
양: 20명분

표준 양목표 번호: 1234
포션크기: 112g(미가공 상태)

단 위	재 료	일자: . .		Date:		Date:	
		원가/ kg	계				
	총원가						
	포션당원가						

만드는 방법과 서비스 방법

Ⅷ. 판매지점의 관리 ▪▪▪

판매지점은 식음료를 판매하는 각 영업장을 말한다. 각 영업장에서는 메뉴와 음료 리스트상에 있는 아이템을 고객에게[29] 판매하는데, 고객 중에는 소비한 대가를 지불하는 순수고객도 있고, 고객을 접대하는 회사의 직원, 또는 업장에서 연주를 하는 연주자 등도 포함되어 있다.

1. 주문은 어떻게 이뤄지는가

고객은 메뉴나 음료 리스트에 있는 아이템 중 본인이 선호하는 아이템을 선택하여 종업원이 주문을 받을 때 알려 주면 된다.

외식업체(호텔)에서 종업원이 주문을 받아 계산서를 만드는 방식은 여러 가지가 있으나 다음과 같은 방식이 일반적으로 사용된다.

1) 캡틴 오더, 또는 오더 패드(Order Pad)를 쓰는 경우

각 영업장에서 고객(광의)이 주문을 하면 종업원은 그 내용을 「Captain Order Pad」에 기록한다. 그리고 고객에게 제시될 계산서(Bill)는 이를 근거로 캐시어가 작성하고, POS에 등록하고 프린트한다.

그러나 베이커리나 델리카트슨에서는 생산되어 진열된 아이템을 팔기만 하면 되므로 주문이라는 한 단계가 생략되어 직접 케시어에 의해서 계산서가 작성된다.

주문받은 내용은 웨이터가 직접 주방에 전달하는 경우와 P.O.S(Point of Sale) 시스템이 구축되어 있는 경우에는 홀에서 웨이터가 홀에 있는 Precheque Machine(Terminal)에 주문받은 내용을 입력시키면 주방에 있는 프린터에 전달되어 프린트된다.

주방에서는 그것을 보고 주문 받은 내용을 만들어 홀에 있는 Precheque

---

29) 여기서 말하는 고객은 각 영업장에서 판매되는 상품(식료와 음료)을 소비하는 모든 사람을 말한다.

Ma chine(Terminal)에 완성되었다는 신호를 하면 홀에 있는 종업원이 픽업하여 고객에게 서빙하면 된다.

이 P.O.S 시스템의 장점은, ① 신속한 서비스가 이루어 질 수 있어, ② 서비스맨들이 보다 많은 시간을 고객을 보살피는 데 할애할 수 있고, ③ 주방과 홀 간의 의사전달이 분명하다는 것 등이다.

2) 캡틴 오더, 또는 오더 패드(Order Pad)를 쓰지 않는 경우

호텔에서 많이 사용하고 있는 방법으로 계산서의 첫 장에[30] 주문받은 내용과 수량을 직접 기록하여 뜯어내어 주방에 전달한다.

고객에게 전달하는 카피에는 주문한 내용과 수량만이 복사되어 고객의 테이블에 전달된다. 그리고 요금계산은 고객이 나갈 때, 테이블에 전달된 빌을 제시하면 캐시어가 식음료 회계기에 등록하고 프린트하여 고객에게 요금을 청구한다.

3) 무선 단말기를 이용하는 방식

광댑터 방식과 원거리 전송방식이 있는데, 전자는 종업원이 주문받은 내용을 종업원이 가지고 있는 Handy Terminal에 입력하면 캐시어와 주방에 있는 터미널의 광센서가 입력내용을 감지하는 방식이다.

2. 크레디트(Credit)란 무엇인가

각 판매지점에서 순수한 고객이 소비하고 지불된 몫이 얼마나 되는가를 찾아내는 것도 원가관리의 목적 중의 하나이다.

원가계산에서는 순수한 고객 이외의 소비자들이 소비한 몫을 크레디트(Credit)라고 하는데, 외식업체(호텔)에 따라 항목과 처리기준이 다르다. 일반적으로 호텔에서 사용하고 있는 크레디트의 항목을 살펴보면 다음과 같다.

---

30) 계산서는 4카피로 구성되어 있으며, 첫 장은 주문받은 내용을 기록하여 쉽게 떼어 낼 수 있도록 되어 있다.

① 회사의 종업원과 간부가 소비한 몫

② 고객에게 무료로 제공한 몫(초대, 접대)

③ 직원들의 행사에 제공된 몫(직원들을 위한 자체행사)

④ 고객에게 제공된 과일 바구니(VIP Room 등)

⑤ 직원에게 원가로 판 몫(팔리지 않은 음료의 경우)

⑥ 새로운 아이템을 개발하기 위해서 시식·시음에 소비된 몫

⑦ 손실(저장창고에서 변질 또는 주방에서 조리 중 태우거나 버린 몫 : 호텔에 따라 비용으로 처리하기도 한다)

⑧ 레스토랑에서 실수로 손실된 몫(보고서에 의해서 확인이 가능한 몫)

⑨ 엔터테이너가 소비한 몫… 등

상기의 보기는 소비항목을 구체화한 것으로 사정에 따라 항목을 통폐합할 수도 있다.

이러한 항목의 구분은 전체 소비된 식재료 중 고객이 소비하고 지불한 몫을 찾아내기 위한 것으로, 전체 식재료의 소비 중에서 고객이 소비한 몫을 제외한 다른 항목을 감하면 된다.

상기 ① 항의 종업원이 소비한 몫은 종업원을 위한 식당이 별도로 있으나 하나의 업장으로 간주할 경우이다.

또한 간부가 소비한 몫이란 일정수준 이상의 직위에 있는 직원에게 일정한 한도 내에서 손님을 접대할 경우에 사용하는 Officer's Check에 의한 소비와 외국인 종업원들에게 회사가 정한 규칙에 따라 제공되는 식음료의 소비를 말한다.

크레디트의 가치는 원가로 계산되며 크레디트에 의해서 소비된 가치는 업장의 총원가에서 감하여 고객이 소비하고 지불한 몫을 찾아낸다.

3. 잘 팔리지 않은 식료나 음료를 직원에게 원가에 판매하는 경우도 있는가

레스토랑 비즈니스는 유명한 레스토랑이 아니면 예측이 어려운 것이 사실

이다. 유명한 레스토랑의 경우, 거의 예약에 의해서 영업이 이루어지고 예약시 고객이 아이템을 정하는 것이 일반적이다. 그런데 우리나라의 경우, 예약문화가 정착단계에 있으므로 예약 없이 오는 고객이 대부분이다. 그 결과 메뉴상에 제공되는 아이템을 만들기 위한 식음료 재료를 구입해 두어야 한다.

특히나 수입 식재료의 의존도가 높은 우리나라 관광호텔의 경우에는 회전이 잘 안 되는 아이템(Slow Moving Items), 또는 사장(死藏: Dead Items)되는 아이템의 수가 많다. 그리고 그 원인 중의 하나가 다음과 같이 외국인 주방장에 의해 발생하는 경우이다.

① 한국의 식재료 유통경로를 잘 이해하지 못하고
② 본인이 선호하는 특정한 아이템을 고집하여, 계약기간이 만료되어 그 쉐프가 가게 되면 그 아이템들이 사장(死藏), 또는 회전이 잘 안 되는 아이템으로 남께 된다.

사장(死藏) 또는 회전이 잘 안 되는 아이템을 줄일 수 있는 방안을 제시해 보면 ;

① 합리적인 메뉴계획 제도의 도입
② 공동 구입제도의 도입
박스로 판매되는 소스나 스파이스류의 경우 같은 지역에 있는 호텔끼리 공동구입하여 나누어 쓰면 유효기간을 넘기는 일은 없으리라 생각된다.

③ Lending과 Borrowing 제도의 도입
문제는 특정 아이템이 X라는 외식업체(호텔)에서 사장(死藏) 또는 회전이 잘 안 되는 아이템이면 그 아이템은 Y라는 외식업체(호텔)에서도 사장 또는 회전이 잘 안 되는 아이템이라는 것이다.

결과적으로 사장 또는 회전이 잘 안 되는 아이템에 대한 해결방안은 구매체계의 합리화와 메뉴의 합리적인 관리뿐이다. 이러한 관리를 효율적으로 하기 위해서는 메뉴를 계획하고 분석하는 전담팀의 구성이 절대적이다.

4. 판매지점에서 사고보고서는 어떻게 작성하는가

판매지점에서의 사고는 크게 세 가지로 나눌 수 있는데 ; ① 서빙받은 고객이 계산을 하지 않고 나간 경우, ② 서빙 준비 중 또는 서빙 중 종사원이 실수로 쏟은 경우, ③ 고객이 주문한 내용과 일치하지 않아 다시 음식을 만들어 제공하는 경우 등이다. 이러한 경우도 원가처리한다.

이와 같이 식음료 재료를 통제하기 위해서는 구매된 식음료 재료의 흐름을 파악하고 식음료 재료가 머무르는 지점, 즉 저장지점, 생산지점, 판매지점의 통제를 정해진 절차에 따라 해 나가면 된다.

원가관리에 요구되는 정보는 이러한 절차를 따라 포착되고, 수집된 정보를 취합하고 분석하여 항구적인 통제를 실행하여야 원가를 개선해 갈 수 있다.

5. 종 합

식재료의 구매에서 생산에 이르는 과정에서 식재료의 흐름을 따라 발생하는 정보를 포착하기 위해 이용된 각종 양식을 중심으로 지금까지의 내용을 종합 정리해 보겠다.

1) 물자의 흐름을 통제하는 데 사용하는 각종양식과 지점

구매 → 검수 → 저장 → 생산 → 판매까지의 과정에서 식재료의 흐름을 추적하는 과정을 설명해 본다.

◆ 구매지점

식재료가 구매되어지는 과정에서 발생하는 각종양식과 물자의 흐름을 정리해 본다.

① 구매의뢰서, 또는 구매청구서

저장지점에서 구매를 의뢰하기 위해서 작성하여 구매지점에 보낸 양식을 말한다. 이 양식을 근거로 구매발주서(P/O)가 작성된다.

② 일일시장리스트

구매되어 창고에 입고되지 않는 품목 중에서 필요한 품목을 각 생산지점에서 일일시장리스트에 작성하여 구매부서에 전달하는 양식을 말한다. 구매부서에서는 이 양식을 바탕으로 전화나 팩스로 선정된 공급자(업자)에게 주문을 한다.

③ 구매발주서

저장고에서 작성된 구매의뢰서 또는 구매청구서가 구매부서에 보내지면 이것을 근거로 구매부서에서는 구매발주서를 작성하여 공급자(업자)에게 주문한다.

◆ 공급자

① 구매발주서

호텔의 구매부서에서 작성하여 공급자(업자)에게 보낸 양식을 말한다.

② 송장

공급자(업자)가 구매발주한 아이템을 호텔에 배달할 때 지참하는 대금청구서를 말한다. 외식업체(호텔)에 따라서는 송장이 일일 검수보고서로 사용되기도 한다.

③ 세금계산서

④ 크레디트 인보이스, 또는 크레디트 메모

공급자에 의해서 배달되어 수령된 식음자재가 구매의뢰서에 기록된 내용과 가격, 수량, 질 등에 차이가 있을 때 공급자에게 요청하는 양식.

◆ 검수지점

① 구매발주서

구매지점에서 전달받은 것으로 공급자(업자)가 배달한 물품과 대조하기 위한 목적으로 사용한다.

② 일일시장리스트

구매부서에서 전달받은 것으로 현물과 대조하기 위한 것으로 현물과 대조한 후 구매, 원가팀, 경리부서에 전달된다.

③ 크레디트 인보이스

공급자에 의해서 배달되어 수령된 식음자재가 구매의뢰서에 기록된 내용과 가격, 수량, 질 등에 차이가 있을 때 공급자에게 요청하는 양식.

④ 반품처리서

구매의뢰한 내용과 불일치한 점이 커서 도저히 받을 수 없는 상황에서 작성하는 양식.

⑤ 일일 물품 수령(검수)보고서

하루에 수령한 물품의 행선지와 물품의 양과 가치를 합산하여 보고하는 양식.

◆ 저장지점

① 품목카드

입고되는 식음료를 통제하기 위한 양식으로 무엇이(품목 명), 언제(입고일), 어디서(공급자), 얼마에(구매가격), 얼마나(수량) 들어와서 언제(출고일자), 어디로(행선지), 얼마나(출고량) 출고되고 현재 얼마가(수량과 가치) 남았다는 내력이 기록되는 양식.

② 물품청구서

저장고에 저장되어 있는 모든 아이템은 청구서에 의해서만 출고될 수 있다. 그래서 생산지점이나 판매지점에서 필요한 아이템이 있을 시 작성하여 저장지점에 전달하는 양식.

③ 구매청구서

저장하는 아이템의 구매의뢰(청구)는 저장고를 관리하는 관계자가 작성한다. 저장고에 저장된 아이템의 재구매가 필요한 때 작성하는 양식

④ 일일출고보고서

저장고로부터 출고된 식료와 음료에 대한 내력을 기록한 보고서.

⑤ 사고보고서

저장고에 저장된 아이템은 여러 가지 이유로 폐기하여야 하는 일이 발생한다. 예를 들어, 유효기간의 만료, 또는 부패된 아이템이 있을 경우에 작성하는 양식.

◆ 생산지점

① 식음료 청구서

창고에 저장되어 있는 식음료 재료가 필요할 때 작성하는 양식

② 일일시장리스트

창고에 저장되지 않은 아이템으로 매일매일 필요한 아이템을 구매의뢰
할 때 작성하는 양식.

③ 주방 상호간 대체양식

생산지점 상호간에 식료와 음료를 대체할 때 작성하는 양식으로 주는
지점에서 받은 지점에 작성하여 준다. 식료와 음료로 나누어서 작성
한다.

◆ 준비지점

Butcher's Shop

① 식료 청구서

생산지점에서 필요로 하는 육류나 생선 등을 준비하기 위해서 저장고에
서 공급받을 때 작성하는 양식.

② 주방 상호간 대체양식

메인 주방 또는 각 업장주방에서 육류를 공급받기 위해서 작성하여 부
처주방에 전달한 양식.

제과제빵 주방

① 물품청구서

제과제빵의 생산을 위해서 식료와 음료 저장창고에서 물품을 공급받을
때 작성하는 양식.

② 대체양식

판매지점에(베이커리 숍) 제과제빵을 전달할 때 작성하는 양식.

◆ 판매지점

① 물품 청구서

식탁에 직접 제공하는 각종 양념(소금, 후추, 각종 소스류, 겨자, 설

탕… 등), 버터, 빵, 음료 등을 저장고에서 공급받을 때 작성하는 양식.

② 캡틴 오더

고객에게 주문을 받을 때 이용하는 양식.

③ Bill

고객에게 식음을 제공한 반대급부로 요금을 지불토록 하게 하는 데 사용하는 계산서.

④ Officer's Check

사규에 따라 직원이나 엔터테이너 등이 사용하는 양식.

⑤ 사고 보고서

생산지점에서와 마찬가지로 판매지점에서도 사고가 있을 수 있다. 가령, 고객이 식음을 주문하고 가 버린 경우, 또는 주문한 식음과 일치하지 않아 고객이 거부한 경우, 또는 종업원이 실수로 땅에 떨어뜨린 경우, 또는 고객이 지불을 하지 않고 가 버린 경우 등에 작성하는 양식.

⑥ 영업일보

하루의 영업결과를 기록한 양식.

이해를 돕기 위해 지금까지 설명한 물자의 흐름과 물자가 머무르는 각 지점을 통제하는 데 사용되는 각종양식의 흐름을 식음료 원가 콘트롤러 사무실을 중심으로 표로 그린 것이 〈그림 2-12〉이다.

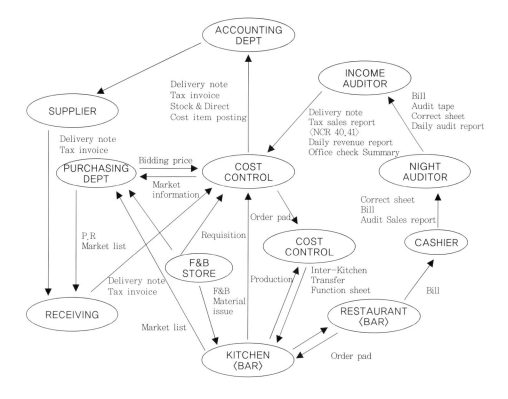

그림 2-12   물자와 각종양식의 흐름도

제3장

원가의 계산

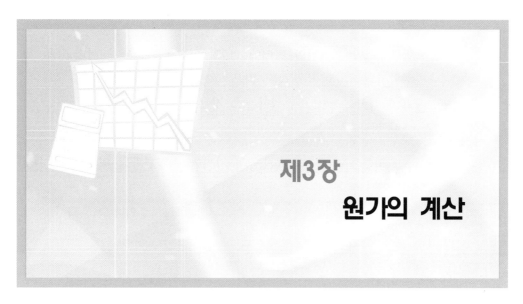

제3장
원가의 계산

　지금까지 우리는 식음료 부문을 운영하는 데 필요한 식음료 재료의 흐름과 그 흐름을 관리하는 각 지점에서의 통제절차를 살펴보았다.

　여기서는 앞서 언급한 "Control"의 두 번째 개념인 운영통제에 관한 것으로 각종양식이 어떻게 취합(聚合)되어 원가의 계산과 통제에 이용되는지를 상세히 다루도록 하겠다.

I. 원가의 개요 ▪▪

　원가는 재화나 용역을 얻기 위해서 희생된 경제적 효익이라고 정의되고, 자산은 과거의 거래나 사건의 결과로 획득된 미래의 경제적 효익(Future Economic Benefits), 즉 미래용역잠재역(Future Service Potentials)이라고 정의되는데, 여기서 용역잠재력이란 현금창출능력을 의미한다.

　어떤 희생을 치름으로써 미래의 경제적 효익을 획득할 수 있을 것으로 기대되는 경우, 그 희생은 미래로 이정(移廷)되는 원가(Deferred Costs), 즉 미소멸원가(Unexpired Costs)가 되며, 이러한 미소멸원가는 대차대조표에 자산으로 계정된다.

한편, 용역잠재력이 소멸되어 미래에 더 이상 경제적 효익을 이미 모두 획득했거나, 효익이 더 이상 발생하지 않을 것으로 판단되는 경우, 그 원가는 소멸되었다고 한다. 이러한 소멸원가는 그것이 수익창출에 기여했는가의 여부에 따라 다시 비용과 손실로 나누어진다.

비용(Expenses)은 수익을 창출하는 데 기여한 소멸원가를 의미하며, 손실(Losses)은 수익을 창출하는 데 아무런 기여도 하지 못하고 소멸된 원가를 의미한다. 이러한 비용과 손실은 모두 손익계산서에서 수익에 대응되어 수익으로부터 차감된다.

이와 같은 내용을 표로 정리하면 〈그림 3-1〉과 같다.

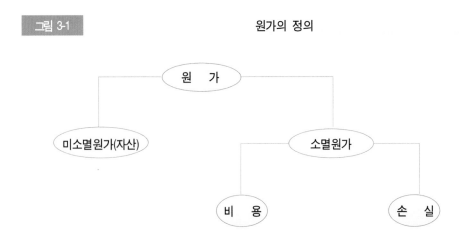

그림 3-1   원가의 정의

1. 원가의 분류

원가는 그 사용목적에 따라 여러 가지 유형으로 분류될 수 있으며, 이를 측정하는 방법 또한 다양하다.

일반적으로 제품원가 계산을 하기 위하여 원가를 〈그림 3-2〉와 같이 제조원가와 비제조원가로 분류하고, 다시 제조원가를 원가대상에 대한 추적 가능성에 따라 직접비와 간접비로 분류한다.

그림 3-2   원가의 분류

◆ 제조원가

　　하나의 제품을 생산하기 위해서는 원재료와 원재료를 가공하기 위한 노동력 및 생산설비 등이 필요하다. 제조원가(Manufacturing Costs)란 이와 같이 제품을 생산하는 과정에서 소요되는 모든 원가를 의미하는데, 이는 〈그림 3-3〉과 같이 직접재료비, 직접노무비, 제조간접비로 분류된다.

　　그리고 제조원가 중 직접재료비와 직접노무비는 특정 제품과 직접적인 관련성이 있기 때문에 직접비 또는 기본원가(Prime Costs)[31]라고 한다. 그리고 직접노무비와 제조간접비를 합하여 가공비(Conversion Costs)라고 하는데, 이는 원재료를 완제품으로 전환하는 데 소요되는 원가를 의미한다.

---

31) Frame Costs라고 부르는 사람도 있는데, 근거가 무엇인지 알 수 없음. 예를 들어, Frame이라는 단어가 뜻하는 구조, 뼈대, 골격 등을 뜻하기 때문에 원가에서 직접재료비와 직접노무비의 중요성을 Frame이라고 표현한 것이 일반화되고 있는 듯하다. 그러나 원가관리나 원가회계 어느 책에도 Prime Cost 대신 Frame Cost라고 쓴 책은 찾아보지 못함.

그림 3-3   제조원가

자료 : 임세진, 원가관리회계, 제4판, 우리경영아카데미, 2003, p. 16

◆ 비제조원가

　　기업의 제조활동과 직접적인 관련이 없이 단지 판매활동 및 일반관리활동과 관련하여 발생하는 원가로서 보통 판매비와 일반관리비라는 두 항목으로 구성되어 있다.

　　제품제조에 발생하는 비용으로 직접재료비와 간접재료비, 그리고 제조간접비가 포함된다.

◆ 직접원가(Direct Costs)

　　주어진 원가대상에 대하여 "경제적으로 실행 가능한"(비용측면에서 효율적임) 방법으로 특별히 식별되거나, 추적이 가능한 원가이다.

◆ 간접원가(Indirect Costs)

　　주어진 원가대상에 대하여 "경제적으로 실행 가능한 방법"으로 특별히 식별될 수 없거나 추적이 용이하지 않은 원가이다.

◆ 변동원가(Variable Costs)

　　원가요인에 직접적으로 비례하여 총액이 변하는 원가이다.

◆ 고정원가(Fixed Costs)

　　원가요인이 변한다 할지라도 총액이 변하지 않는 원가이다.

◆ 총(Total Costs)

변동원가와 고정원가의 합계한 원가이다.

◆ 단위원가(Unit Costs)

총원가를 어떤 기준(예를 들어, 생산수량)으로 나누어 계산한 원가로서 평균원가라고도 한다.

2. 원가의 형태

원가형태란 제품의 생산량이나 판매량 또는 작업시간 등의 조업도 수준이 변화함에 따라 원가발생액이 일정한 양상으로 변화할 때 그 변화하는 형태를 말한다.

이와 같은 원가의 형태를 파악하여야만 예상조업도에서 발생할 것으로 예상되는 미래의 원가를 추정할 수 있고, 과거의 성과를 평가하기 위한 원가목표치를 계산할 수 있다.

원가를 형태에 따라서 구분하면 크게 변동비와 고정비로 구분할 수 있으며, 좀더 세분하면 변동비와 고정비 외에 준변동비와 준고정비로 구분할 수 있다. 그런데 원가를 형태에 따라서 변동비와 고정비로 구분하기 위해서는 일정한 기간이 전제되어야 한다는 점이다. 그 이유는 기간이 장기간이 되면 모든 고정비는 변동비가 되기 때문이다.

1) 변동비

변동비(Variable Costs)는 조업도의 변동에 따라 원가총액이 비례적으로 변화하는 원가를 말한다. 예를 들어, 직접재료비, 직접노무비 및 매출액의 일정비율로 지급되는 판매수수료 등을 들 수 있다.

그림 3-4　　　　　　　　　　　　　　　변동비의 형태

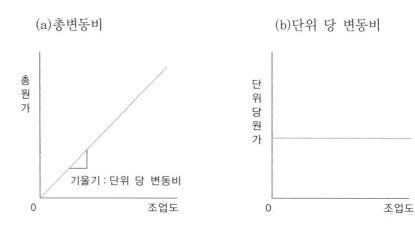

(a)총변동비　　　　　　　　　　　(b)단위 당 변동비

자료 : 임명호, 고급 원가관리회계 -이론과 연습-, 제4판, 한성문화, 2001. 9. 7.

조업도와 변동비 간의 관계를 도표로 나타내면 〈그림 3-5〉와 같다.

〈그림 3-4〉에서 (a)는 총변동비와 조업도와의 관계를 나타내고 있는데, 총변동비선의 기울기는 단위당 변동비를 의미한다. 그리고 (b)는 단위당 변동비와 조업도와의 관계를 나타내고 있는데, 변동비인 경우에 조업도 단위당 원가는 조업도의 증감에 관계없이 일정하다. 즉, 변동비의 총액은 조업도에 따라 비례적으로 변동하지만 단위당 변동비는 일정하다는 것을 알 수 있다.

2) 고정비

고정비(Fixed Costs)란 조업도의 변동과 관계없이 원가총액이 변동하지 않고 일정하게 발생하는 원가를 말한다. 예를 들어, 공장건물이나 기계장치에 대한 감가상각비, 보험료, 재산세, 임차료 등을 들 수 있다.

조업도와 고정비 간의 관계를 도표로 나타내면 〈그림 3-5〉과 같다.

| 그림 3-5 | 고정비의 형태 |

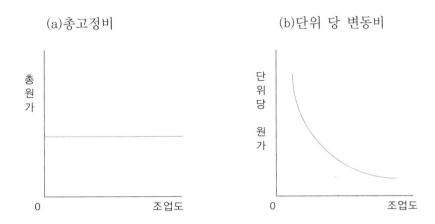

(a)총고정비   (b)단위 당 변동비

자료 : 송상엽외 2인 공저, 원가. 관리회계, 웅지경영아카데미, 2001, 제4판, p. 486.

〈그림 3-5〉에서 (a)는 고정비 총액과 조업도와의 관계를 나타내고 있다. 고정비 총액은 조업도가 증가하더라도 변화하지 않고 일정하게 발생하므로 기울기가 0인 직선으로 표시된다. 그리고 (b)는 단위당 고정비와 조업도와의 관계를 나타내고 있는데, 고정비의 경우에 단위당 원가는 조업도가 증가할수록 낮아진다는 것을 보여준다.

3) 준변동비

준변동비(Semi-Variable Costs)란 변동비와 고정비의 두 요소를 모두 가지고 있는 원가를 말한다. 그렇기 때문에 혼합원가(Mixed Costs)라고도 한다.

조업도와 준변동비 간의 관계를 도표로 나타내면 〈그림 3-6〉과 같다.

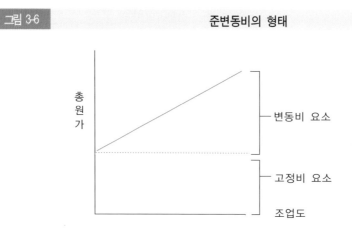

그림 3-6　　　　　　　　　　준변동비의 형태

자료 : 이광우・구순서, 원가관리회계, 제4판, 도서출판 홍, 2002, p. 17.

준변동비의 예로는 전기료, 수도료, 수선유지비 등을 들 수 있다. 예를 들어, 전기료의 일부는 기본요금이지만, 전력사용량(조업도)을 증가시키면 전기료도 증가하게 된다. 또한 수선유지비 중의 일부는 기계설비의 성능이 저하되는 것을 방지하기 위하여 기본적으로 발생하게 되지만, 조업수준이 증가함에 따라 변동비 부분은 비례적으로 증가하게 된다.

4) 준고정비

준고정비(Semi-Fixed Costs)란 일정한 범위의 조업도 내에서는 일정한 금액이 발생하지만, 그 범위를 벗어나면 원가발생액이 달라지는 원가를 말한다. 준고정비의 원가형태는 계단식으로 표시되므로 계단원가(Step Costs)라고도 한다. 준고정비는 생산투입요소가 불분활성(Indivisibility)을 갖기 때문에 발생하게 된다.

조업도와 준고정비 간의 관계를 도표로 나타내면 〈그림 3-7〉과 같다.

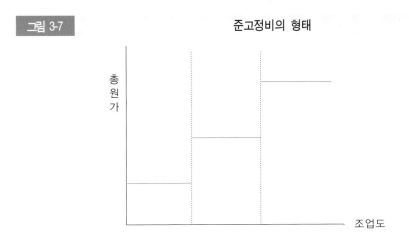

그림 3-7   **준고정비의 형태**

자료 : 이광우 · 구순서, 원가관리회계, 제4판, 도서출판 홍, 2002, p. 18.

5) 총원가의 형태

지금까지 살펴본 원가의 네 가지 기본적 형태를 모두 결합하면 〈그림 3-8〉에서 보는 바와 같이 준변동비의 형태를 갖게 된다. 여기서 준고정비는 특별한 언급이 없는 한 관련범위 내에서 고정비로 가정하는 것이 일반적이므로 고정비에 포함하여 표시한다.

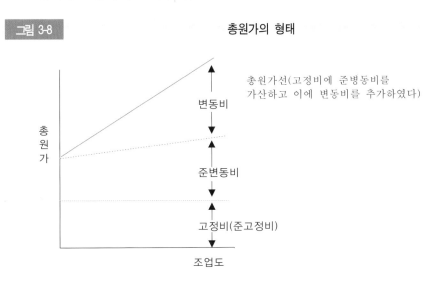

그림 3-8   **총원가의 형태**

자료 : 송상엽외 2인 공저, 원가관리회계, 제4판, 웅지경영아카데미, 2001, p. 489.

3. 원가관리와 원가절감

어떤 기업에서 기회손실(Opportunity Loss)은 잠재적 또는 현실적으로 발생하는 것으로, 기회손실의 제거나 최소화를 위해서는 원가관리가 필요하다.

원가관리를 광의로 해석할 때, "원가 수치에 의해서 경영목적을 효과적으로 달성하기 위해서 경영시스템 내지 이들의 하부시스템(Sub-System)을 통해서 기회손실을 최소화하는 관리방식"이라 할 수 있다.

이 광의의 원가관리에는 협의의 원가관리(Cost Control)와 원가의 절감(Cost Reduction)이 모두 포함되는데, 흔히 이들 양자를 동일시하거나 혼동하는 것을 볼 수 있다. 이들이 모두 결과적으로 기회손실을 최소화한다는 동일목표를 지향한다 할지라도 이들의 목표달성 방법이나 성격은 〈표 3-1〉에서 볼 수 있는 바와 같이 구분된다.

즉, 원가관리는 미리 정해진 표준(물량표준 또는 원가표준)을 목표로 하여 이것에 실제의 생산활동이나 결과를 근접시키려고 노력하는 것이다.

반면, 원가절감은 이미 결정된 현재의 표준에 대하여 도전하고 현상타파(Breakthrough)하여, 보다 나은(낮은 원가) 새로운 표준을 만들어 내는 것이라 할 수 있다.

다시 말해서 협의의 원가관리는 이미 설정된 표준원가의 유지를 중심으로 전개되는바, 이를 생산관리의 측면에서 볼 때 기준이 되는 원가에 의하여 정태적으로 생산활동을 관리하는 것이라 하겠다.

일반적으로 원가관리를 추진하는 경우의 순서를 적으면 다음과 같다.

① 책임의 소재를 밝힐 수 있도록 직제를 확립함과 동시에 이에 해당하는 원가중심점(각 주방단위)을 설정한다.
② 실제원가의 능률을 판단하는 기준으로 원가표준(이상적인 원가표준은 표준원가이지만 때로는 동업계의 평균원가나 실제원가 내지 예산원가가 이용된다)
③ 활동결과로 발생한 실제원가를 파악하여 원가표준과 비교한다.

④ 표준과 실적과의 차이를 분석한다. 즉, 원가표준과 실제원가와의 원가 차이분석을 행한다.

⑤ 원가차이의 원인을 분석한 결과에 따라 개선조치한다.

표 3-1 원가관리와 원가절감의 비교

원가관리(협의)	원가 절감
1. 설정된 원가표준을 유지시킨다.	1. 원가를 계속 저하시킨다.
2. 원가표준은 목표원가가 된다.	2. 원가표준은 검토의 대상이 된다.
3. 과거와 현재에 중점이 있다.	3. 현재와 미래에 중점이 있다.
4. 표준을 설정한 범위에 한정해서 전개된다.	4. 경영의 모든 부서에 대해서 전개된다.
5. 현재의 조건하에서 최저원가를 구한다.	5. 경영조건을 영구불변이라 생각지 않는다. 따라서 조건변화에 따라 원가를 인하한다.
6. 관리(통제)는 관리하려는 마음가짐을 필요로 한다.	6. 원가의식이 필요하다.

자료 : 이순용. 생산관리론, 법문사, 1989. 제3판 p. 790

4. 표준의 설정

표준원가란 신중하게 사전에 결정된 원가로 대개 단위당 원가로 표시된다. 그것은 달성되어야만 하는 원가이다. 표준원가는 예산을 편성하고, 성과를 측정하고, 제품원가를 계산하고, 장부기장 비용을 절감시키는 데 도움을 준다.

식음료 원가가 35~40% 정도이면 흔히들 이상적인 원가라고 한다. 그러면 이 이상적인 원가는 무엇을 근거로 하여 산출된 것일까? 그리고 이 이상적인 원가가 모든 외식업체(호텔)의 이상적인 기준이 될 수 있을까?

일반적으로 선진국의 식음료 원가의 패턴은 낮은 원자재 비율과 높은 관리수준으로 생산성을 올릴 수 있는 고고정비, 저변동비, 고부가가치, 고한계이익형이다. 반면, 우리나라의 식음료 원가 패턴은 저고정비(시설 면에서는 고고정비라고 할 수 있다), 고변동비(높은 식자재비율, 낮은 생산성, 낮은 경영수준), 저부가가치, 저한계이익형이다.

이와 같은 패턴은 관리패턴이 하드웨어 중심이지 소프트웨어 중심이 아닌 후진국에서 볼 수 있는 식음료 원가의 구조적 특징이다. 그렇기 때문에 어느 특정 외식업체의 원가구조가 이상적이라고 말하기는 어렵다.

1) 통제를 위한 표준

식음료 재료의 통제를 위한 각 지점에서 적용하는 사전 설정된 표준에는 여러 가지가 있다. 즉, 원가관리(협의)의 측면에서 통제할 수 있는 표준은 준비지점과 생산지점에서의 표준을 들 수 있다.

가령, 구매지점에서 사용하는 표준 구매명세서의 경우는 원가에 많은 영향을 줄 수도 있다. 그러나 이것은 식음료 부서를 관리하는 관리자의 입장에서 통제하기가 어려운 것이다.[32]

일반적으로 준비지점에서 관리해야하는 수율(收率) 테스트[33], 그리고 생산지점에서 관리해야하는 표준양목표, 표준분량 크기, 표준분량 원가 등이 표준원가를 산출하는 기본이 되는 것이다.

◆ 완전표준

이상이고 이론적인, 또는 최대효율적인 표준이라 부르는 완전한 표준은 기존의 계획과 설비를 사용하는 가장 바람직한 상황하에서 회사의 운영에 최소한의 비용이 발생하도록 하는 표준이다. 이 표준은 감손(Waste)이나 공손(Spoilage), 사용하는 도구의 고장 등을 감안하지 않는다.

◆ 달성 가능한 표준

현실적으로 달성 가능한 표준은 특정의 노력수준에 의해 달성가능하고 정상적인 공손, 감손 그리고 비생산시간을 허용하는 표준원가를 말한다. 특정 수준의 노력은 외식업체마다 다르지만 현실적으로 달성 가능한 일반적인 해석에는 최소한 두 가지가 존재한다.

그 중 한 가지 해석에 의하면 ; 경영자들은 달성할 가능성이 가장 높은

---

32) 구매부서는 식음부서의 감독하에 있지 않아 원가관리적인 면에서의 통제가 어려운 형편이다.

33) 육류나 생선 등에 해당하는 것으로 혹자는 손님에게 제공되는 최종 크기를 말하기도 한다. 그러나 조리 시에 발생하는 손실, 조리한 음식을 자를 때 발생하는 손실까지를 말하기도 하지만, 대부분의 경우는 조리할 수 있도록 준비된 상태까지를 말한다.

목표라고 종업원들이 여기는 표준을 설정한다. 이 표준은 "기대되는 실제 (Expected Actuals)", 즉 일어날 가능성이 높은 것에 대한 예측이다.

"기대되는 실제"는 종업원들에게 동기를 부여한다. 표준은 환상적인 목표나 거의 불가능한 목표 또는 시대에 뒤진 목표가 아니라 합리적인 미래의 성과를 나타낸다. 많은 조직들에 있어, "기대되는 실제"는 과거 성과평균보다 조금 개선된 수준을 기초로 하고 있으므로 차이가 작아야 한다.

여기에서 우리는 식음료 재료의 구매, 저장, 준비, 생산과정 등을 고려한 현실적으로 달성 가능한 표준을 설정하여야 한다는 결론에 도달하게 된다.

혹자는 표준설정에 있어 "동작과 시간연구"를 언급하기도 한다. 그러나 레스토랑 운영의 특수성을 감안할 때 이러한 방법으로 설정된 표준이 실현 가능하다고 생각하기에는 무리가 있다.

2) 표준원가의 계산

하루에 팔린 메뉴상의 아이템별 표준원가를 계산하기 위해서는 표준 레시피상에 포함되는 식재료 각각에 대한 양(量)을 계산한 후, 단위당 원가와 곱하여 특정 아이템에 대한 총원가를 계산할 수는 있다.

이 경우는 단일업장에서 한 가지의 메뉴만으로 영업을 하는 경우에 한하여 특정 아이템의 소모량과 가치를 계산할 수 있고 표준원가율도 계산할 수 있다.

그러나 호텔과 같이 여러 개의 업장을 운영하는 경우는 같은 질과 가격의 특정한 아이템도 업장에 따라서 각각 상이한 포션 크기와 원가가 적용되는 것이 일반적이다. 이렇게 되면 표준원가의 계산은 상당히 복잡해진다. 이렇게 복잡한 표준원가를 계산하여 실제원가와의 비교에서 얻은 득이 얼마냐에 따라서 실행여부의 결정을 내려야 한다.

그래서 언급한 복잡한 계산을 조금 변형해서 다음 〈표 3-2〉를 보기로 들어 설명해 보겠다.

| 표 3-2 | | | | | 잠재적인 식료원가 요약표 | | | |

잠재적인 식료원가 요약표				기간 : 1 / 1 ~ 1 / 31 2006 업장명 : ABC				
아이템	원가	매가	원가율	팔린 수량	잠재 총원가	실제원가	잠재 총매출	실제 총판매
A	3,000	7,500	40.00%	500	1,500,000		3,750,000	
B	1,500	4,000	37.50%	369	553,500		1,476,000	
C								
D								
E								
F								

이렇게 하여 얻어진 각 업장의 원가를 실제원가와 비교하여 차이가 있는가를 검토하고 실제로 표준이 얼마나 지켜지고 있는가를 면밀히 검토하여 적절한 조치와 개선책을 찾도록 노력하여야 한다.

Ⅱ. 실제원가의 계산 ■▪

일반적으로 외식업체(호텔)의 식음료 원가는 작성 기간에 따라 일별 또는 월별 원가로 나눈다. 그런데 식음료의 원가는 사전에 설정된 예산(Budget)에 입각하여 고수하여야 할 표준원가율이 있다고 했다. 이 표준이 유지되고 있는가를 알아보기 위해서 일별원가를 관리하고, 만약 문제가 있으면 적절한 조치를 취하여야 한다.

1. 일별 식음료 원가계산

일별 식음료 원가보고서는 그 날의 매출액 및 매출원가 등이 총체적으로 나타나는 자료이다. 각 단위영업장별 매출액(Food and Beverage Revenue)에 대한 원가의 비율을 계산하는 것으로 원가관리부서에서 산출된 각 단위영업장별 총 재료비를 기초로 하여 영업회계부서(Income Accounting Office)에서 작성된 수입일보(Daily Revenue Report)에 의하여 원가율을 산정한다.

원가율을 계산하는 공식은 다음과 같다.

> 식음료 원가율 = 총 매출원가 ÷ 총 매출액 × 100

그런데 상기의 식음료 원가율의 계산은 특정기간 동안 식음료 원가와 수입이 계산되었을 때 이용할 수 있는 공식이기 때문에 먼저 식음료의 원가를 계산하는 방법을 알아야 한다.

특정 업장의 원가의 계산은 〈표 3-3〉의 공식에 의해서 계산되는데, 그 방법과 절차는 다음과 같이 설명된다.

표 3-3	일별 식료원가 계산의 보기	
① 기초재고	가드망제 보고서*	
② 검수지점에서 직접 생산지점으로 입고된 식자재	식자재 수령보고서	+
③ 식료 저장지점에서 출고되어 생산지점에 입고된 식자재	식료출고 요청서	+
④ 음료 저장지점에서 출고되어 생산지점에 입고된 음료	음료출고 요청서	+
⑤ 생산지점에서 사용가능한 식자재의 합		=
⑥ 바(bars)에서 출고되어 생산지점에 입고된 음료	이동전표	+
⑦ 생산지점간의 식료 대체	이동전표	+,-
⑧ 생산지점에서 출고되어 바(bars)로 입고된 식료	이동전표	-
⑨ 기말재고(영업종료 후 남은 식자재)		-
⑩ 당일 소비된 식자재의 합		=
⑪ 각종 크레디트(종업원 식사를 포함)		-
⑫ 고객이 소비하고 지불한 원가		=

◆ 실제로 가드망제(Garde-Manger) 보고서를 사용하고 있는 경우

이 경우는 실제로 재고가 0인 상태에서는 간편한 계산 방법이다. 하지만 재고가 남아 있는 상태에서는 그 날에 소비한 만큼의 식재료를 찾아내야 한다. 그러기 위해서는 실제로 재고를 조사하여야 한다. 그리고 이 때 사용되는 양식이 가드망제(Garde-Manger) 보고서이다.

이 가드망제 보고서는 주방의 식재료 관리를 효율적으로 할 수 있어, 식음료 원가관리에 아주 중요한 역할을 하고 있다. 하지만 대부분의 주방에서 사용하지 않고 있다.

〈표 3-3〉의 일별 식료원가계산 과정의 보기를 쉽게 이해하기 위해서 먼저 하루의 영업에 필요한 식자재의 흐름을 살펴볼 필요가 있다.

① 하루의 영업이 끝나면 생산지점에 남아 있는 식재료를 파악하고(생산지점에 남아 있는 재고의 파악) 익일, 또는 2~3일 후의 생산계획을 검토한다.

② 필요한 식재료 중 저장기간이 비교적 짧은 아이템, 즉 저장고에 저장하지 않고 검수지점을 거쳐 직접 각 생산지점으로 입고(入庫)되는 식재료는 일일시장리스트에 작성하여 구매의뢰한다. 그리고 저장고에 저

장되어 있는 아이템은 식료 또는 음료청구서를 이용하여 저장고로부터 직접 공급받는다.

③ 각 업장에서 필요로 하는 식음재료를(완제품, 반제품, 원자재) 업장 상호간 필요에 의해서 대체하는 경우가 있을시 원가에 계산한다.

④ 음료 생산지점에서는 음료생산에 필요한 식재료를, 반대로 식료 생산 지점에서는 식료생산에 필요한 음료를 바나 식료, 또는 음료 저장고로부터 공급받는다.

이와 같은 과정을 거쳐 하루의 영업에 필요한 식음재료가 소비되고 남은 것이 재고가 된다. 그리고 이 재고는 각 생산지점의 익일 기초재고가 되며, 당일 각 생산지점에서 소비된 식재료의 원가가 계산된다. 그리고 호텔과 같이 업장이 많은 경우는 각 생산지점의 원가를 합(合)하여 전체 식음원가를 계산할 수 있다.

그런데 문제는 전체 소비한 것 중에서 고객이 소비하고 지불한 몫을 찾아내야 한다. 즉, 전체 원가에서 각종 크레디트를 감(減)하여 얻을 수 있다.

위의 표에서 당일의 기초재고는 전날 영업종료 후의 재고와 같아야 한다. 그런데 업장에 입고(入庫)된 모든 식재료를 소비한 것으로 계산하면 실제로 재고의 가치는 0이 되는 것이다. 외식업체(호텔)에서 주방재고 파악의 어려움을 이유삼아 매일매일 재고가 0인 상태로 원가를 계산한다. 이러한 과정을 거쳐 계산된 일일 식음원가는 목표원가와 비교함으로써 현재의 원가가 적정선에 있는지를 평가하고, 필요한 조치를 취하는 데 중요한 정보를 제공한다.

정보란 신속성과 신뢰성을 가질 때만이 정보로서의 가치를 지닐 수 있다. 그러나 실제 원가의 계산에 있어서는 다음과 같은 문제가 대두되므로 원가율의 해석에 고려되어야 한다.

① 생산지점에서는 그날그날 필요한 식재료를 공급받는 것을 원칙으로 한다. 하지만 작업의 효율성과 신속성을 유지하기 위하여 항상 필요한 식재료가 준비되어 있어야 하기 때문에 준비된 식재료가 당일 소비되지 않으면 재고로 남게 된다.

② 생산지점에서는 당일분뿐만 아니라 익일 또는 2~3일 후의 소비에 대

비하여 준비하여야 하는 경우도 있다(예약 있을 경우). 이 경우는 당
일구매 또는 저장고로부터 공급받은 식재료가 당일에 전부 소비되지
않기 때문에 재고로 남아 당일의 원가율에 영향을 미친다.

③ 이러한 영향은 일별 식재료 원가율에 큰 변화를 주어 실제로 당일의
원가와 매출과의 비로 나타내는 원가율은 왜곡될 수밖에 없다.

그러므로 그 결과에 대한 해석의 근거가 되는 생산지점에 남아 있는 재고
를 설명할 수 있어야 한다. 위와 같은 요인으로 일별 식료원가의 계산에
그다지 중요성을 부여하지 않고 있다. 그렇기 때문에 일별원가 계산의 해
석에는 매개변수의 영향을 고려하여야 한다.

2. 일별 원가계산의 실제

일별 원가를 계산하기 위해서는 필요한 정보를 취합하는 일이 우선되어야
한다. 그런 다음에 이 정보들을 정리할 수 있는 양식이 필요하게 되는데 이
양식은 외식업체(호텔)의 특성과 실정에 맞게 만들어져야 한다.

다음 〈표 3-4〉는 특정 외식업체가 6일 동안의 식료원가를 계산한 것이다.
이 표를 보기로 일별 원가계산의 실제를 설명해 보자.

표 3-4　　　　일별 원가계산의 보기

① 날짜	② 접수지점에서 직접 생산지점	③ 육류 (부처 주방에서 입고)	④ 저장 창고에서 생산지점 입고	⑤ 생산지점에서 사용한 음료	⑥ Bar에서 사용한 음료	⑦ Total Cost 당일	⑦ Total Cost 당일까지	⑧ Total Sales 당일	⑧ Total Sales 당일까지	⑨ Food cost (%) 당일	⑨ Food cost (%) 당일까지	⑩ Food Inventory 구매	⑩ Food Inventory 출고	⑩ Food Inventory 차이
1/13	500	275	100	20	10	885	885	2,000	2,000	44.3%	44.3%			
1/14	325	275	100	20	20	700	1,585	2,100	4,100	33.3%	38.7%			
1/15	400	300	125	25	20	830	2,415	2,200	6,300	37.7%	38.3%			
1/16	375	290	115	30	25	785	3,200	2,450	8,750	32.0%	36.6%			
1/17	490	450	105	30	30	1,045	4,245	3,400	12,150	30.7%	34.9%			
1/18	80	525	140	40	40	745	4,990	3,600	15,750	20.7%	31.7%			

① 당일의 일자를 기입한다.

② 검수지점에서 검수를 거쳐 저장되지 않고 직접 생산지점으로 입고(入庫)되는 식재료의 가치를 기록한다. 이 가치는 구매원가로 산정한다.

③ 부처주방에서 조리할 수 있도록 준비되어 각 영업장 주방에 공급되는 육류의 가치.

우리나라의 경우는 저장된 육류(주로 수입산으로 냉동된 것)는 부처주방에서 조리할 수 있는 상태로(Ready to Cook) 준비하여 각 업장주방에 공급하는 것으로 되어 있다. 그래서 여기서는 부처주방에서 공급받은(대체에 의함) 육류의 가치를 기입하면 된다.

④ 저장되어 있는 아이템 중에서 각 영업장에서 필요로 하는 아이템은 물품 청구서에 의해 공급받는다. 저장고로부터 공급받은 가치를 기입하면 된다.

⑤ 각 영업장에서 음료 저장창고 또는 판매지점(바)에서 공급받은 음료를 말하는 것으로 그 가치를 기입한다.

음료 저장고에서는 음료 청구서에 의해서, 그리고 바에서는 업장과 바(Bar)간의 대체양식에 의해서 공급받는다.

⑥ 바(Bar)에서 사용한 식료의 가치를 기입한다.

바에서 직접 식료 저장고로부터 공급받을 수도 있고, 또는 업장주방에서 공급받을 수도 있다.

⑦ 전체 원가의 경우는 당일 또는 당일까지의 누계로 나누어지는데 여기서는 ②③④⑤를 합계한 것에서 ⑥을 감(減)하여 당일의 원가가 계산된다.

여기서는 단일업장만을 예로 들었지만 만약 업장의 수가 여러 개 있을 경우는 업장간의 상호 대체(對替)가 발생한다. 이 경우는 양식의 칸을 확장하여 작성하면 된다. 즉, 다른 영업장으로 출(出)된 식재료의 경우는 원가에서 감(減)하고 다른 업장으로부터 입(入)된 식재료의 경우는 원가에 더하면 된다.

당일까지의 경우는 전체 원가를 매일매일 누계하여 기록한다. 이 누계의 계산으로 앞서 언급한 왜곡된 일일원가율을 상쇄시킬 수 있다.

⑧ 당일매출은 매출일보에 기록된 매출을 정보로 이용하여 기록한다.
　　당일까지의 매출은 매일매일의 매출을 누계하면 된다.

⑨ 당일의 식료 원가율의 경우는 원가와 매출의 비를 기록한다. 그리고 당
　　일까지의 원가율은 당일까지의 원가누계와 매출누계의 비를 기록한다.

⑩ 재고의 차이란은 입(入)된 식료가치와 출(出)된 식료가치의 차이를 기록
　　한다.

여기서는 재고의 증감사항을 파악하기 위한 것으로 입(入)된 식료의 가치와
출(出)된 식료가치에 대한 차이가 0이면 재고는 변함이 없다는 결과를 얻을
수 있다. 반대의 경우는 재고가 감소, 또는 증가하였다는 결과이다.

상기의 내용을 보고하기 위한 보고서를 만든다면 다음과 같이 만들 수 있다.

표 3-5	원가보고서		0000. 00/00
	Today	To Date	
		This Week	Last Week
Food Cost	745	4,990	5,200
Food Sales	3,600	15,750	13,500
Cost Percentage	20.70%	31.70%	38.52%

〈표 3-5〉에 계산된 원가의 경우는 검수를 거쳐 각 생산지점에 입고(入庫)
된 모든 식재료와 식재료 청구서에 의해서 저장고에서 공급받은 모든 식재료
는 당일에 전부 소비된 것으로 보고 계산된 원가이다. 이 원가는 주방↔바
의 대체(식료↔음료), 각종 크레디트를 고려하지 않고 계산된 원가이다.

3. 보다 구체화된 일별 원가계산의 실례

일별 원가계산의 목적 중 가장 중요한 목적은 일별영업의 실적을 사전에
설정된 목표에 일치 또는 그 이상이 되도록 하기 위한 일종의 비교·분석에
있다. 만약 문제가 생기면 그 문제를 찾아내어 필요한 조치를 적시에 취하는
데 있다고 하여도 과언이 아니다.

그렇다면 문제는 더욱 심각해진다. 지금까지 우리들이 사용하고 있는 일별 원가계산의 방법으로는 문제가 있을 때, 그 문제의 근원을 찾아낼 수 있는 정보를 제공하기에는 무리가 있다는 것을 지적했다. 그러면 조금 더 구체화된 일별 원가계산의 방법은 없을까?

여기에 대한 해답은 쉬운 편이나 현실적으로 적용이 가능한가는 우리의 실정을 고려하여 시도하여야 한다. 그러나 긍정적으로 생각하면 지금의 방법에서 〈표 3-6〉과 같이 몇 가지만을 추가하면 보다 구체적인 원가를 계산해 낼 수 있다.

이 표에서 우리는 새로운 난 두 개를 발견할 수 있는데, 첫 번째가 식재료를 야채, 과일, 유제품, 제빵제과, 쇠고기, 가금류, 저장품, 기타로 세분화하였다는 것이다. 그리고 두 번째가 일별 식료원가를 각 그룹별로 구분, 각 그룹의 원가가 전체 원가에서 차지하는 비율을 표시하여 쉽게 비교가 되게 만들었다는 것이다.

예를 들어, 지난 일 주일 동안 소비한 쇠고기의 원가율이 금주에 소비한 쇠고기의 원가율에 비해서 큰 차이가 있다면, 그 원인을 찾아내기가 훨씬 쉽게 되는 것이다. 즉, 고객의 소비 패턴에 변화가 있는 것인지, 아니면 구매, 또는 저장, 또는 생산지점(주방)에 문제가 있는 것인지를 쉽게 찾아 낼 수가 있다는 것이다.

이와 같이 일별원가의 계산은 전체적인 원가뿐만 아니라 식재료 그룹별로 관리하여 식재료 통제(Control)의 두 가지 의미를 실행에 옮기는 종합적인 관리방법이라고 말할 수 있다.

표 3-6

일별 원가분석표 - (1)

1 Date	2 Day	3 Vegetable	4 Fruits	5 Dairy	6 Bakery	7 Total Directs	8 Beef	9 Poultry	10 Provisions	11 Other
10/1	Mon.	150.00	100.00	75.00	75.00	400.00	200.00	100.00	50.00	25.00
2	Tues.	100.00	50.00	25.00	25.00	200.00	100.00	50.00	40.00	10.00
3	Wed.	175.00	125.00	25.00	25.00	350.00	225.00	125.00	20.00	20.00
4	Thurs.	100.00	50.00	50.00	25.00	225.00	100.00	75.00	15.00	30.00
5	Fri.	175.00	100.00	75.00	75.00	425.00	250.00	125.00	25.00	50.00
6	Sat.	—	—	50.00	25.00	75.00	70.00	10.00	—	10.00
		700.00	425.00	300.00	250.00	1,675.00	945.00	485.00	150.00	145.00
10/8	Mon.	175.00	125.00	100.00	50.00	450.00	225.00	100.00	75.00	20.00
9	Tues.	100.00	75.00	25.00	25.00	100.00	75.00	—	10.00	—
10	Wed.	125.00	100.00	25.00	50.00	300.00	200.00	100.00	50.00	15.00
11	Thurs.	75.00	50.00	100.00	25.00	250.00	75.00	25.00	40.00	20.00
12	Fri.	200.00	100.00	100.00	40.00	425.00	250.00	150.00	40.00	—
13	Sat.	—	50.00	50.00	25.00	90.00	75.00	15.00	—	15.00
		675.00	450.00	325.00	215.00	1,665.00	925.00	465.00	245.00	80.00
10/15	Mon.	225.00	125.00	100.00	50.00	500.00	200.00	50.00	25.00	—
16	Tues.	100.00	100.00	75.00	50.00	325.00	100.00	125.00	25.00	25.00
17	Wed.	150.00	100.00	100.00	25.00	400.00	150.00	100.00	30.00	20.00
18	Thurs.	175.00	100.00	115.00	25.00	375.00	125.00	115.00	25.00	25.00
19	Fri.	200.00	150.00	115.00	25.00	490.00	225.00	150.00	75.00	—
20	Sat.	—	—	40.00	40.00	80.00	300.00	150.00	50.00	25.00
		850.00	575.00	505.00	240.00	2,170.00	1,100.00	690.00	230.00	95.00

표 3-6(계속)　　　　일별 원가분석표 - (2)

12 Total Meat	13 Total Storeroom	14 Bar → Food	15 Food → Bar	16 Total Today	17 Costs to Date	18 Total Today	19 Sales to Date	20 Food Cost % Today	21 Food Cost % to Date
375.00	135.00	—	10.00	900.00	900.00	2,000.00	2,000.00	45.0%	45.0%
200.00	150.00	—	—	550.00	1,450.00	1,500.00	3,500.00	36.7%	41.4%
395.00	145.00	20.00	10.00	900.00	2,350.00	2,700.00	6,200.00	33.3%	37.9%
220.00	120.00	5.00	20.00	550.00	2,900.00	1,800.00	8,000.00	30.6%	36.3%
450.00	240.00	20.00	10.00	1,125.00	4,025.00	3,600.00	11,600.00	31.3%	34.7%
90.00	135.00	25.00	25.00	300.00	4,325.00	1,300.00	12,900.00	23.1%	33.5%
135.00									
1,730.00	925.00								
420.00	160.00	30.00	10.00	1,050.00	1,050.00	2,000.00	2,000.00	54.5%	52.5%
185.00	135.00	10.00	5.00	550.00	1,600.00	1,600.00	3,600.00	34.4%	44.4%
365.00	115.00	—	5.00	775.00	2,375.00	2,200.00	5,800.00	35.2%	40.9%
160.00	90.00	—	—	425.00	2,800.00	1,400.00	7,200.00	30.4%	38.9%
215.00	215.00	30.00	10.00	1,100.00	3,900.00	3,400.00	10,600.00	32.4%	36.8%
105.00	105.00	25.00	25.00	300.00	4,200.00	2,000.00	12,600.00	15.0%	33.3%
44.00									
1,675.00	820.00								
275.00	100.00	20.00	10.00	885.00	885.00	2,000.00	2,000.00	44.3%	44.3%
275.00	100.00	20.00	20.00	700.00	1,585.00	2,100.00	4,100.00	33.3%	38.7%
300.00	125.00	25.00	20.00	830.00	2,415.00	2,200.00	6,300.00	37.7%	38.3%
290.00	115.00	30.00	25.00	785.00	3,200.00	2,450.00	8,750.00	32.0%	36.6%
450.00	105.00	30.00	30.00	1,045.00	4,245.00	3,400.00	12,150.00	30.7%	34.9%
525.00	140.00	40.00	30.00	745.00	4,990.00	3,600.00	15,750.00	20.7%	31.7%
			40.00						
2,115.00	685.00								

4. 일일식료 보고서 작성

식료원가 분석표를 첨부한 요약된 일일 식료원가 보고서가 보고용으로 작성되는데, 외식업체(호텔)에 따라 다음과 같이 다양하게 작성된다.

1) 가장 간단한 원가보고서의 일례

표 3-7		원가보고서 - (1)	
	오늘(TODAY)	오늘까지(TO DATE)	
		THIS WEEK	LAST WEEK
FOOD COST	745	4,990	4,200
FOOD SALES	3,600	15,750	12,600
COST PERCENTAGE	20.70%	31.70%	33.30%

이 보고서는 단일업장만을 가지고 있는 이식업체나 소규모 호텔에서 이용되는 보고이다. 그러나 다음과 같은 단점과 장점을 가지고 있다.

이 보고서에는 매출액과 원가에 관한 정보만 있을 뿐 그 밖에 다른 정보는 얻을 수 없다. 예컨대, 원가율이 전달에 비하여 높다고 했을 때, 이 보고서로는 그 원인을 파악할 수 없다.

원가관리의 근본 목적이 높은 원가의 원인을 찾아 개선책을 강구하는 데 있다면 이와 같은 보고서는 단지 수치제시에 불과한 것이다.

2) 직도분과 창고출분을 구분한 보고서의 일례

이 보고서는 오늘의 원가와 지난 주 오늘의 원가를 우선 비교할 수 있도록 작성되었다. 창고에서 출고된 것과 직도분을 구분하였다. 창고분의 경우는 육류와 그로서리로 부분하여 작성하였다. 그리고 주(週)까지의 누계에 대한 정보까지도 기록하였다.

결과적으로 원가를 보다 구체적으로 관리할 수 있는 정보를 제공할 수 있도록 보고서가 작성되었다.

표 3-8			원가보고서 - (2)	

	오늘(TODAY)	지난주 오늘	오늘까지(TO DATE) THIS WEEK	오늘까지(TO DATE) LAST WEEK
FOOD COST	745	300	4,990	4,200
FOOD SALES	3,600	2,000	15,750	12,600
COST PERCENTAGE	20.70%	15%	31.70%	33.30%
COST BREAKDOWN				
DIRECTS	80	90	2,170	1,665
STORES :	665	210	2,800	2,495
meats	525	105	2,115	1,675
groceries	140	105	685	820

3) 세분화된 일일원가보고서의 일례

원가관리 제도가 비교적 잘 정착된 호텔에서 사용하고 있는 보고서이다. 직도분을 세부적으로 구분하였고, 창고로부터 공급받은 아이템에 대해서도 세부적으로 구분하였다. 그리고 전체 원가에서 각 그룹이 차지하는 원가를 원가율로 표시하였기 때문에 높은 원가의 원인을 규명하고, 개선책을 강구하는 데 필요한 정보를 제공받을 수 있도록 작성된 원가보고서이다.

예컨대, 이번 주간(여기서는 6일) 매출액은 15,750원이고, 원가는 4,990원이다. 즉, 15,750원을 벌기 위해서 4,990원어치의 식재료가 소비되었다는 것이다. 그리고 4,990원어치의 식재료 중 야채는 850원(5.4%), 과일은 575원(3.7%), 유제품은 505원(3.2%)… 등이 소비되었다는 해석이다.

매출액의 변화(감소 또는 증가)에 따라 각 그룹의 야채, 과일, 유제품 등의 소비량은 변할 수 있다. 이 변화와 메뉴상 아이템의 분석에서 나온 결과를 비교하여 고객의 소비패턴을 파악할 수도 있다. 이와 같은 방법으로 원가보고서를 보다 구체적으로 작성하여 이용하면 구매·저장·판매에 대해 보다 종합적인 관리를 할 수 있는 정보가 제공된다.

표 3-9

원가 보고서 - (3)

DESCRIPTION	TODAY	THIS WEEK	LAST WEEK	TO DATE			아이템별	야 채	과일	유제품	계란	직도분류계	쇠고기	가금류	프리바인	기타	육류중계	청고분류계	조리용-주류	9획 직접 공급권 식부
				SAME WEEK	LAST WEEK	LAST MONTH														
FOOD SALES	3,650	15,750	12,600				이번주	850(5.4%)	575(3.7%)	595(3.2%)	240(1.3%)	2,170(13.8%)	1,100(7.0%)	680(4.4%)	230(1.5%)	95(0.6%)	2,115(13.4%)	685(4.3%)	165(1.0%)	1,450(9.9%)
FOOD COST	745	4,990	4,300				지난주	675(5.4%)	450(3.6%)	325(2.6%)	215(1.7%)	1,665(13.2%)	925(7.3%)	465(3.7%)	245(1.9%)	80(0.6%)	1,675(13.3%)	820(6.5%)	96(0.8%)	450(0.6%)
%	20.7%	31.7%	33.3%																	

4) 보다 세분화된 일일식음료 원가보고서의 일례

다음에 제시된 보고서는 서울에 소재하는 특정 특1등급 호텔의 실제 일일 식음료 보고서이다. 이 보고서로부터 각 업장별 매출액, 식음료 전체에 대한 원가의 일계와 일계를 누계한 수치들이 정리되어 월말 원가보고서를 만드는 기초자료로 활용한다.

◆ DAILY F&B COST SUMMARY

일일 원가보고서를 작성하기 위한 것으로 각 업장에서 D/M/L에 의해서 직접 공급받은(직도분) 식료와 음료, 각 업장간의 상호대체, 종업원의 식사, 그리고 크레디트의 가치를 종합하여 정리한 요약표이다.

먼저 〈표 3-10〉의 가로란을 해석해 보면,

① 각 업장을 기록한다.

여기서는 Butchery, Pastry, 메인 주방을 하나로 묶고, 나머지 업장 주방을 나열하였다.

② 두 번째 난의 Food Inventory란의 하부에 있는 항목들은 다음과 같이 설명된다.

- Direct

D/M/L에 의해서 각 업장에 직접 공급된 식료와 음료의 가치를 기록한다.

예를 들어, 메인 주방에서는 3,495,715원어치를 공급받았다.

- F. Store

물품 청구서에 의해서 공급받은 식료와 음료의 가치를 기록한다.

예를 들어, Butchery에서는 1,331,171원어치를 공급받았다.

- I/K Transfer

업장상호간 주고받은 식료와 음료의 가치를 기록한다.

이 경우, 공급한 주방은 원가에서 공급한 가치만큼을 공제하고, 공급받은 주방에서는 공급받은 가치만큼을 원가에 더한다.

예를 들어, 제과제빵 주방의 경우 1,995,546원어치에 해당하는 식료를 다른 업장 주방에 공급했다.

- O / C Food
  O / C Food 의 가치를 기록한다.

③ 합계를 기록한다.

①항과 ②항의 Direct란의 수치와 F. Store란의 수치를 합계하여 I / K Transfer란의 수치를 가감(加減)하여 합계를 계산한다.

예를 들어, Butchery의 경우에 직도분은 없고, 식료저장고에서 공급받은 1,331,171원어치와 주방상호간 대체양식에 의해서 공급받은 식료 1,243,893원어치의 합계 2,575,064원어치가 합계란(Total)의 수치가 된다.

④ 순원가를 기록한다.

마지막 난(Net Cost)의 가치는 주방에서 공급받은 음료의 가치와 바에서 공급받은 식료의 가치를 가감(加減)하여 계산한다.

예를 들어, 업장 7의 경우를 보면 상호대체에 의해서 다른 주방에 공급한 식료의 가치 1,749,066원과 O/C Food란의 -1,469,203원의 가치를 감(減)한 합계란의 279,863원에서 Bev. To Food(I/B Transfer)의 128,970원어치를 더한 408,833원이 된다.

※ 음료의 경우도 같은 방법으로 해석하면 된다.

다음은 세로란을 해석해 보면,

① 각 업장에 D/ M/ L에 의해서 공급받은 식료의 가치를 소계한다.

여기서는 Butchery, Pastry, Main Kitchen의 소계(Sub Total) 3,532,315원이다. 그리고 각 업장의 소계(5,271,976원)를 더한 계(Total) 8,804,291원이 된다.

② 음료(Bev. Cost)의 경우도 같은 방법으로 해석하면 된다.

③ 하단의 S/C Meal(Total)란은 종업원 식당에서 공급받은 식료의 가치를 말한다.

④ Oth. Credit(Total)은 O/C FOOD란에 포함된 것을 제외한 기타 항목의

합계이다.

⑤ Inventory(Total)란은 각 업장의 Open Stock의 가치를 기록한 것이다.

⑥ Grand Total란은 ①항에서 ⑤항까지를 합계한 것이다.

표 3-10 Daily F & B Cost Summary(Today) ①

DATE : 0000 / 00 / 00

ACCOUNT DEPT.	DIRECT	FOOD INVENTORY				BEVERAGE INVENTORY				NET COST
		F.STORE	I/K TRANS	O/C FOOD	TOTAL	B.STORE	I/B TRANS	O/C BEV.	TOTAL	
FOOD COST BUTCHERY	0	1,331,171	1,243,883	0	2,575,064	0	0	0	0	2,575,064
PASTRY	36,600	0	-1,995,546	0	-1,958,946	0	0	0	0	-1,958,946
MAIN KIT.	3,495,715	0	-1,590,139	0	1,905,576	0	0	0	0	1,905,576
[S-T]	3,532,315	1,331,171	-2,341,792	0	2,521,694	0	0	0	0	2,521,694
업장 1	0	0	388,495	-45,494	343,001	0	0	0	0	343,001
업장 2	892,118	0	-1,871,293	-184,814	-1,163,989	0	0	0	0	-1,163,989
업장 3	1,270,572	0	319,159	-212,000	1,377,731	0	0	0	0	1,377,731
업장 4	2,170,481	0	-2,881,891	-297,807	-1,009,217	0	0	0	0	-1,009,217
업장 5	0	0	386,724	-76,717	310,007	0	0	0	0	310,007
업장 6	929,096	0	-1,059,142	-422,483	-552,527	0	7,667	0	7,667	-544,862
업장 7	0	0	1,749,066	-1,469,203	279,863	0	128,970	0	128,970	408,833
업장 8	0	0	797,828	-51,334	746,494	0	0	0	0	746,494
업장 9	0	0	-2,262,813	-59,305	-2,322,118	0	0	0	0	-2,322,118
업장 10	9,709	0	808,964	-266,072	552,601	0	16,600	0	16,600	569,201
업장 11	0	0	180,779	-31,328	149,451	0	0	0	0	149,451
업장 12	0	0	10,088	-16,066	-5,978	0	0	0	0	-5,978
업장 13	0	0	-665,034	-1,210	-666,244	0	0	0	0	-666,244
업장 14	0	0	639,958	-14,764	625,194	0	0	0	0	625,194
업장 15	0	0	180,670	0	180,670	0	0	0	0	180,670
업장 16	0	0	7,576,491	0	7,576,491	0	0	0	0	7,576,491
[TOTAL]	8,804,291	1,331,171	1,956,257	-3,148,597	8,943,122	0	153,237	0	153,237	9,096,359

표 3-10 (계속)　　　　Daily　F & B　Cost　Summary(Today)　②

DATE : 0000 / 00 / 00

ACCOUNT DEPT.	FOOD INVENTORY					BEVERAGE INVENTORY				NET COST
	DIRECT	F.STORE	I/K TRANS	O/C FOOD	TOTAL	B.STORE	I/B TRANS	O/C BEV.	TOTAL	
BEV.COST										
영업 1	0	0	0	0	0	0	-2,215,684	-7,228	-2,222,922	-2,222,922
영업 2	0	0	0	0	0	0	265,157	-3,201	261,956	261,956
영업 3	0	0	0	0	0	0	1,580,515	-559	1,579,956	1,579,956
영업 4	0	0	0	0	0	-73,600	800,668	-3,581	723,487	723,487
영업 5	0	0	0	0	0	0	553,172	-14,067	539,105	539,105
영업 6	0	0	0	0	0	0	-2,064,664	-19,068	-2,083,732	-2,083,732
영업 7	0	0	418	0	418	0	-493,767	-109,936	-603,703	-603,285
영업 8	0	0	7,600	0	7,600	0	-390,120	-2,555	-392,675	-385,075
영업 9	0	0	0	0	0	0	-1,265,493	-23,968	-1,289,461	-1,289,461
영업 10	0	0	0	0	0	238,000	-422,991	-58,546	-243,537	-243,537
영업 11	0	0	0	0	0	0	479,662	0	479,662	479,662
영업 12	0	0	102,460	0	102,460	15,828	-376,645	-8,019	-368,836	-368,836
영업 13	0	0	3,328	0	3,328	0	1,733,057	0	1,733,057	1,835,517
영업 14	0	0	0	0	0	0	263,723	-5,617	258,106	261,434
영업 15	0	0	0	0	0	107,700	-1,000,532	0	-892,832	-892,832
영업 16	0	0	0	0	0	0	-968,813	-4,866	-973,679	-973,679
[TOTAL]	0	0	113,006	0	113,006	287,928	-3,522,755	-261,221	-3,496,048	-3,382,242
S/C MEAL [TOTAL]	2,485,405	0	2,762,288	0	5,247,693	0		0	0	5,247,693
OTH.CREDIT [TOTAL]	0	0	12,146,996	3,148,597	15,295,533	0	1,374,703	261,221	1,635,924	16,931,517
INVENTORY [TOTAL]	0	0	-16,979,347	0	-16,979,347	0	1,994,815	0	1,994,815	-14,984,532
[GRAND TOTAL]	11,289,696	1,331,171	0	0	12,620,867	287,928	0	0	287,928	12,908,795

◆ DAILY F & B COST SUMMARY(M-T-D)

일일 식음료 원가요약표를 누계하여 작성한 것으로, 일일 식음료 원가요 약표와 같은 방법으로 해석하면 된다.

◆ DAILY FOOD & BEVERAGE SALES REPORT

각 업장의 영업의 결과가 기록되어 있다. 즉, 식료와 음료에 대한 매출상 황, 고객 상황, 그리고 객실상황에 대한 일계와 누계를 정리하였다.

• 고객현황을 기록한다.

아침·점심·저녁으로 구분하여 객실 손님과 외부 손님을 구분하였다. 그 리고 식당을 이용한 객실 손님이 전체 객실 손님 중에서 차지하는 비(比)를 기록하고, 일일 매출액과 일일 매출액을 누계한 오늘까지의 누계를 정리하 였다.

예를 들어, 업장 1의 경우 점심과 저녁에 서빙한 고객의 총 수는 90명인데, 그 중에서 투숙객이 3명이고 87명이 외부고객이다.

그 다음 IH% 수치 0.0은 그 날의 객실고객의 수에서 식당을 이용한 고객 의 비를 표시한 것이다.

점심의 경우 IH/GR 수의 비(0 ÷ 331 = 0%)는 0%이고, 저녁의 경우는 (3 ÷ 331 = 0.9%) 0.9%가 된다. 그리고 마지막의 (T)란의 경우는 점심과 저녁을 합계한 비를 나타낸 것이다.

• 일일 고객현황을 누계한 이 달의 오늘까지의 누계를 기록한다.

다음의 COVER 〈M - T - D〉는 오늘까지의 누계를 정리한 것이다. 이 보 고서가 2006년 1월 31일이므로 31일간(1개월)의 누계가 정리된 것이다.

• 작년 같은 기간의 일일 고객현황을 누계한 이 달의 오늘까지의 누계를 기록한다.

• 고객이 소비한 금액을 기록하였다.

점심시간에 고객 45명이 880,220원을 식료에 소비하였다는 기록이고, 객당 평균 19,560원(880,220 ÷ 45)어치의 식료를 소비하였다는 기록이다.

- M ─ T ─ D AV. SPD를 기록한다.

  하루하루를 누계한 오늘까지의 평균 객단가를 기록한다.

- L / Y M ─ T ─ D AV. SPD를 기록한다.

  전년도의 같은 기간 동안의 하루하루를 누계한 오늘까지의 평균 객단가를 기록한다.

- 음료에 대한 영업결과를 기록한다.

  식료와 같은 방법으로 해석하면 된다.

- 마지막 난의 Combined Sales란을 기록한다.

  식료와 음료를 합계하여 계산하면 된다.

표 3-11 Daily Food & Beverage Sales Report ①

DATE : 0000 / 00 / 00
DAY : FRI
WEATHER : SNOW

[UNIT : WON] *ROOM OCCUPANCY *TODAY : 788 ROOMS [159.19%] 331 GUESTS / M-T-D :: 11,383 ROOM [74.18%] 13,582 GUESTS

DEPARTMENT	COVER<TODAY> U/H	W/I	TOTAL	IH%	COVER<M-T-D> U/H	W/I	TOTAL	IH%	L/YEAR M-T-D U/H	W/I	TOTAL	FOOD SALES TODAY	AV.SPD	M-T-D	AV.SPD	L/Y M-T-D	AV.SPD
영업 1 -LNCH	0	45	45	0.0	10	881	891	0.1	7	767	774	880,220	19,560	17,033,913	19,118	12,967,390	16,754
-DINR	3	42	45	0.9	56	567	623	0.4	106	524	630	1,572,699	34,949	23,067,824	37,027	24,382,270	38,702
<T>	3	87	90	0.9	66	1,448	1,514	0.5	113	1,291	1,404	2,452,919	27,255	40,101,737	26,487	37,349,660	26,602
영업 2 -LNCH	1	35	36	0.3	55	811	866	0.4	50	821	871	1,012,700	28,131	24,300,583	28,061	24,018,769	27,576
-DINR	7	18	25	2.1	217	896	1,113	1.6	226	1,007	1,233	735,415	29,417	31,477,794	33,673	38,538,929	31,256
<T>	8	53	61	2.4	272	1,707	1,979	2.0	276	1,828	2,104	1,748,115	28,658	61,778,377	31,217	62,557,698	29,733
영업 3 -LNCH	0	38	38	0.0	26	1,044	1,070	0.2	16	1,155	1,171	1,922,570	50,594	37,940,606	35,459	36,206,774	30,920
-DINR	4	38	42	1.2	116	1,644	1,760	0.9	124	1,773	1,897	2,129,033	50,691	94,004,550	53,412	81,878,944	43,162
<T>	4	76	80	1.2	142	2,688	2,830	1.0	140	2,928	3,068	4,051,603	50,645	131,945,156	46,624	118,085,718	38,489
영업 4 -BKFT	3	229	232	0.9	136	833	969	1.0	385	561	946	2,532,280	10,915	17,082,141	17,529	15,496,840	16,381
-LNCH	4	77	81	1.2	67	2,087	2,154	0.5	65	2,262	2,327	2,856,793	35,269	79,831,015	37,062	83,999,729	36,098
-DINR	6	46	52	1.8	176	1,612	1,788	1.3	253	1,913	2,166	3,067,050	58,982	95,294,152	53,297	118,611,669	54,761
<T>	13	352	365	3.9	379	4,532	4,911	2.8	703	4,736	5,439	8,456,123	23,167	192,207,308	39,138	218,108,238	40,101
영업 5 -LNCH	1	41	42	0.3	61	890	951	0.4	56	903	959	836,810	19,924	20,786,451	21,857	21,399,018	22,314
-DINR	4	58	62	1.2	481	1,392	1,873	3.5	569	1,344	1,913	1,735,475	27,992	52,321,879	27,935	51,021,020	26,671
<T>	5	99	104	1.5	542	2,282	2,824	4.0	625	2,247	2,872	2,572,285	24,734	73,108,330	25,888	72,420,038	25,216
영업 6 -BKFT	0	0	0	0.0	0	0	0	0.0	0	0	0						0
-LNCH	0	54	54	0.0	77	2,958	3,035	0.6	26	3,848	3,874	1,153,624	21,364	64,414,835	21,224	78,535,647	20,278
-DINR	5	136	141	1.5	242	4,428	4,670	1.8	153	5,930	6,083	3,659,134	25,961	117,174,329	25,091	146,283,000	24,048
<T>	5	190	195	1.5	319	7,386	7,705	2.3	179	9,778	9,957	4,812,768	24,681	181,589,164	23,568	224,838,647	22,581
영업 7 -BKFT	155	860	1,015	46.8	3,052	4,440	7,492	22.5	3,700	1,892	5,592	10,970,999	10,809	89,096,311	11,892	64,905,252	11,607
-LNCH	12	105	117	3.6	522	3,501	4,023	3.8	443	3,226	3,669	1,275,520	10,902	44,016,945	10,941	27,392,140	7,466
-DINR	45	316	361	13.6	1,126	9,720	10,846	8.3	928	10,682	11,610	2,359,461	7,090	64,704,397	5,966	71,161,605	6,129
-SNK1	0	0	0	0.0	0	0	0	0.0	316	4,297	4,613			0		22,209,575	4,815
-SNK2	39	144	183	11.8	538	2,677	3,235	4.1	385	1,639	2,024	560,484	3,063	14,947,934	4,621	18,771,840	9,275
<T>	251	425	1,676	75.8	5,258	20,338	25,596	38.7	5,772	21,736	27,508	15,366,464	9,169	212,765,587	8,312	204,440,412	7,432

표 3-11(계속)   Daily Food & Beverage Sales Report ②

DEPARTMENT	**COVER <TODAY>**				**COVER<M-T-D>**				**L/YEAR M-T-D**			TODAY	AV. SPD	**FOOD SALES**			
	[I/H]	[W/I]	TOTAL	IH%	[I/H]	[W/I]	TOTAL	IH%	[I/H]	[W/I]	TOTAL			M-T-D	AV.SPD	L/Y M-T-D	AV. SPD
영업 8 -LNCH	1	171	172	0.3	123	4,499	4,622	0.9	111	3,778	3,889	705,080	4,099	18,761,457	4,059	13,836,630	3,558
-DINR	5	274	279	1.5	190	6,780	6,970	1.4	191	8,588	8,779	763,820	2,738	19,790,438	2,839	27,899,970	3,178
<T>	6	445	451	1.8	313	11,279	11,592	2.3	302	12,366	12,668	1,468,900	3,257	38,551,895	3,326	41,736,600	3,295
영업 9 -BKFT	2	0	2	0.6	108	245	353	0.8	95	218	313	25,000	12,500	6,806,200	19,281	5,542,380	17,707
-LINR	2	32	34	0.6	24	387	411	0.2	9	425	434	684,900	20,144	11,949,282	29,074	11,975,574	27,593
-DINR	5	19	24	1.5	68	879	947	0.5	148	1,017	1,165	1,312,100	54,671	49,918,725	52,712	50,712,113	43,530
-SNAK	14	24	38	4.2	513	1,380	1,893	3.8	335	1,266	1,601	315,600	8,305	7,885,335	4,166	3,944,530	2,464
<T>	23	75	98	6.9	713	2,891	3,604	5.2	587	2,926	3,513	2,337,600	23,853	76,559,542	21,243	72,174,597	20,545
영업 10 -BKFT	61	5	66	18.4	1,418	23	1,441	10.4	1,621	12	1,633	760,595	11,524	17,778,125	12,337	17,792,040	10,895
-LNCH	13	0	13	3.9	260	39	299	1.9	299	0	299	235,470	18,113	3,938,330	13,172	3,830,525	12,811
-DINR	11	18	29	3.3	1,006	121	1,127	7.4	931	16	947	441,680	15,230	17,381,876	15,423	13,602,450	14,364
-SNAK	7	0	7	2.1	656	0	656	4.8	480	0	480	116,100	16,586	8,841,855	13,478	6,599,625	13,749
<T>	92	23	115	27.8	3,240	183	3,523	24.6	3,331	28	3,359	1,553,845	13,512	47,940,186	13,608	41,824,640	12,452
영업 11 <T>	6	101	107	1.8	93	3,369	3,462	0.7	46	3,138	3,184	1,072,315	10,022	35,434,090	10,235	31,890,894	10,016
영업 12 <T>	15	67	82	4.5	375	1,422	1,797	2.8	332	1,192	1,524	0	0	1,289,300	717	2,084,646	1,368
영업 13 -LNCH	16	199	215	4.8	258	5,900	6,158	1.9	224	6,136	6,360	438,130	2,038	9,735,360	1,581	9,189,670	1,445
-DINR	59	399	458	17.8	1,360	8,557	9,917	10.0	1,300	9,340	10,640	285,150	623	4,066,555	410	5,886,990	553
<T>	75	598	673	22.7	1,618	14,457	16,075	11.9	1,524	15,476	17,000	723,280	1,075	13,801,915	859	15,076,660	887
영업 14 -LNCH	1	4	5	0.3	37	114	151	0.3	0	0	0	39,614	7,923	1,003,229	6,644	0	0
-DINR	1	35	36	0.3	84	1,269	1,353	0.6	0	0	0	242,260	6,729	8,040,823	5,943	0	0
<T>	2	39	41	0.6	121	1,383	1,504	0.9	0	0	0	281,874	6,875	9,044,052	6,013	0	0
영업 15 <T>	193	0	193	58.3	5,095	0	5,095	37.5	5,045	178	5,223	81,500	422	4,589,900	901	12,130,790	2,323
*TOTAL REST.	701	3,630	4,331	211.8	18,646	75,365	94,011	137.3	18,975	79,848	98,823	46,979,591	10,847	1,120,706,539	11,921	1,154,719,238	11,685
영업 16 -BKFT	0	20	20	0.0	0	1,309	1,309	0.0	118	1,593	1,711	440,000	22,000	18,991,569	14,508	24,776,541	14,481
-LNCH	0	76	76	0.0	10	3,830	3,848	0.1	54	4,684	4,738	2,748,000	36,158	125,945,071	32,730	132,277,010	27,918
-DINR	0	0	0	0.0	95	4,824	4,919	0.7	87	6,203	6,290	0	0	169,598,360	34,478	200,177,180	31,825
-SNAK	0	0	0	0.0	0	0	0										
<T>	0	96	96	0.0	105	9,971	10,076	0.8	259	12,480	12,739	3,188,000	33,208	314,535,000	31,216	357,220,731	28,042
**GRAND TOT.	701	3,726	4,427	211.8	18,751	85,336	104,087	138.1	19,234	92,328	111,562	50,167,591	11,332	1,435,241,539	13,789	1,511,949,969	13,553

< IH%/RG: I/H COVER % OF ROOM GUEST, *AV.W/I: DAILY AVERAGE W/I COVER, *AV.SPD: AVERAGE SPEND A COVER >

표 3-11(계속)   Daily   Food & Beverage   Sales Report ③

DEPARTMENT	**BEV. SALES** TODAY	AV.SPD	M-T-D	AV.SPD	L/Y M-T-D	AV.SPD	**COMBINED SALES** TODAY	AV.SPD	M-T-D	AV.SPD
장 1 -LNCH	144,200	3,204	2,471,620	2,774	2,730,100	3,527	1,024,420	22,765	19,505,533	21,892
-DINR	365,300	8,118	6,302,310	10,116	7,251,655	11,511	1,937,999	43,067	29,370,134	47,143
‹T›	509,500	5,661	8,773,930	5,795	9,981,755	7,110	2,962,419	32,916	48,875,667	32,282
장 2 -LNCH	58,370	1,621	1,062,430	1,227	1,590,840	1,826	1,071,070	29,752	25,363,013	29,288
-DINR	76,400	3,056	5,144,820	4,622	5,538,790	4,492	811,815	32,473	42,622,614	38,295
‹T›	134,770	2,209	6,207,250	3,137	7,129,630	3,389	1,882,885	30,867	67,985,627	34,354
장 3 -LNCH	293,400	7,721	3,660,310	3,421	3,294,540	2,813	2,215,970	58,315	41,600,916	38,879
-DINR	738,500	17,583	15,210,568	8,642	16,672,155	8,789	2,867,533	68,275	109,215,118	62,054
‹T›	1,031,900	12,899	18,870,878	6,668	19,966,695	6,508	5,083,503	63,544	150,816,034	53,292
장 4 -BKFT	13,000	56	365,400	377	350,900	371	2,545,280	10,971	17,447,541	18,006
-LNCH	140,170	1,730	5,246,150	2,436	5,450,590	2,342	2,996,963	37,000	85,077,165	39,497
-DINR	470,838	9,055	18,480,834	10,336	20,090,935	9,276	3,537,888	68,036	113,774,986	63,633
‹T›	624,008	1,710	24,092,384	4,906	25,892,425	4,761	9,080,131	24,877	216,299,692	44,044
장 5 -LNCH	148,520	3,536	5,069,970	5,331	4,700,070	4,901	985,330	23,460	25,856,421	27,189
-DINR	718,680	11,592	22,357,110	11,937	19,939,750	10,423	2,454,155	39,583	74,678,989	39,871
‹T›	867,200	8,338	27,427,080	9,712	24,639,820	8,579	3,439,485	33,072	100,535,410	35,600
장 6 -BKFT	0	0	0	0	0	0	0	0	0	0
-LNCH	72,600	1,344	7,007,590	2,309	6,962,570	1,797	1,226,224	22,708	71,422,425	23,533
-DINR	491,200	3,484	15,943,890	3,414	15,921,125	2,617	4,150,334	29,435	133,118,219	28,505
‹T›	563,800	2,891	22,951,480	2,979	22,883,675	2,298	5,376,568	27,572	204,540,644	26,546
장 7 -BKPT	117,180	115	3,358,190	448	1,637,860	293	11,088,179	10,924	92,454,501	12,340
-LNCH	223,000	1,906	6,009,150	1,494	7,231,665	1,971	1,498,520	12,808	50,026,095	12,435
-DINR	356,490	3,758	36,875,295	3,400	39,326,200	3,387	3,915,951	10,848	101,579,692	9,366

표 3-11(계속)　　　　Daily　Food & Beverage　Sales　Report ④

DEPARTMENT	**COVER <TODAY>**						**COVER<M-T-D>**			
	TODAY	AV.SPD	M-T-D	AV.SPD	LY M-T-D	AV.SPD	TODAY	AV.SPD	M-T-D	AV.SPD
영업 8 -LNCH	167,500	974	6,189,760	1,339	5,315,650	1,367	872,580	5,073	24,951,217	5,398
-DINR	632,200	2,266	18,420,780	2,643	17,914,555	2,041	1,396,020	5,004	38,211,218	5,482
<T>	799,700	1,773	24,610,540	2,123	23,230,205	1,834	2,268,600	5,030	63,162,435	5,449
영업 9 -BKFT	0	0	10,500	30	39,250	125	25,000	12,500	6,816,700	19,311
-LINR	91,750	2,699	2,144,950	5,219	1,791,630	4,128	776,650	22,843	14,094,232	34,293
-DINR	461,699	19,237	15,439,761	16,304	17,907,773	15,371	1,773,799	73,908	65,358,486	69,016
-SNAK	888,546	23,383	37,588,579	19,857	27,763,612	17,341	1,204,146	31,688	45,473,914	24,022
<T>	1,441,995	14,714	55,183,790	15,312	47,502,265	13,522	3,779,595	38,567	131,743,332	36,555
영업 10 -BKFT	42,500	644	1,129,940	784	1,344,150	823	803,095	12,168	18,908,065	13,121
-LNCH	3,200	246	401,240	1,342	298,165	997	238,670	18,359	4,339,570	14,514
-DINR	24,000	820	2,392,830	2,123	2,163,550	2,285	465,680	16,058	19,774,706	17,546
-SNAK	8,000	1,143	1,819,540	2,774	1,155,465	2,407	124,100	17,729	10,661,395	16,252
<T>	77,700	676	5,743,550	1,630	4,961,330	1,477	1,631,545	14,187	53,683,736	15,238
영업 11 <T>	380,500	3,556	1,698,850	491	2,748,700	863	1,432,815	13,578	37,132,940	10,726
영업 12 <T>	705,590	8,605	25,872,410	14,398	19,763,765	12,968	705,590	8,605	27,161,710	15,115
영업 13 -LNCH	927,610	4,314	33,785,050	5,486	21,884,520	3,441	1,365,740	6,352	43,520,410	7,067
-DINR	3,258,120	7,114	68,969,828	6,955	73,036,230	6,866	3,543,270	7,736	73,036,383	7,365
<T>	4,185,730	6,220	102,754,878	6,392	94,937,750	5,585	4,909,010	7,294	116,556,793	7,251
영업 14 -LNCH	5,850	1,170	208,620	1,382	0	0	45,464	9,093	1,211,849	8,025
-DINR	55,180	1,533	3,675,270	2,716	0	0	297,440	8,262	11,716,093	8,659
<T>	61,030	1,489	3,883,890	2,582	0	0	342,904	8,364	12,927,942	8,596
영업 15 <T>	911,350	4,722	48,988,195	9,615	48,988,165	9,379	992,850	5,144	53,578,095	10,516
*TOTAL REST.	14,734,033	3,402	442,529,100	4,707	426,337,585	4,314	61,713,624	14,249	563,235,639	16,628
영업 16 -BKFT	0	0	281,500	215	156,800	92	440,000	22,000	19,273,069	14,724
-LNCH	49,000	645	9,744,100	2,532	13,766,950	2,906	2,797,000	36,803	135,689,171	35,262
-DINR	0	0	25,361,740	5,156	30,385,400	4,831	0	0	194,960,100	39,634
-SNAK	0	0	0		0		0	0	0	0
<T>	49,000	510	35,387,340	3,512	44,309,150	3,478	3,237,000	33,719	349,922,340	34,728
**GRAND TOT.	14,783,033	3,339	477,916,440	4,592	470,646,735	4,219	64,950,624	14,671	913,157,979	18,380

❧ MONTHLY FOOD & BEVERAGE SALES REPORT ☙

보고서는 "DAILY FOOD SALES REPORT"에 의하여 작성되는 것으로 양식과 작성방법은 동일하다. 일별의 누계가 1개월 간 집계된 M-T-D와 Y-T-D가 기록된다.

◆ DAILY FOOD & BEVERAGE REPORT

이 보고서는 〈표 3-10〉에 제시된 Daily F & B Cost Summary 〈Today〉를 기초로 하여 작성된 보고서로 전체 업장의 원가를 종합하여 정리한 보고서이다.

〈표 3-12〉에 제시된 Daily Food & Beverage Report의 내용을 다음과 같이 해석할 수 있다.

• 먼저 가로란을 해석해 보면,

식료와 음료, 그리고 식료와 음료를 혼합한 원가로 분류하였다. 그리고 오늘과 이 달의 오늘까지의 누계(M-T-D)가 각각 정리되어 있다.

① Direct Issue의 총계를 기록한다.

　오늘의 직도분(Direct Issues)은 11,289,696원으로, 이 수치는 Daily F & B Summary〈Today〉의 Direct란의 하단 총계(Grand Total)의 11,289,696원과 일치한다.

② Direct Issue가 총매출액에서 차지하는 비를 기록한다.

　22.50%는 오늘의 직도분(Direct Issues) 11,288,696원을 총매출액 50,167,591원으로 나누어서 얻는다.

　그리고 총매출액 50,167,591원은 〈표 3-11〉의 Daily F & B Sales Report의 Food Sales란의 Today의 가장 하단의 Grand Total의 수치와 일치한다.

③ M-T-D의 총계를 기록한다.

　오늘까지의 직도분(Direct Issues)은 310,897,928원으로 이 수치는 Daily F & B Summary 〈M-T-D〉의 Direct란의 가장 하단 총계 (Grand Total)의 수치와 일치한다.

④ Direct Issues가 총매출액에서 차지하는 비를 기록한다.

21.66%는 오늘까지의 직도분(Direct Issues) 310,897,928원을 오늘까지의 총매출액 1,435,241,539원으로 나누어서 얻는다.

그리고 총매출액 1,435,241,539원은 〈표 3-11〉의 Daily F & B Sales Report의 Food Sales란 M-T-D의 가장 하단의 Grand Total의 수치, 또는 〈표 3-12〉 Monthly F & B Sales Report의 Food Sales란 M-T-D의 가장 하단의 Grand Total의 수치와 일치한다.

• 다음은 세로란을 해석해 보면,

① Direct Issue의 총계를 기록한다.

오늘의 직도분(Direct Issue)은 11,289,696원으로 이 수치는 Daily F & B Summary〈Today〉의 Direct란의 가장 하단 총계(Grand Total)의 하단 총계(Grand Total)의 11,289,696원과 일치한다.

② 다음은 저장고에서 출고된 식료의 가치를 기록한다.

저장고에서 식료와 음료 청구서에 의해서 각 업장에 공급된 가치로서 1,331,171원이다. 이 수치는 〈표 3-10〉의 Daily F & B Cost Summary의 가장 하단의 Grand Total의 수치 1,331,171원과 일치한다.

③ Food To Beverage의 가치를 기록한다.

이 수치는 식료가 음료 업장으로 이동한 것으로 그 가치는 -113,806원이다. 그리고 수치 앞에 (-)부호가 붙는 것은 식료의 원가에서 그 가치만큼을 감(減)한다는 뜻이다. 또한 이 수치는 〈표 3-10〉의 Daily Food Cost Summary Bev. Cost 부분의 I / K Transfer란의 하단 계 113,806원과 동일한 수치이다.

④ Bev. To Food란의 가치를 기록한다.

이 수치는 음료가 식료 업장으로 이동한 것으로 그 가치는 153,237원이다. 그리고 수치 앞에 (-)부호가 없는 것은 식료원가에 그 가치만큼을 더한다는 뜻이다. 또한 이 수치는 〈표 3-10〉의 Daily Food Cost 부분의 I / B Transfer란의 하단 계 153,237원과 동일한 수치이다.

⑤ Gross Cost of Consumed의 가치를 기록한다.

Direct Issues + Store Issues - Food To Bev. + Bev. To Food이다.

⑥ S. Canteen Meal의 가치를 기록한다.

이 가치는 -5,247,693원으로 〈표 3-10〉 Daily F & B Cost Summary 하단 S/C Meal의 계 5,247,693원과 일치하여야 한다. 그리고 수치 앞의 (-)부호는 식료원가에서 그 가치만큼을 감한다는 뜻이다.

⑦ Other Credit 가치를 기록한다.

이 가치는 -15,295,593원으로 〈표 3-10〉의 Daily F & B Summary 하단 OTH. Credit의 계의 수치와 같다. 그리고 수치 앞의 (-)부호는 식료원가에서 그 가치만큼을 감한다는 뜻이다.

⑧ Inventory란

16,979,343원이라고 기록되어 있으나 계산하지 않은 것은 각 영업장의 일일원가 계산에서는 재고가 0으로 간주하기 때문이다.

⑨ Net Cost Sold의 가치를 기록한다.

⑤ - ⑥ - ⑦로 -7,882,988원이 된다.

⑩ 각 영업장의 순 원가를 기록한다.

각 영업장의 순원가는 〈표 3-12〉의 Daily F & B Summary Net Cost란의 수치와 일치한다.

표 3-12　　　Daily　Food　&　Beverage　Report

DATE : 0000/00/00
DAY : FRI
WEATHER : SNOW

*ROOM OCCUPANCY　TODAY 788 ROOMS [159.19%] .331 GUESTS / M-T-D : 11,383 ROOM [74.18%] 11,582 GUESTS

EXPLANATION	**FOOD COST					**BEV. COST					**COMBINED COST				
	TODAY	%	M-T-D	%	L-YEAR M-T-D%	TODAY	%	M-T-D	%	L-YEAR M-T-D%	TODAY	%	M-T-D	%	L-YEAR M-T-D%
DIRECT ISSUES	11,289,696	22.50	310,897,928	21.66	.00	0	.00	80,107,643	.00	.00	11,289,696	17.38	310,897,928	16.25	.00
STORE ISSUES	1,321,171	2.65	215,404,484	15.01	.00	283,928	1.95	9,229,840	16.76	.00	1,619,099	2.49	295,512,127	15.45	.00
FOOD TO BEV.	-113,806	-.23	-9,229,840	-.64	.00	113,806	.77	9,229,840	1.93	.00	0	.00	0	.00	.00
BEV. TO FOOD	153,237	.31	5,265,712	.37	.00	-153,237	-1.04	-5,265,712	-1.10	.00	0	.00	0	.00	.00
GROSS COST CONSUMED	12,660,298	25.24	522,338,284	36.39	.00	248,497	1.68	84,071,771	17.59	.00	12,908,795	19.87	606,410,055	31.70	.00
S. CANTEEN MEAL	-5,247,693	-10.46	-44,454,298	-3.10	.00			-1,123,200	-.24	.00	-5,247,693	-8.08	-45,577,498	-2.38	.00
OTHER CREDIT	-15,295,593	-30.49	-17,595,764	-1.23	.00	-1,635,924	-11.07	-2,720,424	-.57	.00	-16,931,517	-26.07	-20,316,188	-1.06	.00
INVENTORY	16,979,347		16,979,347		.00	-1,994,815		-1,994,815		.00	14,984,532		14,984,532		.00
NET COST SOLD	-7,882,988	-15.71	460,298,222	32.07	.00	-1,387,427	-9.39	80,228,147	16.79	.00	-9,270,415	-14.27	540,516,399	28.25	.00
업장 1	343,001	13.98	12,752,918	31.80	.00	-2,222,922	-406.29	2,461,597	28.06	.00	-1,879,921	-63.46	15,214,515	31.13	.00
업장 2	-1,163,989	-66.59	23,335,602	37.77	.00	261,956	194.37	1,193,250	19.22	.00	-902,033	-47.91	24,528,852	36.08	.00
업장 3	1,377,731	34.00	48,277,177	36.66	.00	1,579,956	153.11	3,564,956	20.96	.00	2,957,687	58.18	52,332,133	34.70	.00
업장 4	-1,009,217	-11.93	78,443,437	40.81	.00	723,487	115.94	4,658,429	19.96	.00	-285,730	-3.15	83,101,866	38.42	.00
업장 5	310,007	12.05	19,024,840	26.02	.00	539,105	62.17	6,936,900	19.34	.00	849,112	24.69	25,961,740	25.82	.00
업장 6	-544,962	-11.32	94,184,673	51.87	.00	-2,063,732	-369.59	4,927,564	25.29	.00	-2,628,594	-48.89	99,112,237	48.46	.00
업장 7	408,833	2.66	55,519,889	26.09	.00	-613,285	-24.73	6,682,906	21.47	.00	-194,452	-1.09	62,203,795	22.36	.00
업장 8	746,494	50.82	5,724,921	14.85	.00	-386,075	-48.15	2,485,756	10.21	.00	361,419	15.93	8,210,677	12.95	.00
업장 9	-2,322,118	-99.34	21,989,273	28.68	.00	-1,289,461	-89.42	15,876,272	9.98	.00	-3,611,579	-56.55	37,865,545	28.72	.00
업장 10	569,201	36.63	12,092,428	25.22	.00	-243,537	-313.43	1,038,098	28.77	.00	-325,664	19.96	13,130,526	24.46	.00
업장 11	149,451	13.94	8,914,838	25.16	.00	479,662	126.06	555,311	18.07	.00	629,113	43.30	9,773,149	26.32	.00
업장 12	-5,978		187,063	14.56	.00	-368,836	-52.27	5,156,988	50.52	.00	-374,814	-53.12	5,344,661	19.68	.00
업장 13	-666,244	-92.11	1,728,977	12.53	.00	1,835,517	43.85	10,121,596	19.93	.00	1,169,273	23.82	11,699,573	10.18	.00
업장 14	625,194	221.80	1,981,504	21.91	.00	261,434	428.37	487,784	9.86	.00	886,628	258.96	2,469,288	19.10	.00
업장 15	180,670	221.68	1,247,710	27.18	.00	-892,832	-97.97	6,446,933	12.56	.00	-712,162	-71.73	7,694,643	14.36	.00
TOTAL RESTAURANTS	-1,001,836	-2.13	385,475,850	34.40	.00	-2,408,563	-16.35	73,206,340	16.56	.00	-3,410,389	-5.53	458,744,190	29.35	.00
BANQUET	7,576,491	237.66	91,791,719	29.18	.00	-973,679	-1,987.10	4,964,992	14.03	.00	6,602,812	203.98	96,756,711	27.65	.00
MAIN KITCHEN	2,521,694	5.03	0	.00	.00	0		0	.00	.00	2,521,694	5.03	0	.00	.00
TOTAL NET COST	9,096,359	18.13	477,267,569	33.25	.00	-3,382,242	-22.88	78,220,332	16.37	.00	5,714,117	8.80	555,500,901	29.04	.00

MONTHLY FOOD & BEVERAGE REPORT

이 보고서는 Daily Food & Beverage Cost Summary에 의하여 작성되는 것으로 양식과 작성방법은 동일하다. 일별의 누계가 1개월 동안 집계된 M-T-D와 Y-T-D가 기록된다.

결국, 이와 같은 방법으로 각 영업장의 일별 원가가 집계되고, 일별 원가는 누계되어 월별 누계가 되며, 월별 누계는 1년간의 원가가 되는 것이다.

Ⅲ. 월말 식료 원가보고서의 실제 ▪▪▪

월말 원가계산의 시작은 재고자산의 실사로부터 시작된다. 계속재고기록법에 의하여 매일매일 각 지점에서의 물자흐름을 파악한다. 그리고 파악된 내용을 정해진 양식에 기록하여 장부상에서 원가를 계산한다는 것을 우리는 배웠다.

여기서는 식·음료 저장고와 각 생산지점(각 영업장주방), 판매지점(각 영업장)에 있는 재고를 실제 조사하여 그 결과를 기말재고로 기록한다. 그리고 여기에서의 기말재고는 다음 달의 기초재고가 되는 것이다.

그리고 한 달 동안에 구매한 식음료 재료의 총합을 계산하여 기초재고에 더한 다음, 기말재고를 감하면 계산적으로 식음료의 소비금액이 계산된다.[34] 이것을 우리는 총식료와 음료원가(Gross Cost of Food, 또는 Gross Cost of Beverage)라고 부른다.

여기에다 식료의 경우는 대체에 의해서 공급받은 음료의 가치를 취합하여 식료원가에 더하고, 반대로 음료의 경우는 대체에 의해서 공급받은 식료의 가치를 취합하여 음료의 원가에 더하면 된다.

그리고 한 달 동안에 소비된 식음료의 원가 총액은 단순하게 그 달에 소비된 총액을 의미하는 것이지, 이 가치가 고객에 의해서 소비되고 지불된 가치는 아니다.

일반적으로 생산지점에서 상품화된 식료와 음료는 다양한 항목으로 소비된다. 즉, 판매지점에서 제공되는 식료와 음료는 다양한 형태로 소비된다는 것이다. 통상 소비의 형태를 보면 호텔에 따라 구별이 다르기는 하지만 그 세부적인 항목을 보면 아래와 같이 다양하다.

◆ 식료의 경우(Credits to Food Cost)

① 종업원의 식사

---

34) 재고자산의 가치평가는 재고재산 계산방법에 제시한 여러 가지의 방법 중 외식업체(호텔)에서 정한 계산방법을 이용하여 계산한다.

② 객실 VIP에게 제공되는 과일 바구니(호텔의 경우)

③ 각 영업장에서 연주하는 연주자들에게 제공하는 식사[35]

④ 새로운 아이템을 개발하여 관계자들이 시식하는 경우

⑤ Complimentary를 이용할 수 있는 권한을 가진 사람에게 제공한 식료

⑥ 외국인을 고용한 호텔의 경우 사전 계약에 의해서 고용된 외국인 또는 그 가족에게 제공하는 식료

⑦ 호텔직원이 사용하는 Officer's Check[36]

⑧ 기타

◆ 음료의 경우(Credits to Beverage Cost)

① 연주자에게 제공하는 음료

② 외국인을 고용한 경우에 본인과 그 가족에게 제공되는 음료

③ 손실(저장고에서의 자연손실과 인위적인 손실)

④ 종업원이 파티에 사용한 음료

⑤ 시음에 제공되는 음료

⑥ Complimentary[37]

⑦ 일정한 직위 이상에 있는 직원 또는 허락된 직원이 사용하는 Officer's Check

⑧ 주방으로 제공된 음료(조리목적으로)

⑨ 쿡들에게 식사시간에 제공되는 음료[38]

⑩ 기타

상기의 항목을 일반적으로 크레디트이라고 하는데, 식료에 대한 크레디트와 음료에 대한 크레디트로 구분한다. 이 크레디트를 한 달 동안에 소비된 식료 또는 음료의 총액에서 공제하면 고객이 소비하고 지불한 몫이 계산된다. 이것을 순수 식료원가, 또는 순수 음료원가(Net Food Cost, 또는 Net Beverage Cost)라고 하며, 이것이 우리가 찾고자 하는 식음료의 원가이다.

---

35) 계약에 의해서 연주시간 중에 주어진 업장에서 일정금액 범위 내에서 식료와 음료를 제공하겠다는 계약이 있을 시.

36) 일정한 직위 이상에 있는 사람들이 사용할 수 있는 접대 빌이 있는데, 이것은 주로 판촉부에서 판촉의 목적으로 접대하는 경우에 사용한다.

37) VIP Room에 무료로 제공되는 음료, 또는 판촉의 목적으로 정해진 규정에 의해서 제공되는 음료.

38) 유럽의 경우 식사 시간에 쿡들에게 정해진 규정에 의해서 음료가 제공된다.

1. 월말 식료 원가보고서 작성 절차와 방법

호텔의 전체 식료와 음료의 원가를 계산하기 위해서는 먼저 각 업장의 식음료 원가에 대한 정보가 있어야 한다. 원가계산을 위해서는 원가의 계산에 필요한 정보를 취합하는 절차와 방법, 그리고 취합된 원가에 대한 정보를 이용하여 원가를 계산하는 방법과 절차를 알아야 한다.

1) 원가계산에 요구되는 정보의 취합

각 업장을 종합하여 식음료에 대한 전체적인 원가가 다음과 같이 계산된다.

첫째, 먼저 매출액에 대한 정보

즉, 수입일보에서 얻어지는 각 업장에 대한 식료와 음료의 한 달 동안의 수입에 관한 정보를 말한다.

둘째, 기말과 기초재고에 대한 정보

필요한 정보가 기말과 기초재고에 관한 정보인데, 각 업장 주방의 식음재고의 실사에서 얻어진 정보를 이용한다. 일반적으로 월말에 재고를 실사하여 그 달의 기말재고에 관한 정보를 얻고, 그 정보는 다음 달의 기초재고가 된다.[39]

셋째, 당기구매한 금액

필요로 하는 정보가 당기구매(그 달에 구매한 식료와 음료의 합)인데, 이 정보는 송장에 근거하여 작성된 월말 구매보고서에서 얻어진다.

넷째, 공급받은 식료와 음료의 가치에 대한 정보

필요한 정보가 물품청구서에 의해서 음료와 식료 저장고로부터 공급받은 식료와 음료에 대한 가치이다. 이 정보는 출고보고서에서 얻어진다. 일반적으로 출고보고서에는 직도분(Direct Issue)과 창고분(Store Issue)이 포함되어 보고된다.

---

[39] 예를 들어, 3월말의 재고에 대한 실사를 하였다면, 그 결과는 3월 말의 기말재고가 됨과 동시에 4월 말의 기초재고가 된다.

다섯째, 대체에 의한 정보

대체에 의해서 주고받은 식료와 음료의 가치에 관한 정보로 대체양식에 의해서 정보가 얻어진다. 식료↔음료 간의 대체로 각각의 원가에 가감(加減)한다. 즉, 식료 쪽에서 공급받은 음료는 그 가치만큼 식료원가에 더하고, 반대로 음료 쪽에서 공급받은 식료는 공급받은 그 가치만큼 음료의 원가에 더하는 것이다.

또 다른 대체는 업장간의 대체로, 공급받은 업장의 경우는 그 업장의 원가에 더하고, 공급을 한 업장의 경우는 그 업장의 원가에서 감한다.

여섯째, 각종 크레디트에 대한 정보

각종 크레디트에 대한 정보인데 호텔 또는 외식업체에 따라 크레디트 항목은 다양하다.

상기와 같은 정보가 취합되어야만 월말원가를 계산할 수 있다. 그러나 무엇보다도 더 중요한 것은 월말 원가계산에 이용되는 모든 정보의 신뢰성과 정확성이다.

우리가 필요로 하는 월말원가의 결과는 사전에 설정한 목표와 차이가 있나 없나를 비교분석하여 새로운 정책을 결정하는 데 정보로 활용한다는 목적에 부합되어야 한다.

지금까지 설명한 원가 계산의 절차를 단계별로 정리하면 다음의 〈표 3-13〉과 같이 정리할 수 있다.

| 표 3-13 | | 월말 Outlet 식음료 원가계산의 공식 |

		Total Food Revenue
	−	Allowance
1)	=	Net Food Revenue
2)		기초재고액(Opening Inventory)
3)	+	당기구매액(기간 중 구매액 ; Direct + Store)
4)	=	Total Food Available for Sales
5)	+	기말재고액(Closing Inventory)
6)	=	전체 식료소비액(Cost of Food Sold)
7)	+	조리에 사용된 음료의 총액
8)	+	타업장에서 공급받은 식료(대체)
9)	=	Total Cost of Food Sold(Consumed)
10)	−	바에 공급한 식료(대체)
11)	−	타 업장에 공급한 식료(대체)
12)	=	Cost of Food Sold(Consumed)
13)	−	각종 크레디트(Credits)
14)	=	Net Cost of Food Sold

상기의 공식과 절차에 의해서 각 영업장별로 원가를 계산한 후, 이것을 합하면 전체 식료와 음료에 대한 원가가 계산된다. 이것을 각 업장별로 계산하는 절차와 방법을 구체적으로 설명하면 다음과 같다.

① 먼저, 각 업장의 기초재고액을 파악한다.

가령, 3월의 원가계산이라면 2월의 기말재고액이 3월의 기초재고액이 된다.

② 한 달 동안에 각 업장별로 저장고로부터 식료청구서에 의하여 공급받은 식료의 가치를 합계한다.

③ 한 달 동안에 각 업장에서 일일시장리스트에 의해 공급받은 식료의 총액을 계산한다.

④ ① + ② + ③항의 합이 특정 영업장의 한 달 동안의 영업에 이용할 수 있는 식료의 총계(Total Food Available for Sales)가 된다.

⑤ 각 업장의 기말재고액을 조사한다.

실사에 의한 재고조사를 토대로 재고가치를 평가.

⑥ ④항에서 ⑤항을 감하여 식료 소비액 총계(Cost of Food Sold)를 계산한다.

⑦ 주방에서 음식을 만드는 데 사용한 음료의 총계를 기록한다.

여기서 사용한 음료는 음료 저장고에서 공급받은 것이다. 음료이지만 음식을 만드는 데 사용하였으므로 식료로 간주하고 식료원가에 더한다.

⑧ 다른 업장 주방에서 대체에 의해서 공급받은 식료로 식료원가에 더한다.

⑨ ⑥ + ⑦ + ⑧항을 더한 것이 특정업장 주방에서 사용한 식료의 총매출원가(Total Cost of Food Sold, or Consumed)가 된다.

여기까지가 특정업장 주방에서 한 달 동안 소비한 식료의 총계이다. 여기서 말하는 총계가 고객이 소비한 총계를 의미하지는 않는다. 그렇기 때문에 고객이 소비하고 지불한 몫을 다음과 같이 찾아내어야 한다.

⑩ 업장 주방에서 바(Bar)로 식료가 전달되는 경우도 있는데, 이것은 대체에 의해서 확인된다.

즉, 업장 주방에서 바(Bar)로 식료를 공급하였으므로, 준 가치만큼을 식료원가에서 감한다.

⑪ 타 업장에서 식료를 공급받은 경우와 마찬가지로 타 업장에 식료를 공급하는 경우도 있다.

이것은 대체에 의해서 통제되며 타 업장에 식료를 공급하였으므로, 준 가치 만큼을 식료원가에서 감한다.

⑫ ⑨에서 ⑩과 ⑪을 감한 것이 식료 매출원가(Cost of Food Sold, or

Consumed)가 된다.

⑬ ⑫에서 각종 크레디트를 감하면 순식료 원가(Net Cost of Food Sold, or Consumed)가 된다.

2) 전체 업장에 대한 원가계산의 절차와 공식

다양한 업장을 가지고 있는 호텔의 경우, 각 업장을 종합하여 식음료에 대한 전체적인 원가를 계산하게 되는데, 제일 먼저 매출액에 대한 정보가 필요하게 된다. 즉, 각 업장에 대한 식료와 음료의 한 달 동안의 수입에 관한 정보를 말한다. 이 정보는 식음료 매출보고서(F & B Sales Report)에서 얻어진다.

두 번째로 필요한 정보가 기말과 기초재고에 관한 정보인데, 이것은 저장고(일반 스토아, 냉장고, 냉동고, 음료 저장고 등), 그리고 각 영업장 주방과 각 업장에 있는 식음료 재고조사에 의해서 얻어진 정보를 이용한다. 일반적으로 월말에 실사하여 그 달의 기말재고에 관한 정보를 얻고, 그 정보는 다음 달의 기초재고가 된다.

세 번째로 필요로 하는 정보가 당기구매(그 달에 구매한 식료와 음료의 합)인데, 이 정보는 송장에 근거하여 작성된 월말 구매보고서에서 얻어진다. 여기에는 저장고에 저장되는 아이템(Store Purchase)과 일일시장리스트에 의해서 구매되는 아이템(Direct Purchase)을 모두 포함한다.

네 번째로 필요한 정보가 대체에 의해서 주고받은 식료와 음료의 가치에 관한 정보로 대체양식에 의해서 정보가 얻어진다. 식료↔음료 간의 대체로 각각의 원가에 가감(加減)한다. 즉, 식료 쪽에서 공급받은 음료는 음료의 가치만큼 식료원가에 더하고, 반대로 음료 쪽에서 공급받은 식료는 공급받은 식료의 가치만큼 음료의 원가에 더하는 것이다.

다섯 번째가 각종 크레디트인데 호텔에 따라 크레디트 항목은 다양하다.

상기와 같은 정보가 취합되어야만 월말원가를 계산할 수 있는데, 무엇보다도 중요한 것은 월말원가계산에 이용되는 모든 정보의 신뢰성과 정확성이다.

지금까지 설명한 원가계산의 절차를 단계별로 정리하면 다음의 〈표 3-14〉

와 같이 정리할 수 있다.

표 3-14		월말 전체업장의 식음료 원가계산의 공식
		Total Food Revenue
	−	Allowance
1)	=	Net Food Revenue
2)		기초재고액(Opening Inventory)
3)	+	당기구매액(기간중 구매액 ; Direct + Store)
4)	=	Total Food Available for Sales
5)	−	기말재고액(Closing Inventory)
6)	=	전체 식료소비액(Cost of Food Sold)
7)	+	조리에 사용된 음료의 총액
8)	−	바에 공급받은 식료(대체)
9)	=	Total Cost of Food Sold(Consumed)
10)	−	종업원의 식사
11)	−	각종 크레디트(Credit)
12)	=	Net Cost of Food Sold(Consumed)
13)		Food Cost Percentage

3) 원가율의 계산

식료 원가율은 매출에 대한 원가의 백분율로 계산된다. 원가율을 계산하기 위해서는 매출액을 알아야 한다. 매출액도 원가와 마찬가지로 각 업장별과 전체 업장을 하나로 묶어 계산할 수 있는데, 매출액만 알면 원가율은 쉽게 얻을 수 있다.

앞서 우리는 소비의 여러 가지 형태에서 총 소비액에서 각종 크레디트를 감한 후의 소비액이 고객이 소비한 몫이라고 하였다. 각종 크레디트에 속하는 소비는 원가만을 산출함으로 식료원가의 계산에서 이미 공제되었으므로 원가율은 다음과 같이 계산된다.

식료 원가율 = Net Cost of F. Sold ÷ Net F. Revenue × 100
음료 원가율 = Net Cost of B. Sold ÷ Net B. Revenue × 100

---

2. 월말 식음료 원가보고서

일별 식음료 원가보고서가 식음료 부서장이 필요로 하는 것이라면, 월말 식음료 원가보고서는 최고 경영층에서 필요로 하는 보고서라고 하여도 무방하다.

한 달 동안의 영업실적 중 식음료에 대한 결과를 제시한 것으로, 식음료의 재고에 관한 사항과 식음료 수입과 원가에 관한 내용이 기록된다. 관리자의 경영원칙에 따라 보다 세부적인 자료를 요구받기도 하나, 대개 식음료의 원가, 수입, 재고회전율과 잔존일수, 사장(死藏) 품목과 사용되는 빈도가 낮은 품목과 양(量), 그리고 각 항목에 대해 전년도 같은 기간과의 대비 등이 보고된다.

1) 원가보고서의 실제

다음에 제시된 원가보고서는 서울에 소재하는 특 1등급 특정 호텔의 실제 원가보고서이다.

◆ 수입과 원가에 대한 보고서

여기서는 식음료 전체에 대한 매출액과 원가를 중심으로 전년도와 비교까지를 일목요연하게 알아볼 수 있도록 작성되었다.

표 3-15	Sales & Cost Status(F & B)

Unit : 1,000won

Classification	This Year					
	June			Year To Date		
Acc'T Name	Sales	C/ Amount	%	Sales	C/ Amount	%
Food	631,370	239,678	38.0%	3,788,689	1,427,389	37.7%
Beverage	138,089	31,955	23.1%	808,715	179,774	22.2%
Total	769,459	271,633	35.3%	4,597,404	1,607,163	35.0%

Classification	Last Year					
	June			Year To Date		
Acc'T Name	Sales	C/ Amount	%	Sales	C/ Amount	%
Food	239,424	239,346	37.4%	3,852,673	1,426,148	37.0%
Beverage	144,346	30,163	20.9%	824,866	172,484	20.9%
Total	783,770	269,509	34.4%	4,677,539	1,598,632	34.2%

원가율을 알기 위해서는 매출액을 알아야 한다. 그러기 위해서는 각 업장별 매출액의 합과 원가의 합을 계산하여야 한다. 그리고 그 합계를 누계하여 전체 식료와 음료에 대한 원가율을 계산한다.

여기서는 전체 업장의 식료와 음료에 대한 이 달의 실제 수입과 원가를 기록하고, 전년과 비교할 수 있도록 전년도 같은 달의 실적을 기록한 보고서를 만들었다.

그리고 이 보고서에는 각 업장별 원가와 수입의 집계에 대한 백데이터(Back Data)가 첨부된다.

◆ 각 영업장 별 매출과 원가에 대한 보고서

이 보고서는 전체 식음료 원가에 대한 보고서의 백데이터로 각 업장별 원가를 구체적으로 작성한 보고서이다.

먼저 식료와 음료로 나누고, 그리고 각 업장별 고객의 수, 매출과 원가, 그리고 원가율을 표시하였다. 끝으로 특정 달까지의 누계가 계산되어 있어 영업실적을 사전에 설정한 목표와 비교할 수 있게 하였다.

표 3-16　　　　　　　　　　각 업장별 식료매출과 원가

MONTH : ××월

CLASSIFICATION OUTLETS	JUN				YEAR TO DATE			
	COVERS	SALES	COST AMOUNT	%	COVERS	SALES	COST AMOUNT	%
업장1	14,561	230,139,586	101,183,713	44.0 %	81,823	1,233,337,275	543,629,038	44.1 %
업장2	13,912	60,502,124	17,243,105	28.5 %	83,654	385,690,975	110,532,827	28.7 %
업장3	2,054	17,886,059	5,455,248	30.5 %	13,678	118,738,962	36,414,361	30.7 %
업장4	7,040	126,468,832	43,378,810	34.3 %	47,319	849,283,502	290,071,071	34.2 %
업장5	2,921	14,740,495	3,287,130	22.3 %	19,123	95,410,738	21,745,161	22.8 %
업장6	-	2,995,300	745,095	24.9 %	-	18,268,863	4,912,337	26.9 %
업장7	2,377	61,357,303	23,008,989	37.5 %	12,686	324,393,817	124,353,035	38.3 %
업장8	793	3,277,509	953,755	29.1 %	4,237	19,403,125	5,504,918	28.4 %
업장9	1,495	35,657,296	13,371,486	37.5 %	10,018	240,909,279	90,760,288	37.7 %
업장10	1,938	63,674,220	25,915,408	40.7 %	22,206	394,697,256	161,866,334	41.0 %
업장11	694	14,671,200	5,134,920	35.0 %	5,245	108,555,378	37,599,663	34.6 %
TOTAL	47,785	631,369,924	239,677,659	38.0 %	299,989	3,788,688,990	1,427,389,033	37.7 %

표 3-17	각 업장별 음료매출과 원가

MONTH : JUN

CLASSIFICATION OUTLETS	JUN				YEAR TO DATE			
	COVERS	SALES	COST AMOUNT	%	COVERS	SALES	COST AMOUNT	%
업장1	14,561	18,811,430	4,760,504	25.31 %	81,823	86,288,527	19,907,654	23.07 %
업장2	13,912	63,309,440	1,804,331	28.60 %	83,654	68,431,935	15,840,422	23.15 %
업장3	2,054	1,619,050	343,461	21.21 %	13,678	11,925,353	2,524,798	21.17 %
업장4	7,040	15,563,023	3,165,542	20.34 %	47,319	96,253,205	20,230,655	21.02 %
업장5	2,921	42,743,750	10,304,888	24.11 %	19,123	226,266,111	49,586,848	21.92 %
업장6	0	21,159,727	4,344,906	20.53 %	0	124,103,609	25,858,906	20.84 %
업장7	2,377	8,918,960	2,018,322	22.63 %	12,686	44,604,033	9,840,052	22.06 %
업장8	793	453,470	96,782	21.34 %	4,237	3,018,900	657,613	21.78 %
업장9	1,495	7,784,625	1,802,428	23.15 %	10,018	52,802,666	13,143,281	24.89 %
업장10	1,938	8,800,960	1,972,933	22.42 %	12,206	59,814,650	13,792,007	23.06 %
업장11	694	5,924,190	1,340,746	22.63 %	5,245	34,636,261	8,391,416	24.23 %
TOTAL	47,785	138,088,625	31,954,843	23.14 %	289,989	808,145,350	179,773,652	22.25 %

◆ 재고조사에 관한 보고서

재고조사의 결과는 원가 계산에 있어서 큰 영향을 미치는 여러 가지 변수

중에 하나이다. 저장고의 재고를 관리하는 방법 중에서 재고계속기록법과 재고실사기록법이 있다고 했다. 재고계속기록법하에서의 재고가치의 평가는 재고에 대한 실사 없이도 그 가치를 평가할 수 있다. 하지만 재고실사기록법하에서는 실사가 있어야만 그 가치와 특정기간 동안 소비한 가치를 평가할 수 있다고 하였다.

호텔과 같이 재고계속기록법하에서 재고를 관리하는 경우는 실사 없이도 재고의 가치뿐만 아니라, 구매한 가치, 그리고 소비한 가치까지도 장부상으로는 계산이 가능하다. 그러나 장부상의 가치와 실사와의 가치가 일치한다는 보장이 없기 때문에 실사를 하여 그 가치를 평가하게 된다.

월말에 저장고의 장부상 기말 재고가치(Closing Book Value)와 실사에 의한 재고의 가치가 일치하여야 하는데, 다음과 같은 이유로 항상 차이는 있기 마련이다.

① 입출고 사항을 기록에서 누락
② 가치평가의 오류
③ 도난과 부패
④ 기타

장부상 기말재고가치(Closing Book Value)와 실사에 의한 가치 차이는 0이 되어야 한다. 만약, 현저한 차이가 발생되면 원인을 규명하여야 한다. 그런데 식재료는 여러 지점을 경유하여 소비되어지므로 원인규명이 그렇게 쉽지는 않다.

그래서 식음료 관리는 사후의 원인규명보다 사전과 실행단계의 관리가 무엇보다도 우선되어야 한다는 철칙을 명심하여야 한다.

◆ 재고조사 보고서의 실제

다음에 제시하는 〈표 3-18〉의 재고조사 보고서는 서울에 소재하는 특1등급 특정 호텔의 식음료 원가보고서에 백데이터(Back Data)로 보고한 것이다.

그 내용을 살펴보면 먼저 식료 저장고와 음료 저장고에 남아 있는 식료와 음료에 대한 재고를 실사하여 그 결과를 기록하고, 기초재고와 기말재고와의 차이를 기록하여 재고의 증감을 알아볼 수 있도록 작성하였다.

표 3-18

재고조사 보고서

DISCRIPTION	FOOD INVENTORY			BEV. INVENTORY		
	OPENING	CLOSING	DIFFERENCE	OPENING	CLOSING	DIFFERENCE
FOOD STOREROOM :						
Meat	315,571,538	279,510,353	-46,061,185			
Fish & Seafood	133,095,076	113,425,425	-19,669,651			
Fruit & Vegetable	13,138,051	13,493,232	355,181			
Dairy Products	18,591,138	14,966,163	-3,624,975			
Grocery	49,671,588	50,557,402	885,814			
Chinese & Japanese	19,392,206	24,732,492	5,340,286			
(sub-total)	₩559,459,597	₩496,685,067	-₩62,774,350			
BEVERAGE STOREROOM :						
Wine				26,544,160	22,389,938	-4,154,222
Spirits & Liqueurs				117,393,940	116,948,918	-445,022
Beer				7,712,635	4,766,370	-2,946,265
Soft & Mixers				5,142,106	2,897,534	-2,244,572
Miniature				20,418,701	29,430,939	9,012,238
(sub-total)				₩177,211,542	₩176,433,699	-₩777,843
F & B OUTLET :						
01	30,691,250	28,919,854	-1,771,396	0	0	0
02	4,827,686	5,802,014	974,328	0	0	0
03	11,205,327	14,758,129	3,552,802	0	0	0
04	1,575,479	1,823,681	248,202	4,295,359	3,901,154	-394,205
05	11,025,702	8,823,127	-2,202,575	1,039,969	891,557	-148,205
06	15,514,384	18,497,194	2,982,810	1,502,253	1,877,618	375,365
07	21,873,630	17,780,336	-4,093,294	2,400,682	2,217,605	-183,077
08	2,169,205	1,787,183	-382,022	6,431,049	6,117,078	-313,971
09	12,245,069	6,681,689	-5,563,380	2,151,791	2,415,525	263,734
10	3,538,943	3,672,754	133,811	3,006,534	2,937,308	-69,226
11	1,050,060	1,539,666	489,606	788,614	930,646	142,032
12	2,456,462	2,519,188	62,726	13,134,277	12,667,794	-466,483
13	4,105,789	3,920,717	-185,072	3,091,520	3,222,134	130,614
14	123,918	235,200	111,282	822,753	718,414	-104,339
15	0			8,267,381	8,263,371	-4,010
16	275,517	262,247	-13,270	5,927,382	5,663,716	-263,666
17	0	37,263	37,263	369,605	322,115	-47,490
18	2,881,445	2,753,620	-127,825	46,111,597	45,869,170	-244,427
19	61,516	64,450	2,934	3,048,354	2,944,994	-103,360
20	6,689,246	7,417,004	727,750	0	0	0
(sub-total)	₩132,310,628	₩127,295,316	-₩5,015,312	₩102,391,120	₩100,960,199	₩1,430,921
HOTEL TOTAL (Grand Total)	₩691,770,225	₩623,980,383	-₩67,789,842	₩279,602,662	₩277,393,898	₩2,208,764

◆ 식료와 음료 저장고 재고 조정에 대한 보고서의 실제

앞서 제시한 〈표 3-19〉의 재고조사 보고서에서는 월초와 월말의 재고가 치만이 보고되었기 때문에 당기구매와 출고에 대한 가치를 알 수가 없다. 그러나 식료와 음료 저장고의 재고조정에 대한 보고서에서는 당기구매분과 출고분의 가치를 추가하여 실제재고의 가치를 계산한다. 이 가치가 장부상의 재고가치와 비교가 되는 가치로, 여기에서 두 가치에 대한 차이는 항상 0이 되어야 한다.

그런데 이 보고서에서는 음료의 경우, 이 달에는 21,390원의 차이가, 그리고 작년의 이 달에는 11,965원의 가치가, 그리고 이 달까지는 −17,474원이, 그리고 작년 이 달까지는 200,181원이라는 보고이다. 반면, 음료의 경우는 이 달에는 0원의 차이가, 그리고 작년의 이 달에도 0원의 가치가, 그리고 이 달까지는 −4,580원이, 그리고 작년 이 달까지는 71,211원이라는 보고이다.

표 3-19 재고조정 보고서

DESCRIPTION	THIS MONTH	YEAR-TO-DATE
FOOD STOREROOM INVENTORY		
(+) Opening Inventory	559,459,597	2,516,001
(+) Purchase (::) Storeroom	155,862,650	
(+) Purchase (::) Direct	209,625,346	2,026,924
(=) Total Inventory Available	₩924,947,593	
(-) Issues (::) Storeroom	218,658,570	2,289,818,961
(-) Issues (::) Direct	209,625,346	2,026,530,924
(=) Closing Inventory Computed	₩496,663,677	
(-) Closing Inventory Actual	₩496,658,067	
(=) INVENTORY VARIATION	21,390	-17,474
INVENTORY VARIATION (Last Year)	11,965	200,181
BEV. STOREROOM INVENTORY		
(+) Opening Inventory	177,211,542	
(+) Purchase (::) Storeroom	67,193,310	623,753,755
(+) Purchase (::) Direct	0	0
(=) Total Inventory Available	₩24,404,852	
(-) Issues (::) Storeroom	67,971,153	654,794,574
(-) Issues (::) Direct	0	0
(=) Closing Inventory Computed	₩176,433,699	
(-) Closing Inventory Actual	₩176,433,699	
(=) INVENTORY VARIATION	0	-4,580
INVENTORY VARIATION (Last Year)	0	71,211

◆ 재고가치 차이에 대한 보고서의 실제

장부상의 재고가치와 실사에서 얻어진 재고가치의 차이는 그 원인을 규명하여야 한다.

다음의 〈표 3-20〉은 이러한 차이에 대한 원인을 규명하는 백데이터 (back data)를 제시하여 그 원인을 규명한 보고서이다.

이 표를 해석해 보면, 먼저 재고조정 보고서에서 식료의 경우, 그 차이가 21,390이었다. 이 차이는 7개의 아이템의 부족분과 초과분에서 발생한 것으로, 그 가치는 초과분에서 부족분을 감한 21,390원이다.

반면, 음료의 경우는 차이가 없기 때문에 0이다.

표 3-20   재고가치 차이 보고서

코드	아이템 명	사이즈	단위	Q'TY 초과	부족	원가/ 단위	계
000	Milk Fresh(L)	1000 ML	PKG	23.00		840.00	19,320
000	Milk Fresh Low Fat	1000 ML	PKG		5.00	950.00	4,750
000	Cream Coffee Fresh	1000 ML	PKG	3.00		1,310.00	3,930
000	Yoghurt Natural	100 ML	PKG		9.00	250.00	2,250
000	Yoghurt	110 ML	PKG		8.00	250.00	2,000
000	Egg		EA	80.00		56.00	4,480
000	Snail Meat Can	20 OZ	CAN	1.00		2,659.67	2,660
식료 계							21,390
음료 계							0

◆ 식음료 원가 조정에 대한 보고서

여기서는 식료의 수입과 원가, 재고에 관한 정보, 당기구매, 주방간의 대체, 주방과 바(bars)간의 대체, 각종 크레디트에 대한 정보를 종합하여 월말 원가율을 계산한다.

먼저 식음료 전체에 대한 원가율이 계산되고, 그리고 백데이터(Back Data)로 각 업장별 식료와 음료에 대한 원가율이 계산된다.

◆ 전체 식음료 원가 조정표

여기서는 식음료 전체에 대한 보고서가 만들어지는데 먼저 식음료 수입, 기초재고, 당기구매, 기말재고, 각종 크레디트 등에 관한 정보를 총망라한 식음료 전체에 대한 원가율을 계산하여 보고서를 작성한다.

다음의 〈표 3-21〉을 살펴보면 다음과 같은 절차에 의해서 원가율이 계산되었다는 것을 알 수가 있다.

① 식료 총수입에서

② 허용치를 감한다.

이 허용치는 확정된 수입이 착오로 과다 계정되었을 시, 고객과의 약정한 요금을 이행하지 못하였을 시, 호텔측의 하자로 지불액의 일부를 환불, 또는 할인(Rebate) 하여야 하는 경우에 총수입에서 그 만큼을 감한다.

③ ①에서 ②를 감한 것이 순수입이다.

이 순수입의 결정은 식음료 원가 콘트롤러(Cost Controller)가 하는 것이 아니고 경리부서의 수입감사가 결정하는 것이다.

④ 총 식료원가를 계산한다.

⑤ 먼저 기초재고의 가치를 파악한다.

특정 달의 기초재고는 특정 달 바로 전달의 기말재고 가치와 동일하다.

⑥ 특정 달 동안의 구매가치를 집계한다.

이것을 당기구매라고 하는데, 특정 달 동안 구매한 아이템의 총계를 말한다. 그리고 구매되어 입고되었으나 아직 요금이 청구되지 않은 것을 말한다.

⑦ 실사에 의한 기말재고의 가치를 집계한다.

⑧ 특정 달 동안에 소비한 식료의 합계를 집계한다.

⑤항과 ⑥항을 합하여 ⑦항을 감하면 특정 달 동안에 소비한 총 식료의 가치가 계산된다.

⑨ 음식조리에 소비한 음료의 총 가치를 집계 한다.

여기서는 대체에 의해서 업장이나 바, 또는 음료 청구서에 의해서 음료 저장고로부터 공급받은 음료의 가치를 집계하여 식료의 원가에 더한다.

⑩ 특정 달 동안 사용 가능했던 식료의 원가를 집계한다.

⑪ 각종 항목의 크레디트의 가치를 집계한다.

크레디트의 항목은 호텔에 따라 다양하기 때문에 여기에 제시한 항목이 크레디트의 공통항목이라고 말하기는 어렵다. 여기에 제시된 각 항목들은 특정 호텔에서 크레디트이란 항목으로 사용하고 있는 항목에 불과하다.

⑫ 크레디트의 가치를 집계한다.

⑬ 순수 식료원가를 집계한다.

⑧항과 ⑨항을 더하여 ⑫항을 감하여 순수 식료원가를 계산한다.

⑭ 식료 원가율을 계산한다.

⑬항의 식료에 대한 순수원가를 ③항의 식료 순수입으로 나누어서 얻는 값에 100을 곱하여 원가율을 계산한다.

음료의 경우도 식료의 경우와 동일한 방법과 절차로 원가를 조정하여 원가율을 계산하였다.

표 3-21   월말 전체 식료 원가조정 보고서의 일례

MONTH : ○ ○일

CLASSIFICATION	JUNE	YEAR TO DATE
FOOD REVENUE		
TOTAL REVENUE	631,369,924	3,788,688,990
LESS : ALLOWANCES		
NET FOOD REVENUE	631,369,924	3,788,688,990
GROSS COST OF FOOD		
OPENING INVENTORY	439,784,008	490,758,512
ADD : PURCHASE		
INVOICED	386,394,588	1,798,316,894
NOT YET INVOICED		
TOTAL PURCHASES	386,394,588	1,798,316,894
LESS : CLOSING INVENTORIES	535,107,702	535,107,702
GROSS FOOD CONSUMPTION	291,070,894	535,107,702
ADD : BEVERAGE FOR COOKING	2,444,194	15,825,362
GROSS COST OF FOOD AVAILABLE	293,515,088	1,779,228,291
LESS : CREDITS TO COST OF FOOD		
EMPLOYEES MEALS	31,964,752	200,631,761
DUTY MEALS	3,038,896	22,601,263
MANAGER'S APARTMENT	657,742	5,191,693
FRUIT BASKETS	759,368	5,089,628
ENTERTAINMENT	4,619,555	25,597,935
CHEF'S TABLE	1,310,163	6,892,597
FOOD TO BAR	678,018	5,141,812
SPOILAGE	0	430,210
TEST	38,830	38,830
STAFF MEALS FOR OUTSIDE GUEST	1,813,182	15,439,091
STAFF MEALS FOR ○ ○	385,698	2,291,594
COMPLIMENTARY	3,665,562	26,142,758
GRAND CLUB	3,222,138	18,562,029
STAFF PARTY (BIRTHDAY CAKE)	168,312	6,837,570
SALES & MARKETING EXPENSE	0	0
F & B DUTY MEALS	0	0
FOOD FESTIVAL	1,515,213	1,515,213
TOTAL CREDITS TO COST OF FOOD	53,837,429	342,403,974
NET COST OF FOOD SOLD	239,677,659	1,436,824,317
FOOD COST PERCENTAGE (%)	37.96%	37.92%

| 표 3-22 | 월말 전체 음료 원가 조정 보고서의 일례 | |

MONTH : ○ ○일

CLASSIFICATION	JUNE	YEAR TO DATE
BEVERAGE REVENUE		
WINE	22,243,900	179,016,520
BEER	29,961,000	130,762,990
MINERAL WATER	13,645,000	114,614,215
LIQUORS	72,238,725	384,320,824
TOTAL REVENUE	138,088,625	808,714,549
LESS : ALLOWANCES		
NET BEVERAGE REVENUE	138,088,625	808,714,549
GROSS COST OF BEVERAGE		
OPENING INVENTORY	232,252,968	267,524,993
ADD : PURCHASE		
INVOICED	32,252,394	169,297,140
TOTAL PURCHASES	32,252,394	169,297,993
LESS : CLOSING INVENTORIES	227,700,807	227,700,807
GROSS BEVERAGE CONSUMPTION	36,804,555	209,121,326
ADD : FOOD TO BARS	678,018	5,141,812
GROSS COST OF BEVERAGE AVAILABLE	37,482,573	214,263,138
LESS : CREDITS TO COST OF BEVERAGES		
DUTY MEAL DRINKS	362,861	3,357,169
MANAGER'S APARTMENT	526,044	3,287,642
COOKS BEER	194,654	1,489,117
BEVERAGES FOR COOKING	2,444,194	15,825,362
BAR SET UPS	146,660	841,497
ENTERTAINMENT	869,500	4,686,914
SPOILAGES	0	89,340
○ ○ ○	474,000	998,274
TESTS	0	0
COMPLIMENTARY	509,817	3,914,171
STAFF PARTY	0	0
TOTAL CREDITS TO COST OF BEVERAGE	5,527,730	34,489,486
NET COST OF BEVERAGES SOLD	31,954,843	179,773,652
BEVERAGE COST PERCENTAGE (%)	23,14 (%)	22.23 (%)

다음 〈표 3-23〉은 서울에 소재하는 또 다른 특1등급 특정 호텔의 식음료 원가조정표(Reconciliation of F & B Cost)이다.

이 보고서도 앞서 보기로 제시한 보고서와 원가조정의 절차와 방법, 그리고 크레디트 항목은 대동소이하다.

표 3-23		월말 식음료 원가조정 보고서의 일례	
항목	식료	음료	계
# Gross Revenue :			
Gross Revenue(Draft)	1,139,014,612	396,416,965	1,535,431,577
# Gross Cost of Available :			
Opening Inventory(S/R)	559,459,597	177,211,542	736,671,139
Opening Inventory(O/L)	132,310,628	102,391,120	234,701,748
Purchases(S/R)	155,862,650	67,193,310	223,055,960
Purchases(Direct)	209,625,346	0	209,625,346
Closing Inventory(S/R)	496,685,067	176,433,699	673,118,766
Closing Inventory(O/L)	127,295,316	100,960,199	228,255,515
# Total Inventory Consumed	433,277,888	69,402,074	502,679,912
Beverage to Food for Cooking	4,507,193	-4,507,193	0
Food to Bar for Mixing	-9,224,707	9,224,707	0
# Gross Cost of Available	428,560,324	74,119,588	502,679,912
# Less Credit to Cost :			
Employee Benefit	874,890	548,940	1,423,830
Employee Training(F & B)	0	0	0
Social & Sports Activities	0	0	0
Breakage & Spoilage	0	12,480	12,480
Decoration(F & B)	0	0	0
Entertainment	0	0	0
Miscellaneous Expenses(F & B)	0	0	0
Musician's Meals	356,528	22,919	379,447
Publicity Picture	0	0	0
Guest Gratis(F & B)	1,853,116	134,724	1,987,840
Guest Gratis(Room)	13,775,044	1,158,533	14,933,597
Complimentary Guest	0	390,240	390,240
Group Promotion	451,466	153,708	605,174
A/R ××	0	0	0
Others	0	0	0
# Total Credit to Cost	17,311,044	2,421,564	19,732,608
# Gross Cost of Consumed :			
# Gross Cost consumed	411,249,280	71,689,024	482,947,304
# Less Employee Meals :			
Staff Canteen Meals	36,325,535	1,062,480	37,388,015
Staff Meals By Officer's Check	3,703,141	518,812	4,221,953
Manager's Apartment	150,907	219,394	370,301
Chef's Table	1,113,000	163,200	1,276,200
# Total Credit to Cost	41,292,583	1,963,886	43,256,469
# Net Cost of Sold :			
# Net Cost of Sold	369,956,697	69,734,138	439,690,835
Net Cost % to Gross Revenue	32.48%	17.59%	28.64%

◆ 각 영업장별 월말 식음료 원가 조정표

앞서 설명한 전체 식음료 원가보고서에 대한 백데이터(Back Data)로 각 업장별 월말 식음료 원가조정표가 첨부된다.

모든 항목이 앞서 제시한 전체 식음료 원가조정 보고서와 동일하나 구매란 대신 식료와 음료의 청구(Requisition)와 일일시장리스트에 의해서 구입된 직도분(Direct)란이 있다.

그리고 업장 상호간의 대체(Transfer in, Transfer out)란이 있어 업장 상호간에 주고받은 식료의 가치를 더하거나 감하였다.

〈표 3-24〉는 서울에 소재하는 특1등급 특정 호텔의 실제 각 업장별 월말 식료 원가조정표이다.

이와 같은 절차와 방법으로 식음료의 원가에 대한 월말 원가보고서에 백데이터가 첨부되어 최고 경영자인 총지배인에게까지 보고된다. 그리고 월말원가에 대한 결과는 다시 평가와 분석이라는 과정을 거쳐 다시 피드백이라는 수순을 밟게 된다.

이러한 관점에서 식음료 원가관리는 시작도 끝도 없는 순환(循環)의 과정, 즉 구매 → 검수 → 저장 → 생산 → 판매 → 평가와 분석 → 결과의 피드백이라는 과정을 반복하게 된다.

또한 식음료의 원가는 어느 한 지점에서 관리되는 것이 아니고 식음료가 이동하는 전 과정과, 그리고 각 과정에서 직·간접적으로 종사하는 모든 관계자들이 식음료 원가절감이라는 마인드를 가지고 물자와 운영의 통제에 호응하고 참여할 때만이 긍정적인 결과를 기대할 수가 있게 된다.

표 3-24   각 업장별 월말 식음료 원가조정표 -(1)

CLASSIFICATION	업장 1	업장 2	업장 3	업장 4	업장 5	업장 6	TOTAL
OPENING	9,114,614	532,572	593,844	68,648	1,605,621	0	11,915,299
REQUISITION	5,061,915	1,826,088	587,621	763,262	79,479	0	8,318,365
DIRECT	0	0	0	0	0		0
TRANSFER(IN)	129,324,780	16,612,454	5,901,395	3,076,865	13,689,148	980,632	169,558,397
SUB-TOTAL	143,501,309	18,972,114	7,082,860	3,908,775	15,374,248	980,632	189,792,061
CLOSING INVENTORY	11,699,773	881,316	657,240	68,427	1,188,009	0	14,494,765
FOOD TO BARS	203,405	0	0	474,613	0	0	678,018
TRANSFER (OUT)	25,365,854	37,552	0	0	0	0	25,403,406
EMPLOYEES MEALS	0	168,312	0	0	0	0	168,312
DUTY MEALS	1,225,510	354,443	130,922	14,723	267,816	0	1,993,573
ENTERTAINMENT	2,624,951	246,349	77,728	63,723	530,848	0	3,543,599
FRUIT BASKETS	0	0	759,389	0	0	0	759,389
TESTS	0	0	0	0	0	0	38,830
SPOILAGE	0	0	0	0	38,830	0	
COMPLIMENTARY	2,154,532	40,037	2,333	0	196,907	0	2,393,809
MANAGER'S APARTMENT	0	0	0	0	0	0	0
TOTAL CREDITS	43,274,025	1,728,009	1,627,612	621,645	2,222,410	0	49,473,701
FOOD CONSUMPTION	100,227,284	17,243,105	5,455,248	3,287,130	13,151,838	980,632	140,318,360
BAR TO FOOD	956,427	0	0	0	219,648	0	1,176,077
NET COST OF FOOD SOLD	101,183,713	17,243,105	5,455,248	3,287,130	13,371,486	953,755	141,494,437
FOOD COST PERCENTAGE	44.0%	28.5%	30.5%	22.3%	37.5%	29.1%	0

CLASSIFICATION	업장 7	업장 8	업장 9	업장 10	업장 11	업장 12	TOTAL
OPENING	315,949,599	15,476,029	17,977,901	2,471,786	0	3,475,787	355,351,102
REQUISITION	12,021,643	1,278,067	6,083,244	325,355	52,025	871,920	20,632,254
DIRECT	288,216,889	23,812,759	22,650,694	0		0	334,680,342
TRANSFER(IN)	0	2,156,889	8,956,852	7,582,510	52,564,152		71,260,336
SUB-TOTAL	616,188,131	42,723,677	55,668,691	10,379,651	52,616,177	4,347,707	781,924,034
CLOSING INVENTORY	424,800,419	14,393,407	14,502,030	3,245,389	0	3,602,614	460,543,859
FOOD TO BARS	0	0	0	0	0		0
TRANSFER (OUT)	188,848,492	538,004	14,051,105	2,404,367	9,573,361	(2)	215,415,327
EMPLOYEES MEALS	0	0	0	0	0	0	0
DUTY MEALS	0	571,080	296,410	160,783	17,050	0	1,045,323
ENTERTAINMENT	0	406,395	588,817	0	80,744	0	1,075,956
FRUIT BASKETS	0	0	0	0	0	0	0
TESTS	0	0	0	0	0	0	0

표 3-24(계속)　　각 업장별 월말 식음료 원가 조정표 -(2)

					TOTAL	GRAND TOTAL
SPOILAGE	0				0	0
COMPLIMENTARY	0				0	0
MANAGER'S APARTMENT	0	16,440	98,945	272,267	0	387,652
TOTAL CREDITS	613,648,911	15,925,326	29,537,307	6,082,806	3,602,612	678,468,117
FOOD CONSUMPTION	(216,702)	25,715,729	22,655,513	5,070,448	745,095	96,915,105
BAR TO FOOD	216,702	199,679	353,476	64,472	0	1,268,177
NET COST OF FOOD SOLD	0	25,915,408	23,008,939	5,134,920	745,095	98,183,222
FOOD COST PERCENTAGE	0	40.7%	37.5%	35.0%	24.9%	0

CLASSIFICATION	업장 13	업장 14	업장 15	업장 16	업장 17	TOTAL	GRAND TOTAL
OPENING	0	3,840,147	0	0	0	3,840,147	371,106,548
REQUISITION	3,511	1,107,335	0	0	50,163	1,161,850	30,111,628
DIRECT	0	32,834,850	0	0	0	32,834,850	367,515,192
TRANSFER(IN)	0	0	0	0	0	0	240,818,733
SUB-TOTAL	3,511	37,782,332	0	0	0	37,836,006	1,009,552,101
CLOSING INVENTORY	0	2,682,700	0	0	0	2,682,700	477,721,324
FOOD TO BARS	0	0	0	0	0	0	678,018
TRANSFER (OUT)	0	0	0	0	0	0	240,818,733
EMPLOYEES MEALS	0	34,163,632	0	0	1,310,613	35,473,795	35,642,107
DUTY MEALS	0	0	0	0	0	0	3,038,869
ENTERTAINMENT	0	0	0	0	0	0	4,619,555
FRUIT BASKETS	0	0	0	0	0	0	759,389
TESTS	0	0	0	0	0	0	38,830
SPOILAGE	0	0	0	0	0	0	0
COMPLIMENTARY	0	0	0	0	0	0	2,781,461
MANAGER'S APARTMENT	657,742	0	0	0	0	657,742	657,742
TOTAL CREDITS	657,742	36,846,332	0	0	1,310,163	38,814,237	766,756,055
FOOD CONSUMPTION	0	0	0	0	0	0	242,796,046
BAR TO FOOD	0	0	0	0	0	0	2,444,194
NET COST OF FOOD SOLD	0	0	0	0	0	0	239,677,659
FOOD COST PERCENTAGE	0	0	0	0	0	0	38%

IV. 식음료부문의 영업결과 ▪▫▫

지금까지 우리는 식음료 부문의 영업의 결과를 나타내는 손익계산서를 작성하는데 필요한 정보 중의 하나인 식음료 원가를 중심으로 살펴보았다. 이 원가는 다른 원가에 비해 상대적으로 큰 부분을 차지하고 있기 때문에 그 통제에 많은 시간을 할애하고 있다.

1. 식음료부문의 손익계산서

식음료부문 손익계산서상의 각 항목들은 외식업체(호텔)에 따라 서로 다르다. 대부분의 체인 호텔의 경우는 「Uniform System of Account」의 항목을 그대로 사용한다. 반면에 로칼 호텔들이나 외식업체의 경우는 각각의 특성에 맞게 항목을 조정하여 사용하고 있다.

다음의 〈표 3-25〉와 〈표 3-26〉은 특정 호텔의 최근 실제 손익계산서를 그대로 옮긴 것이다.

A호텔의 손익계산서인 〈표 3-25〉에 의하면 특정 달의 식료의 수입이 전체 수입의 70.5%이고, 음료는 23.7%, 기타 수입이 5.7%이다.

그리고 12월까지의 식료수입은 24,975,069,985원이고 음료는 8,856,493,842원이며, 기타 수입은 1,673,575,033원이다. 또 수입에서 제 비용을 제외한 영업이익은 특정 달의 경우에는 45.5%, 12월까지는 32.3%이다.

B호텔의 손익계산서인 〈표 3-26〉에 따르면, 1/4분기에는 식음부문에서 17.2%의 운영이익을 냈으나, 영업이익에서는 간접비가 19%로 −1.8%의 손실을 기록한 것으로 나타나고 있다. 이러한 자료는 간접비의 배분방식에 따라 식음부문의 손익계산서에 큰 차이가 있음을 잘 보여 주고 있다.

또한 〈표 3-27〉에 따르면, C호텔의 경우는 매출원가에서 매출액을 감(減)하여 매출총이익을 계산함으로써 매출총이익은 매출액의 9.5%에 이르고 있음을 알 수 있다.

표 3-25 특정 A 호텔의 식음부문 손익계산서

CURRENT MONTH ACTUAL				SCH. YEAR TO DATE ACTUAL		
3,053,414,411	70.5	%	FOOD REVENUE	24,975,069,985	70.3	%
0	—		LESS ALLOWANCES	0	—	—
3,053,414,411	70.5	%	NET FOOD REVENUE	24,975,069,985	70.3	%
1,027,921,749	23.7	%	BEVERAGE REVENUE	8,856,493,842	24.9	%
0	—		LESS ALLOWANCES	0	—	
1,027,921,749	23.7	%	NET BEVERAGE REVENUE	8,856,493,842	24.9	%
248,894,500	5.7	%	OTHER INCOME	1,673,575,033	4.7	%
4,330,230,660	100.0	%	NET REVENUE	35,505,138,860	100.0	%
			COST OF GOODS SOLD			
1,030,633,646	33.8	%	COST OF FOOD	8,255,968,556	33.1	%
188,046,790	18.3	%	COST OF BEVERAGE	1,662,451,250	18.8	%
1,218,680,436	—		TOTAL COSTS	9,918,419,806	—	
3,111,550,224	71,9	%	GROSS PROFIT	25,856,719,054	72.1	%
			DEPARTMENTAL EXPENSES			
494,185,440	11.4	%	SALARIES & WAGES	B- 4,983,958,539	14.0	%
19,138,780	0.4	%	VACATION PAY	159,492,626	0.4	%
55,615,407	1.3	%	EMPLOYEE MEALS	B- 594,327,604	1.7	%
20,963,473	0.5	%	EMPLOYEE HOUSING	255,187,547	0.7	%
17,039,394	0.4	%	EMPLOYEE TRANSPORTATION	165,747,704	0.5	%
89,109,275	2.1 —	%	EMPLOYEE BENEFITS	B- 1,458,244,083	4.1	%
337,162,121	7.8	%	HUMAN RESOURCES	3,290,317,640	9.3	%
854,995,340	19.7	%	TOTAL PAYROLL & RELATED EXPENSES	10,907,329,743	30.7	%
8,577,459	0.2	%	UNIFORMS	91,077,459		%
38,566,232	0.9	%	LAUNDRY & DRY CLEANING	B- 427,335,836	1.2	%
5,592,472	0.1	%	PRINTING & STATIONARY	69,713,602	0.2	%
1,946,256	—	%	COMMISSIONS	23,104,840	0.1	%
0	—	%	LOCAL TRANSPORTATION			
0	—	%	TRAVEL	4,041,556	—	
1,838,911	—	%	CONSULTANTS	6,642,877	—	
9,350,461	0.2	%	CLEANING SUPPLIES	87,195,722	0.2	%
70,000	—	%	CONTRACT CLEANING	1,560,000	—	
7,159,476	0.2	%	GUEST SUPPLIES	70,570,955	0.2	%
16,466,990	0.4	%	PAPER SUPPLIES	121,377,528	0.3	%
22,532,238	0.5	%	DECORATIONS	171,284,561	0.5	%
7,243,400 —	0.2	%	LINEN	89,006,600	0.3	%
117,875,422 —	2.7	%	CHINA & GLASSWARE	133,562,578	0.4	%
1,387,240	—	%	OUTSIDE STORAGE	20,727,584	0.1	%
57,427,956	1.3	%	MUSIC & ENTERTAINMENT	639,649,047	1.8	%
0	—	%	TELEPHONE EXPENSES	0	—	
5,225,890	0.1	%	SILVER	40,084,490	0.1	%
53,634,177	1.2	%	UTENSILS	96,721,177	0.3	%
7,699,000	0.2 —	%	KITCHEN FUEL	49,364,000	0.1	%
4,312,104	0.1 —	%	MENUS & BEVERAGE LISTS	89,393,305	0.2	%
19,192,752	0.4	%	BANQUET EXPENSES	68,731,897	0.3	%
7,085,745	0.2	%	BAR EXPENSES	272,423,190	0.2	%
26,336,730	0.6	%	ELECTRICITY	134,265,134	0.8	%
12,138,666	0.3	%	FUEL GAS	768,210	0.4	%
0	—	%	MINI BAR LATE CHARGES	1,035,033	—	
0	—	%	COMPETITOR SURVEY	165,918	—	
0	—	%	CONTAINER LOSSES	196,924,017	—	
80,246,881	1.9	%	SPECIAL PROMOTIONS	226,757,912	0.6	%
23,213,717	0.5	%	WATER	226,757,912	0.6	%
285,242,531	6.6	%	TOTAL EXPENSES	3,200,811,100	9.0	%
1,971,312,353	45.5	%	DEPARTMENTAL PROFIT	11,478,578,211	32.3	%

표 3-26　　B호텔의 식음부문 손익계산서 - (1)

항목	매출액 금액	구성비	① 금액	구성비	② 금액	구성비	③ 금액	구성비	④ 금액	구성비	⑤ 금액	구성비
I 매출	3,743,062	100.0	336,540	100.0	488,641	100.0	355,775	100.0	187,783	100.0	206,259	100.0
II 직비	3,098,755	82.8	254,555	75.6	386,723	79.1	253,249	71.2	166,507	88.7	199,126	96.5
재료	1,201,897	32.1	77,351	23.0	190,839	39.1	123,543	34.7	59,041	31.4	63,969	31.0
인건비	1,306,687	34.1	128,874	38.3	144,766	29.6	85,864	24.1	67,686	36.0	98,616	47.8
급료	1,036,559	27.7	102,976	30.6	116,845	23.9	68,200	19.2	54,042	28.8	79,829	38.7
상여금	162,504	4.3	15,868	4.7	18,070	3.7	10,624	3.0	8,283	4.4	12,334	6.0
제수당	107,624	2.9	10,030	3.0	9,851	2.0	7,040	2.0	5,361	2.9	6,453	3.1
경비	590,171	15.8	48,330	14.4	51,118	10.5	43,842	12.3	39,780	21.2	36,541	17.7
복리후생비	100,481	2.7	9,407	2.8	12,208	2.5	8,860	2.5	4,738	2.5	5,610	2.7
수도광열비	43,039	1.1	5,669	1.7	5,242	1.1	4,638	1.3	2,749	1.5	3,267	1.6
소모품비	39,469	1.1	4,163	1.2	4,118	0.8	3,287	0.9	1,990	1.1	2,513	1.2
피복비	1,378	0.1	156	0.0	225	0.0	164	0.0	86	0.0	95	0.0
수선비	18,481	0.5	450	0.1	742	0.2	1,057	0.3	650	0.3	449	0.2
세탁비	22,416	0.6	1,849	0.5	1,931	0.5	1,678	0.5	949	0.5	2,475	1.2
관리비	20,241	0.5	420	0.1	410	0.1	25	0.0	15,526	8.3	1,339	0.6
통신비	16,308	0.4	8,680	2.6	7,410	3.2	7,716	2.2	3,989	2.1	14	0.0
지급수수료	73,029	2.0	1,552	0.5	7,810	0.8	1,639	0.5	864	0.5	5,843	2.8
교육훈련비	15,914	0.4	1,196	0.3	2,254	0.5	784	0.2	565	0.3	947	0.5
여비교통비	11,531	0.3	10,536	3.1	1,639	0.4	9,450	2.7	5,118	2.7	663	0.3
감가상각비	120,000	3.2	521	0.2	9,150	1.0	18	0.0	10	0.0	10,407	5.0
임차료	61,930	1.7	772	0.2	18	0.0	624	0.2	373	0.2	20	0.0
보험료	6,084	0.2			773	0.2					464	0.2
잡비	39,864	1.1	3,859	1.1	5,506	1.1	3,902	1.1	2,173	1.2	2,435	1.2
III 영업이익	644,307	17.2	81,985	24.4	101,918	20.9	102,526	28.8	21,276	11.3	7,133	3.5
IV 관리간접비	711,039	19.0	64,090	19.0	55,652	11.4	57,492	16.2	31,127	16.6	63,305	30.7
의료복리후생	366,322	9.8	32,926	9.8	28,592	5.9	29,536	8.3	15,991	8.5	32,524	15.8
수도광열비	17,795	0.5	1,754	0.5	1,524	0.3	1,574	0.4	851	0.5	1,733	0.8
소모품비	11,262	0.3	1,041	0.3	904	0.2	933	0.3	505	0.3	1,027	0.5
수선비	25,724	0.7	2,312	0.7	2,007	0.4	2,075	0.6	1,123	0.6	2,284	1.1
지급수수료	50,459	1.3	4,535	1.3	3,938	0.8	4,068	1.1	2,203	1.2	4,402	2.1
교육훈련비	11,278	0.3	1,014	0.3	880	0.2	909	0.3	493	0.3	1,002	0.5
여비교통비	54,042	1.4	4,757	1.4	4,131	0.8	4,268	1.2	2,310	1.2	4,699	2.3
감가상각비	34,247	0.9	3,015	0.9	2,618	0.5	2,705	0.8	1,464	0.8	2,978	1.4
임차료	65,191	1.7	6,020	1.8	5,227	1.1	5,400	1.5	2,924	1.6	5,381	2.9
보험료	4,305	0.1	387	0.1	336	0.1	348	0.1	189	0.1	346	0.2
세금과공과	32,279	0.9	2,901	0.9	2,519	0.5	2,602	0.7	1,409	0.8	2,866	1.6
잡비	38,135	1.0	3,428	1.0	2,976	0.6	3,074	0.9	1,685	0.9	3,386	1.6
V 영업손익	-66,732	-1.8	17,895	5.3	46,266	9.5	45,034	12.7	-9,851	-5.2	-56,172	-27.2
순손익	3,848,579	102.8	311,878	92.7	407,193	83.3	282,159	79.3	205,341	109.4	293,248	142.2

표 3-26(계속) B호텔의 식음부문 손익계산서 - (2)

> 주: 각 칸은 「금액(구성비 %)」 형식으로 표기함. (금액 단위 생략)

계정과목	합계 ⑮	합계 ⑳	합계 ⑳	합계 ⑰	합계 ⑩	합계 ⑪
I. 매출액	88,319 (100.0)	432,521 (100.0)	223,921 (100.0)	96,610 (100.0)	407,549 (100.0)	111,895 (100.0)
II. 매출원가	74,841 (84.7)	326,696 (75.5)	205,293 (91.7)	89,849 (93.0)	402,888 (98.9)	44,547 (39.8)
1) 재료비	20,505 (23.2)	137,652 (31.8)	73,862 (33.0)	20,085 (20.8)	123,373 (30.3)	13,034 (11.6)
2) 인건비	46,239 (52.4)	126,374 (29.2)	88,611 (39.6)	44,264 (45.8)	192,439 (47.2)	16,307 (14.6)
급료	37,327 (42.3)	101,422 (23.4)	64,595 (28.8)	36,068 (37.3)	154,763 (38.0)	12,764 (11.4)
상여금	5,702 (6.5)	15,669 (3.6)	10,029 (4.5)	5,426 (5.6)	24,148 (5.9)	1,957 (1.7)
퇴직금	3,210 (3.6)	9,283 (2.1)	13,987 (6.2)	2,770 (2.9)	13,528 (3.4)	1,586 (1.4)
3) 경비	8,097 (9.2)	62,670 (14.5)	42,820 (19.1)	25,500 (26.4)	87,076 (21.4)	15,206 (13.6)
복리후생비	1,892 (2.1)	11,329 (2.6)	5,806 (2.6)	3,367 (3.5)	11,371 (2.8)	2,595 (2.3)
여비교통비	1,374 (1.6)	4,297 (1.0)	4,976 (2.2)	3,438 (3.6)	6,009 (1.5)	589 (0.6)
통신비	1,077 (1.2)	3,279 (0.8)	3,482 (1.6)	2,641 (2.7)	4,497 (1.1)	541 (0.5)
수도광열비	40 (0.0)	199 (0.0)	103 (0.0)	45 (0.0)	187 (0.0)	51 (0.0)
세금과공과	41 (0.0)	271 (0.1)	2,140 (1.0)	—	5,238 (1.3)	—
감가상각비	—	13,986 (3.2)	1,710 (0.8)	1,066 (1.1)	3,451 (0.8)	2,475 (2.2)
임차료	510 (0.6)	1,559 (0.4)	16 (0.0)	66 (0.1)	30 (0.0)	260 (0.2)
수선비	151 (0.2)	8,443 (1.9)	8,573 (3.8)	30 (0.0)	15,717 (3.9)	7 (0.0)
보험료	406 (0.5)	1,039 (0.2)	1,029 (0.5)	2,274 (2.4)	1,874 (0.5)	2,649 (2.4)
광고선전비	579 (0.7)	1,506 (0.3)	1,978 (0.9)	747 (0.8)	1,513 (0.4)	515 (0.5)
소모품비	792 (0.9)	10,272 (2.4)	10,785 (4.8)	745 (0.8)	31,812 (7.8)	130 (0.2)
지급수수료	192 (0.2)	271 (0.1)	643 (0.3)	1,905 (2.0)	62 (0.0)	3,825 (3.4)
도서인쇄비	—	606 (0.1)	—	488 (0.5)	811 (0.2)	21 (0.0) / 109 (0.1)
잡비	1,036 (1.2)	4,384 (1.0)	2,558 (1.1)	1,074 (1.1)	4,504 (1.1)	1,293 (1.2)
III. 매출총이익	13,478 (15.3)	105,825 (24.5)	18,628 (8.3)	6,761 (7.0)	4,661 (1.1)	67,348 (60.2)
IV. 관리비	4,817 (5.5)	66,144 (15.3)	65,614 (29.3)	11,597 (12.0)	193,519 (47.5)	23,266 (20.8)
급료	2,475 (2.8)	33,982 (7.9)	33,709 (15.1)	5,958 (6.2)	99,418 (24.4)	11,952 (10.7)
잡급	131 (0.1)	1,810 (0.4)	1,796 (0.8)	318 (0.3)	5,297 (1.3)	636 (0.6)
상여금	78 (0.1)	1,075 (0.2)	1,066 (0.5)	188 (0.2)	3,142 (0.8)	377 (0.3)
복리후생비	173 (0.2)	2,386 (0.6)	2,367 (1.1)	418 (0.4)	6,981 (1.7)	840 (0.8)
여비교통비	341 (0.4)	4,680 (1.1)	4,644 (2.1)	820 (0.8)	13,694 (3.4)	1,647 (1.5)
통신비	77 (0.1)	1,046 (0.2)	1,037 (0.5)	184 (0.2)	3,062 (0.8)	369 (0.3)
감가상각비	358 (0.4)	4,910 (1.1)	4,870 (2.2)	861 (0.9)	14,366 (3.5)	1,727 (1.5)
수선비	226 (0.3)	3,111 (0.7)	3,086 (1.4)	546 (0.6)	9,104 (2.2)	1,094 (1.0)
소모품비	453 (0.5)	6,213 (1.4)	6,163 (2.8)	1,089 (1.1)	18,176 (4.5)	2,185 (2.0)
보험료	30 (0.0)	399 (0.1)	396 (0.2)	279 (0.3)	1,170 (0.3)	141 (0.1)
지급수수료	218 (0.2)	2,994 (0.7)	2,971 (1.3)	525 (0.5)	8,760 (2.2)	1,054 (0.9)
잡비	257 (0.3)	3,538 (0.8)	3,509 (1.6)	621 (0.6)	10,349 (2.5)	1,244 (1.1)
V. 영업이익	8,661 (9.8)	39,681 (9.2)	-46,986 (-21.0)	-4,836 (-5.0)	-188,858 (-46.3)	44,082 (39.4)
순이익	76,448 (86.6)	370,413 (85.6)	298,780 (133.4)	103,958 (107.6)	696,677 (170.9)	59,643 (53.3)

표 3-26(계속) B호텔의 식음부문 손익계산서 - (3)

계정과목	금액	구성비	금액	구성비	금액	구성비	금액	구성비
I. 매출액	52,592	100.0	279,366	100.0	236,930	100.0	238,361	100.0
II. 매출원가	37,039	70.4	217,824	78.0	209,419	88.4	223,705	93.9
1) 식료	12,774	24.3	91,972	32.9	89,148	37.6	98,626	41.4
2) 음료	13,937	26.5	97,777	35.0	72,139	30.4	82,794	34.7
	11,288	21.5	75,721	27.1	55,344	23.4	65,375	27.4
	1,698	3.2	12,688	4.5	9,272	3.9	10,736	4.5
	951	1.8	9,368	3.4	7,523	3.2	6,683	2.8
(3) 매출총이익	10,328	19.6	28,075	10.0	48,132	20.3	42,285	17.7
	1,353	2.6	6,478	2.3	1,969	0.8	5,500	2.3
	689	1.3	2,613	0.9	2,011	0.8	0	0.0
	541	0.0	2,096	0.8	2,124	0.9	2,716	1.1
	24	0.0	0	0.0	983	0.4	0	0.0
	0	6.6	1,810	0.6	911	0.0	3,223	1.4
	3,480	0.5	245	0.1	700	0.3	0	0.0
	239	1.3	0	0.0	1,497	0.6	906	0.4
	3	0.5	0	0.0	598	0.3	250	0.1
	676	0.5	962	0.3	3,000	1.3	0	0.0
	242	0.3	5,250	1.9	34,581	14.6	660	0.3
	149	4.2	6,386	2.3	14	0.0	507	0.2
	2,220	0.2	0	0.0	564	0.2	4,875	2.0
	4	1.1	2,230	0.8			20,397	8.6
	109						104	0.0
	599						3,147	1.3
IV. 영업이익	15,553	29.6	61,542	22.0	27,511	11.6	14,656	6.1
	13,230	25.2	19,875	7.1	19,875	8.4	19,875	8.3
	4,954	9.4	7,691	2.8	7,691	3.2	7,691	3.2
	2,215	4.2	3,083	1.1	3,083	1.3	3,083	1.3
	292	0.7	155	0.1	155	0.1	155	0.1
	378	1.5	562	0.4	562	0.2	562	0.2
	791	0.9	1,229	0.3	1,229	0.5	1,229	0.5
	483	1.5	749	0.4	749	0.6	749	0.3
	782	1.1	1,476	0.4	1,476	0.6	1,476	0.6
	570	2.1	1,096	0.2	1,096	0.5	1,096	0.5
	1,105	1.1	1,454	0.4	1,454	0.3	1,454	0.6
	576	1.1	694		694		694	0.3
	285	0.5	444		444		444	0.2
	799	1.5	1,242		1,242	0.5	1,242	0.5
V. 경상이익	2,323	4.4	41,667	14.9	7,636	3.2	-5,219	-2.2
계	49,343	93.8	214,132	76.6	224,336	94.7	244,923	102.8

| 표 3-27 | | | 특정 C호텔의 식음부문 손익계산서 | | |

과 목	금 액	비 율		비 고
I. 매 출 액	421,108,820	100		
1. 식료수입	310,285,185	73.7	%	
2. 음료수입	73,361,082	17.4	%	
3. 기타수입		0.0	%	
4. 봉사료수입	37,462,553	8.9	%	
II. 매 출 원 가	381,269,293	90.5	%	
1. 재 료 비	151,357,206	35.9	%	
1) 식재료비	135,474,820	32.2	%	
2) 음재료비	15,882,386	3.8	%	
2. 노 무 비	119,493,186	28.4	%	
1) 급료 및 수당	60,608,842	14.4	%	
2) 상 여 금	9,823,946	2.3	%	
3) 봉 사 료	39,861,492	9.5	%	
4) 잡 금		0.0	%	
5) 퇴직급여충당금	9,198,906	2.2	%	
3. 경 비	110,418,901	26.2	%	
1) 전 력 비	6,867,250	1.6	%	
2) 수 도 료	3,619,361	0.9	%	
3) 연 료 비	6,321,336	1.5	%	
4) 운 송 비	15,000	.0	%	
5) 수선유지비	9,648,902	2.3	%	
6) 청 소 비	3,825,365	0.9	%	
7) 세 탁 비	3,850,539	0.9	%	
8) 장화장식비	3,169,686	0.8	%	
9) 연 주 비	9,090,000	2.2	%	
10) 객실소모품비	3,284,694	0.8	%	
11) 객용소모품비	3,102,921	0.7	%	
12) 주방소모품비	2,911,230	0.7	%	
13) 인쇄물 및 문구비	1,424,023	0.3	%	
14) 세금과 공과	1,861,015	0.4	%	
15) 복리후생비	13,170,999	3.1	%	
16) 여비교통비	2,083,486	0.5	%	
17) 통 신 비		0.0	%	
18) 광고선전비	8,977,800	2.1	%	
19) 판매촉진비	2,044,384	0.5	%	
20) 교육훈련비	12,493,962	3.0	%	
21) 차량유지비	388,069	0.1	%	
22) 접 대 비	267,840	0.1	%	
23) 제 복 비	8,266,311	2.0	%	
24) 지급수수료	1,416,785	0.3	%	
25) 기 밀 비	240,400	0.1	%	
26) 도기글라스류	1,337,117	0.3	%	
27) 은기류비	81,170	.0	%	
28) 보 험 료	290,646	0.1	%	
29) 린넨류비	368,610	0.1	%	
30) 잡 비		0.0	%	
III. 매 출 총 이 익	39,839,527	9.5	%	

이상과 같은 3개 호텔의 식음부문 손익계산서에의 항목과 그 결과를 살펴보았다.

특히, A호텔과 C호텔의 경우는 영업이익이 각각 32.3%와 9.5%이지만, B호텔은 1.8%의 손실(−)을 기록하고 있다. 이는 영업 결과에 따른 손실이라기보다는 원가의 배분방법에서 연유한 손실이라고 생각된다.

과거와는 달리 식음부문의 운영에서 발생하는 제 원가는 계속하여 상승하고 있다. 특히, 수요와 공급의 불균형에서 야기되는 경쟁, 경쟁의 우위를 지치기 위한 차별화는 고객의 욕구증가와 함께 순수익의 개념에서 외식업체(호텔 식음료 부분) 운영에 대해 새로운 운영기법과 개념에 대한 재조명을 요구하고 있다.

2. 원가·조업도·이익분석

일반적으로 식음료 보고서에서 분석되는 내용은 그리 복잡하지 않다. 일반적으로 매출분석(전년도 같은 기간대비 증감을 비교하고 그 원인을 규명하는 정도), 실제와 예산과의 차이분석(기대한 매출액과 실제 매출액과의 차이와 그 원인분석), 객단가 분석, 좌석회전율 분석, 비용분석, 원가율 분석, 원가, 조업도, 이익분석 등이 많이 이용되고 있다. 여기서는 원가, 조업도, 이익분석에 대한 것만을 다루도록 한다.

단기이익계획(예산편성)과 단기적 의사결정에 필요한 정보를 제공하는데 주 목적을 가지고 있는 원가·조업도·이익분석(Cost−Volume−Profit Analysis)은 조업도와 원가의 변화가 이익에 어떠한 영향을 미치는가를 분석하는 기법으로 다음과 같은 경영활동을 계획하는 데 이용된다.

① 특정 판매량에서 얻을 수 있는 이익은 얼마인가?
② 일정한 목표이익을 달성하기 위해서는 판매량(또는 매출액)이 어느 정도나 되어야 하는가?
③ 손실을 보지 않으려면 판매량(또는 매출액)이 얼마를 넘어야 하는가?
④ 판매가격이나 원가가 변동하면 이익은 어떻게 변화하는가?

1) 기본개념

수익과 비용 및 이익 사이에는 다음의 관계가 성립한다.

총수익 = 총비용 + 이익

이 관계를 영업외 이익, 영업외 비용과 특별손익이 없는 CVP분석에 적용하면 다음과 같은 CVP분석을 위한 기본등식으로 나타낼 수 있다.

$$\underbrace{\text{매출액}}_{\text{총수익}} = \underbrace{\text{변동원가}}_{} \underbrace{+\text{고정원가}}_{\text{총비용}} + \underbrace{\text{영업이익}}_{\text{이익}}$$

$$\underbrace{\text{판매량} \times \text{단위당 판매가격}}_{\text{총수익}} = \underbrace{\text{판매량} \times \text{단위당 변동원가}}_{\text{총비용}} \underbrace{+\text{고정원가}}_{} + \underbrace{\text{영업이익}}_{\text{이익}}$$

그리고 이 등식과 함께 CVP분석을 정확하게 이해하기 위해서는 공헌이익과 공헌이익률에 대한 이해가 필요하다.

공헌이익(Contribution Margin : CM)에는 총공헌이익(Total Contribution Margin : TCM)과 단위당 공헌이익(Unit Contribution Margin : UCM)이 있다.

총공헌이익은 총수익에서 변동원가를 차감한 금액으로서 고정원가를 보상하고 영업이익에 공헌할 수 있는 금액을 말한다. 단위당 공헌이익은 단위당 판매가격에서 단위당 변동원가를 차감한 금액으로서 제품 한 단위를 판매하는 것이 고정비를 회수하고 영업이익을 창출하는데 얼마나 공헌하는지를 알 수 있는 금액이다.

공헌이익 = 총수익(매출액) − 변동원가
단위당 공헌이익 = 단위당 판매가격 − 단위당 변동원가

그리고 공헌이익과 함께 이해하여야 하는 개념으로 공헌이익률(Contribution Margin Ratio : CMR)이 있다. 공헌이익률은 매출액에 대한 공헌이익의 비율로서 매출액에서 공헌이익이 차지하는 비율을 나타내 주는 개념이다. 이는 총공헌이익을 매출액으로 나누어서 계산할 수도 있고, 단위당 공헌이익을 단위당 판매가격으로 나누어서 계산할 수도 있다.

$$공헌이익률 = \frac{총공헌이익}{매출액} = \frac{매출액 - 총변동원가}{매출액} = \frac{단위당\ 공헌이익}{단위당\ 판매가격} = \frac{단위당\ 판매가격 - 단위당\ 변동원가}{단위당\ 판매가격}$$

그리고 매출액에 대한 변동원가의 비율을 변동비율(Variable Cost Ratio : VCR)이라고 하는데, 변동비율과 공헌이익률을 합하면 1이 된다.

$$공헌이익률 + 변동비율 = \frac{공헌이익}{매출액} + \frac{변동원가}{매출액} = \frac{매출액 - 변동원가}{매출액} + \frac{변동원가}{매출액} = 100\%$$

예를 들어 다음과 같은 전제조건하에서 공헌이익과 단위당 공헌이익, 공헌이익률, 변동비율을 구해보면;

> 단위당 변동비 3500원, 고정비 1500
> A라는 설렁탕 전문점의 설렁탕 한 그릇의 값은 5000원
> 연 60,000 그릇 판매 예상

◆ 공헌이익은?

> 매출액 = 5000원 × 60,000 그릇 = 300,000,000원
> 변동비 = 3500원 × 60,000 그릇 = 210,000,000원
> 공헌이익 = 300,000,000원 − 210,000,000 = 90,000,000원

◆ 단위당 공헌이익은?

> 단위당 판매가격 = 5,000원
> 단위당 변동비 = 3,500원
> 단위당 공헌이익 = 5,000원 − 3,500원 = 1,500원

◆ 공헌이익률

$$공헌이익률 = \frac{공헌이익}{매출액} = \frac{90,000,000}{300,000,000} = 30\%$$

$$단위당 \ 공헌이익률 = \frac{단위당공헌이익}{단위당판매가격} = \frac{1,500}{5,000} = 30\%$$

◆ 변동비율

$$변동비율 = \frac{변동비}{매출액} = \frac{210,000,000}{300,000,000} = 70\%$$

$$단위당 \ 변동비율 = \frac{단위당변동비}{단위당판매가격} = \frac{3,500}{5,000} = 70\%$$

2) 손익분기점분석

손익분기점(Break-Even Point : BEP)이란 제품의 판매로 얻은 수익과 지출된 비용이 일치하여 손실도 이익도 발생하지 않는 판매량이나 매출액을 말한다. 즉 손익분기점에서는 공헌이익 총액이 고정원가와 일치하여 영업이익이 0이 된다.

손익분기점은 CVP 분석에서 영업이익이 0이 되는 하나의 점으로 CVP분석의 한 부분이라고 할 수 있는데, 이러한 손익분기점을 계산하는 방법으로는 등식법과 공헌이익법 등이 있다.

등식법은 CVP분석의 기본등식을 사용하되, 손익분기점에서는 이익도 손실도 발생하지 않으므로 영업이익을 0으로 놓고 손익분기점 판매량이나 매출액을 계산하는 방법이다.

매출액 = 변동원가 + 고정원가 + 영업이익(0으로 가정)
∴ 매출액 = 변동원가 + 고정원가 ──────────── ①

이 손익분기점 등식은 다음과 같이 나타낼 수도 있다.

$$\text{매출액} = \text{매출액} \times \text{변동비율} + \text{고정원가} \quad\text{──────} ②$$

$$\underbrace{\text{판매량} \times \text{단위당 판매가격}}_{\text{총수익}} = \underbrace{\text{판매량} \times \text{단위당 변동원가} + \text{고정원가}}_{\text{총비용}} \quad\text{──} ③$$

반면, 공헌이익법은 손익분기점에서 총공헌이익이 고정비와 일치한다는 사실에 초점을 맞추어서 총공헌이익과 고정비가 일치하는 판매량이나 매출액을 계산하는 방법이다.

등식법의 세 가지 형태인 ①, ②, ③의 등식에서 우변에 고정비만을 남고, 변동비와 관련된 항목을 좌변으로 이항하면 좌변은 공헌이익금액이 되며 각각 다음 식이 도출된다.

$$\text{매출액} - \text{변동원가} = \text{고정비} \quad\text{──} ①$$
$$\text{매출액} - \text{매출액} \times \text{변동비율} = \text{고정비} \quad\text{──} ②$$
$$\text{판매량} \times (\text{단위당 판매가격} - \text{단위당 변동원가}) = \text{고정비} \quad\text{──} ③$$

위의 식을 정리하면 다음과 같이 좌변에 공헌이익이 남고 우변에 고정비가 남아서 공헌이익과 고정비가 같아지는 손익분기점의 판매량이나 매출액을 찾을 수 있게 된다.

$$\text{공헌이익} = \text{고정비}$$
$$\text{매출액} \times \text{공헌이익률} = \text{고정비}$$
$$\text{판매량} \times \text{단위당 공헌이익} = \text{고정비}$$

위의 식을 변형하면 다음과 같이 나타낼 수도 있다.

$$\text{손익분기점 매출액} = \frac{\text{고정비}}{\text{공헌이익률}}$$

$$\text{손익분기점 판매량} = \frac{\text{고정비}}{\text{단위당 공헌이익}}$$

위의 식을 바탕으로 주어진 조건에서 손익분기점 판매량과 순익분기점 매출액을 계산해 보면 다음과 같다.

① 단위당 공헌이익이 3,500원, 연간 고정비가 40,000,000원인 ○○씨 설렁탕집의 손익분기점 판매량은?

② 단위당 판매가격이 7,000원, 단위당 변동비가 3,000원, 연간 고정비가 40,000,000원인 ○○씨 설렁탕집의 손익분기점 판매량은?

③ 단위당 판매가격이 7,000원, 변동비율이 70%, 연간고정비가 40,000,000원인 ○○씨 설렁탕집의 손익분기점 판매량은?

④ 변동비율이 70%, 연간고정비가 40,000,000원인 ○○씨 설렁탕집의 손익분기점 매출액은?

먼저, 등식법에 의한 판매량과 매출액을 산출해 보면 다음과 같다.

▌ 첫째 ▌ 등식법

① 손익분기점 판매량(x)

$$\underset{\text{공헌이익}}{3,500\,x} = \underset{\text{고정비}}{40,000,000} = \quad \therefore x = 11,429\text{그릇}$$

② 손익분기점 판매량(x)

$$\underset{\text{매출액}}{7,000\,x} - \underset{\text{변동비}}{3,000\,x} = \underset{\text{고정비}}{40,000,000} \quad \therefore x = 10,000\text{그릇}$$

③ 손익분기점 판매량(x)

$$\underset{\text{매출액}}{7,000\,x} = \underset{\text{변동비}}{4,900\,x} + \underset{\text{고정비}}{40,000,000} \quad \therefore x = 19,048\text{그릇}$$

④ 손익분기점 매출액(S)

$$\underset{\text{매출액}}{\underline{S}} = \underset{\text{변동비}}{\underline{0.7S}} + \underset{\text{고성비}}{\underline{40,000,000}} \qquad \therefore S = ₩133,333,333$$

▌ 둘째 ▌ 공헌이익법

①

$$\text{손익분기점 판매량} = \frac{\text{고정비}}{\text{단위당 공헌이익}} = \frac{40,000,000}{3,500} = 11,429그릇$$

②

$$\text{손익분기점 판매량} = \frac{\text{고정비}}{\text{단위당 공헌이익}} = \frac{40,000,000}{7,000-3,000} = 10,000그릇$$

③

$$\text{손익분기점 판매량} = \frac{\text{고정비}}{\text{단위당 공헌이익}} = \frac{40,000,000}{7,000-4,900} = 19,048그릇$$

④

$$\text{손익분기점 판매량} = \frac{\text{고정비}}{\text{공헌이익률}} = \frac{40,000,000}{1-0.7} = ₩133,333,333$$

3) 목표이익분석

CVP 분석을 이용하면 손익분기점 이외에도 경영자가 원하는 특정 목표이익(Target Income)을 달성하기 위해 필요한 판매량이나 매출액을 계산할 수 있다.

목표이익을 달성하기 위한 판매량이나 매출액을 구하는 방법도 손익분기점 분석과 마찬가지로 등식법과 공헌이익법이 있다. 등식법과 공헌이익법을 목표이익분석에 적용하면 다음과 같은 식이 된다.

■ 등식법

매출액 = 변동비＋고정비＋목표이익

공헌이익 = 고정비＋목표이익

■ 공헌이익법

공헌이익 = 고정비＋목표이익

목표판매량 × 단위당 공헌이익 = 고정비＋목표이익

$$목표판매량 = \frac{고정비＋목표이익}{단위당\ 공헌이익}$$

목표매출액 × 공헌이익률 = 고정비＋목표이익

$$목표매출액 = \frac{고정비＋목표이익}{공헌이익률}$$

위의 등식법이나 공헌이익법을 이용하여 목표이익을 달성하기 위한 목표판매량이나 매출액을 다음과 같이 구할 수 있다.

목표판매량 = 고정비＋목표이익 ÷ 단위당 공헌이익

목표매출액 = 고정비＋목표이익 ÷ 공헌이익률

◆ 목표이익을 달성하기 위한 판매량

예를 들어 판매가가 20,000원, 그 중 변동비가 12,000원, 고정비가 1,600,000원, 목표이익이 800,000원일 때 목표이익을 달성하기 위한 판매량을 다음과 같이 구할 수 있다.

┃ **첫째** ┃ 등식법

$$\underset{\text{매출액}}{20,000원 \times x} = \underset{\text{변동비율}}{12,000원 \times x} + \underset{\text{고정비}}{1,600,000원} + \underset{\text{목표이익}}{800,000원}$$

∴ 목표이익 달성을 위한 판매량(x) = 300 커버

▌ **둘째** ▌ 공헌이익법

$$8,000원(20,000원-12,000원) \times x = 1,600,000원 + 800,000원$$

공헌이익   고정비   목표이익

∴ 목표이익 달성을 위한 판매량(x) = 300 커버

◆ 목표이익을 달성하기 위한 매출액

▌ **첫째** ▌ 등식법

$$S = S \times 60\%^* + 1,600,000원 + 800,000원$$

매출액 변동비   고정비   목표이익

∴ 목표이익 달성을 위한 매출액(S) = 6,000,000원

*변동비율 = 단위당 변동비 ÷ 단위당 판매가격 = 12,000원 ÷ 20,000원 = 60%

▌ **둘째** ▌ 공헌이익법

$$S \times 40\%^* = 1,600,000원 + 800,000원$$

공헌이익   고정비   목표이익

∴ 목표이익 달성을 위한 매출액(S) = 6,000,000원

*공헌이익률 = 단위당공헌이익 ÷ 단위당 판매가격 = 8,000원 ÷ 20,000원 = 40%

4) 법인세를 고려한 목표이익분석

CVP 분석의 기본등식에 포함되어 있는 영업이익은 매출액에서 변동비와 고정비를 차감한 금액으로 법인세를 차감하기 전의 영업이익이다.

매출액 = 변동비 + 고정비 + 세전이익(영업이익)

원하는 목표이익을 달성하기 위해서는 세금을 납부한 후 최종적으로 남은 잔액이 목표이익과 일치하여야 한다.

경영자가 원하는 목표이익은 법인세를 차감한 후의 이익인 반면에 CVP분석의 기본등식에 포함된 영업이익은 법인세차감전의 이익이므로 법인세 차감 후의 목표이익을 법인세 차감전 이익으로 변환하여 CVP분석의 등식에 적용하여야 한다.

법인세 차감전 이익과 법인세 차감후 이익 간에는 다음과 같은 관계가 성립된다.

$$세전이익 \; - \; 법인세 \; 납부액 \; = \; 세후이익$$
$$세전이익 \; - \; 세전이익 \; \times \; 세율 \; = \; 세후이익$$
$$세전이익 \; \times \; (1-세율) \; = \; 세후이익$$
$$세전이익 \; = \; \frac{세후이익}{1-세율}$$

이처럼 세후이익과 세전이익 간에는 위와 같은 관계가 있으므로 경영자가 원하는 세후목표이익을 세전이익으로 변환하여 CVP분석의 기본등식에 적용하면 다음과 같다.

- 등식법

$$매출액 \; = \; 변동비 \; + \; 고정비 \; + \; \frac{세후목표이익}{1-세율}$$

- 공헌이익

$$공헌이익 \; = \; 고정비 \; + \; \frac{세후목표이익}{1-세율}$$

이 식을 다음과 같이 정리할 수 있다.

$$목표판매량 \; = \; \frac{고정비 + \dfrac{세후목표이익}{1-세율}}{단위당 \; 공헌이익} \; = \; \frac{고정비 + 세전목표이익}{단위당 \; 공헌이익}$$

$$목표매출액 \; = \; \frac{고정비 + \dfrac{세후목표이익}{1-세율}}{공헌이익률} \; = \; \frac{고정비 + 세전목표이익}{공헌이익률}$$

◆ 세후목표이익

예를 들어 판매가가 20,000원, 그 중 변동비가 12,000원, 고정비가 1,600,000원, 세후목표이익이 720,000원, 법인세율이 40%일 때 세전목표이익, 세후목표이익을 달성하기 위한 판매량을 다음과 같이 구할 수 있다.

▌ 첫째 ▌ 세전목표이익

세전목표이익 × (1−0.4) = 720,000원 ÷ 세후목표이익

세전목표이익 = 720,000원 ÷ 1−0.4% = 1,200,000원

▌ 둘째 ▌ 세후목표이익 720,000원을 달성하기 위한 판매량

◆ **등식법**

20,000원 × *x* = 12,000원 × *x* + 1,600,000원 + 720,000원 ÷ 1−0.4%

매출액   변동비   고정비   세후목표이익

∴ 세후목표이익 720,000원을 달성하기 위한 판매량(x) = 350커버

◆ **공헌이익법**

8,000원 × *x* = 1,600,000원 + 720,000원 ÷ 1−0.4%

공헌이익   고정비   세후목표이익

∴ 세후목표이익 720,000원을 달성하기 위한 판매량(*x*) = 350카버

▌ 셋째 ▌ 세후목표이익 720,000원을 달성하기 위한 매출액

◆ **등식법**

S = S × 60% + 1,600,000원 + 720,000원 ÷ 1−0.4%

매출액   변동비   고정비   세후목표이익

∴ 세후목표이익 720,000원을 달성하기 위한 매출액(S) = 7,000,000원

◆ **공헌이익법**

S × 40% = 1,600,000원 + 720,000원 ÷ 1−0.4%

공헌이익   고정비   세후목표이익

∴ 세후목표이익 720,000원을 달성하기 위한 매출액(S) = 7,000,000원

제4장
음료의 관리

제4장
음료의 관리

I. 식료와 음료관리의 차이 ▪▪

1. 식료관리와 음료관리는 어떻게 다른가

음료의 경우도 음료가 구매되어 소비되는 전 과정을 식료를 통제하고 관리하는 절차와 방식으로 통제하고 관리하면 된다.

여기에서도 식료와 마찬가지로 중요한 것은 물자의 흐름과 그 흐름을 통제하기 위한 절차와 방법인데, 음료의 경우는 식료에 비하여 다음 〈표 4-1〉과 같이 통제와 관리가 상대적으로 용이하다.

〈표 4-1〉에서 보여 주듯이 관리면에서 식료에 비하여 용이하다고 말할 수는 있다. 하지만 판매와 생산지점에서의 관리는 식료에 비하여 상대적으로 어렵다고 말할 수도 있다.

그러나 식료와는 달리 음료의 경우는 구매가격의 추적이 용이하고, 재고관리도 병, 또는 캔 단위로 되어 있으므로 쉽게 관리할 수 있다. 이동의 경우도 병, 또는 캔 단위로 이동하기 때문에 관리와 통제가 비교적 용이하나 실제로

생산지점(판매지점)의 관리와 통제는 식료에 비하여 더 어렵다.

예를 들어, 칵테일을 만드는 경우는 표준레시피가 있기는 하지만, 고객의 기호에 따라 표준레시피상의 각 아이템에 대한 양의 조절은 불가피하기 때문이다.

그러나 이러한 어려움을 부정적인 면으로 판단해서는 안 되고, 긍정적인 면에서 업장의 특성을 잘 고려하여 개선방안을 지속적으로 모색해 가는 것이 최선의 방법이라고 사료된다.

표 4-1   통제와 관리 측면에서 본 식료와 음료의 비교

식 료	음 료
① 관리해야 할 종류가 다종이다.	① 식료에 비하여 종류가 훨씬 적다.
② 저장기간이 비교적 짧다.	② 저장기간이 비교적 길다.
③ 쉽게 변질된다.	③ 거의 변질이 되지 않는다.
④ 공급자가 다양하다.	④ 공급자가 한정되어 있다.
⑤ 가격의 변화가 심하다.	⑤ 일정기간 유지된다.
⑥ 양의 측정이 곤란한 것이 많다.	⑥ 양의 측정이 비교적 용이하다.
⑦ 재고조사가 상당히 어렵다.	⑦ 재고조사가 비교적 용이하다.
⑧ 재고자산의 평가가 상당히 어렵다.	⑧ 재고자산의 평가가 비교적 용이하다

II. 검수 · 입고 · 출고지점의 관리 ▪▪

1. 검수지점의 관리는 어떻게 하는가

이 지점의 관리, 또한 식료와 마찬가지로 하면 된다. 식료에 비하여 구매횟수가 적고, 아이템의 종류도 적어 검수와 입·출고과정이 식료에 비해 용이하나, 음료도 식료의 경우와 거의 같은 통제절차에 의해서 관리되며 관리양식 또한 거의 같다.

구매발주서(P/ O)의 한 카피(Copy)가 검수지점에 구매지점으로부터 전달되게 되므로 외식업체(호텔)에 배송된 음료는 구매발주서의 내용과 일치하나를 확인한다.

그리고 송장(Invoice)과 대조·확인의 과정을 거쳐 현물, 구매발주서, 그리고 송장과 불일치한 사항이 있으면 식료에서와 마찬가지로 반품, 또는 부분적으로 수납하고, 필요하면 Credit Note를 작성하여 배달자와 검수자가 각각 서명하여 관계자에게 송달한다. 그러나 대조·확인과정을 거쳐 물품을 수령한 후에 확인된 차이에 대해서는 크레디트 인보이스(Credit Invoice)를 공급자에게 요청하기도 한다.

음료의 경우는 검수를 거친 후 직접 생산지점이나 판매지점으로 이동하는 경우는 거의 없으며, 일단 모든 음료가 저장고에 입고(入庫)되는 것을 원칙으로 하고 있다.

설령, 필요에 의하여 검수 후 직접 생산 또는 판매지점으로 전달된다고 하여도 먼저 저장고의 목록카드에 기재된 후 음료청구서에 의해 출고(出庫)되는 형식을 취하는 것이 일반적인 통제의 방법이다.

2. 입고관리는 어떻게 하는가

구매되어 외식업체(호텔)에 배달된 주류가 입고되어 보관되는 장소를 일반적으로 카브(Cave, 또는 Cellar)라 한다.

일단 입고된 모든 음료는 재고관리에서 이용하는 계속기록법에 의해서 관리되고, 각 아이템의 변동사항이 구체적으로 기록된다. 즉, 언제, 무엇이, 어디서, 얼마만큼, 입고되어(입고란), 언제, 무엇이, 어디로, 얼마만큼 이동되었으며(출고란), 현재 얼마의 재고가 있다는 것을 기록하는 목록카드가 있다.

적정 재고수준은 주로 이 카드에 있는 내용을 기초로 하며, 상한선과 하한선이 각 아이템마다 있어, 이것을 바탕으로 재발주가 이루어진다.

3. 출고관리는 어떻게 하는가

각 생산지점(음식을 요리하는 데 필요한 음료), 그리고 각 판매지점(각 업장과 바)에서 필요로 하는 주류와 비주류는 음료청구서를 작성한 후, 관계자의 결재를 득한 후에 저장고에 가면 이 청구서를 바탕으로 출고가 된다. 출고된 아이템은 각 아이템의 품목카드에 그 내용이 기록된다.

음료의 경우, 출고의 단위가 명확하여 식료에 비하여 관리가 훨씬 쉽다. 일례를 들어 A라는 바에서 50종류의 아이템을 사용한다면 다음과 같은 절차와 방법으로 출고의 관리를 효율적으로 할 수 있다.

① 50개 아이템에 대한 Par Stock을 결정한다.
   예를 들어, 각 아이템마다 2병을 Par로 정한다.[40]

② 빈 병과 새 병을 교환한다.
   각 아이템마다 보유하고 있는 2병 중에서 1병이 완전히 소비될 때까지를 기다려 음료청구서와 함께 빈 병을 가지고 와야 새 병을 출고한다. 이러한 방식으로 출고를 관리하면 판매지점에서의 Par Stock과 저장지점에서의 출고관리가 확실하게 이행될 수 있다. 경우에 따라서는 빈 병의 수거가 불가능한 때도 있을 수 있으나, 이 경우는 빈 병 수거가 불가능했던 이유를 소명할 수만 있으면 된다.

이와 같이 A라는 업장의 50개 아이템에 대한 관리를 할 수 있다. 아이템의

---

40) 여기서 말하는 Par란 영업개시 전에 항상 보유하고 있어야 할 수량이다.

수가 많은 경우는 모든 아이템을 이와 같은 방법으로 관리한다는 것은 경제적으로 불가능할 수도 있다. 그렇기 때문에 식료의 재고관리에서 언급한 ABC, A-B-C-D, 80/20의 법칙과 같은 재고관리기법을 적용하면 가능할 것으로 사료된다.

특히나 판매지점의 원활한 관리를 위해서는 각 아이템마다 "Par"의 관리는 절대적이라고 생각한다. 왜냐하면 판매지점에서 "Par"의 관리제도가 정착되면 재고관리도 잘 될 수 있게 되어 음료원가의 개선에 커다란 도움을 줄 수 있기 때문이다. 효율적인 "Par"의 관리를 위해서는 업장에서 사용하는 음료의 종류를 한정하는 것이 우선과제이고, 바의 진열장의 설계가 장식의 기능과 관리기능을 동시에 수행할 수 있게 디자인되는 것이 바람직하다.

4. 재고의 관리는 어떻게 하는가

식료에서와 마찬가지로 음료에서도 재고관리는 음료의 원가절감에 아주 중요한 역할을 한다.

재고는 자산으로 재고관리의 소홀에서 야기되는 문제를 정리하면 ; ① 과다한 재고의 보유, ② 더 이상 사용되지 않는, 사장(死藏)되는 아이템의 과다, ③ 또는 사용빈도가 낮은 아이템(Slow Moving Items)의 보유량 증가, ④ 필요한 아이템의 부족 등이다.

1) 재고관리 양식

전산화가 보편화된 최근에는 입·출고의 관리가 재고관리 프로그램에 의해서 관리되고 있다. 그러나 프로그램은 사람이 입력한 내용에 대해서만 처리할 뿐 자체적으로 관리할 수 있는 능력을 가지고 있는 것은 아니다.

저장고에 저장되어 있는 아이템의 입고와 출고의 내력을 기록하는 양식을 "Bin Card"라고 한다고 했는데, 이 "Bin Card"는 〈표 4-2〉와 같이 재고계속기록법에 의해서 관리된다.

| 표 4-2 | | PERPETUAL INVENTORY CARD의 일례 | |

CODE # :1234 BOTTLE SIZE : 750*ml*
ITEM :0000 UNIT COST : 00WON PAR STOCK : 5 BOTTLES

DATE	RECEIVED	ISSUED	BALANCE
			5
1/1		1	4
1/2		1	3
1/3		1	2
1/4		1	1
1/5	5	1	5
1/6		1	4

〈표 4-2〉의 양식에서는 전체적인 입고와 출고의 관리만이 가능하게 되어 있다. 즉, 언제 얼마만큼이 입고되고, 언제 얼마만큼이 출고되어, 현재 얼마만큼이 남아 있다는 정보만을 제공하고 있다.

그러나 다음 〈표 4-3〉과 같이 행선지가 표시되면 더욱 구체적인 관리를 할 수가 있다.

| 표 4-3 | | 보다 구체화된 PERPETUAL INVENTOR CARD의 일례 | |

CODE # : 1234 BOTTLE SIZE : 750*ml*
ITEM : 0000 UNIT COST : 00WON PAR STOCK: 8 BOTTLES

DATE	RECEIVED	ISSUED								BALANCE
		①	②	③	④	⑤	⑥	⑦	⑧	
										8
2/01				1				1		6
2/02		1								5
2/03			1		1	1				2
2/04							1			1
2/05	8								1	8
2/06				1						7

• ISSUED란의 ①~⑧은 영업장명

2) 재고조사

음료의 재고조사도 식료와 같은 방법으로 행한다. 저장고에 있는 (병이나 캔) 음료의 재고조사는 식료보다 훨씬 용이하다. 반면, 각 영업장에 있는 오픈 스톡(Open Stock)의 경우는 재고조사에 상당한 경험을 요한다.

◆ 오픈스톡(Open Stock)에 대한 일일재고조사

일일재고조사는 다음과 같은 절차와 방법에 의해서 행해진다.

① 〈표 4-4〉의 Bar 주류수불대장에 당일의 기초재고를 기록한다.

당일의 기초재고(Opening Inventory)는 전일의 기말재고(Closing Inventory)가 된다.

예를 들어, 5월 3일의 기초재고는 5월 2일의 기말재고이다. 〈표 4-4〉에서 5월 2일의 Code #200 Ballantine의 기말재고는 1-21(1병 21잔)이고, 5월 3일의 같은 아이템에 대한 기초재고는 5월 2일의 기말재고와 같은 1-21(1병 21잔)이다.

② 기초재고에서 당일 판매한 양을 감하여 기말재고란에 기록한다.

〈표 4-4〉에서 Scotch Whisky Standard 그룹의 Code #204 J&B의 경우를 예로 보면 5월 3일 기초재고가 1-16(1병 16잔), 당일에 판매한 양이 0-1(1잔)으로 기초재고에서 당일판매한 양을 뺀 {(1 - 16) - (0 - 1) = (1 - 15)}가 기말재고가 된다.

③ 기초재고에 저장고에서 공급받은 양을 더하여 당일 판매한 양을 감하여 기말재고란에 기록한다.

〈표 4-4〉에서 Scotch Whisky Premium 그룹의 Code # 222 Jonnie Walker Black의 경우, 5 / 3 일 기초재고 2 - 20 에서 저장고에서 1 - 0을 공급받아 기말재고는 3 - 20이 되었다. 그러나 판매지점에서 고객을 위하여 준비하는 주류는 일반적으로 사용용도에 따라 다음과 같이 2가지로 구분하는 것이 보통이다.

표 4-4   일일 바(Bar) 재고조사의 실례 (1)

Code No.	Item	Unit	Open'g Inv	Add Stock	Unit Sold	Clos'g Inv
	SCOTCH WHISKY STANDARD					
200	Ballantine		1-21			1-21
201	Black & White					
202	Cutty Sack		1-18			1-18
203	Dewar's White Label		1-23			1-23
204	J & B		1-16		0-1	1-15
205	Johnnie Walker Red		1-21			1-21
206	White Horse		1-10			1-10
207	Vat 69		1-0			1-0
208	Teacher's					
209	Jong John					
210	Bell's Extra					
211	Grant's					
212	Clan Campbell		2-3			2-3
	SCOTCH WHISKY PREMIUM					
220	Ballantine 17 Year's		3-22			3-22
221	Chivas Regal 12 Year's		2-23	1-0	0-4	3-19
222	Johnnie Walker Black		2-20	1-0	0-1	3-20
223	Glenfiddich 8 Year's		0-22	3-0		3-21
224	Old Parr		2-8			2-8
225	High Pinch(Dimple)		0-14			0-14
226	Logan(Dimple 360ml)		1-0			1-0
227	Johnnie Walker Swing					
228	Royal Salute 21 Year's		0-13			0-13
229	Ballantine 12 Year's		1-14			1-14
230	J & B 12 Year's					
231	Black & White 12 Year's					
232	Suntory Royal		0-17			0-17
233	Suntory Reserve		0-21			0-21
234	Ballantine 30		0-24			0-24

Code No.	Item	Unit	Open'g Inv	Add Stock	Unit Sold	Clos'g Inv
	BOURBON WHISKY					
240	Fleischmann's		1-23		0-2	1-21
241	Jim Beam		1-1		0-3	1-23
242	I W Happer's		0-21			0-21
243	Old Grand Dad		3-13			3-13
244	Jack Danjel's Black		1-19			1-19
245	Seagram's 7 Crown		2-9			2-9
246	Wild Turkey					
	CANADIAN WHISKY					
250	Seagrams V.O		0-22			0-22
251	Crown Royal		0-16			0-16
252	canadian Club		1-16			1-16
253	windsor Canadian					
	IRISH WHISKY					
260	John Jameson's Dublin		24-14		3-22	20-17
261	Old Bushmill's					
262	Duc de Cantell		2-4	1-0	0-14	2-15
	GIN					
270	Beefeatter Gin		2-1			2-1
271	Tanqueray Gin		0-24		0-1	0-23
272	Gordon's Gin		0-20			0-20
273	Fleisman's Gin					
274	Monarch Gin		4-5		0-10	3-20
275	Gilbey's Gin					
276	Schichte Steinhager		1-0			1-0

표 4-4 (계속)   일일 바(Bar) 재고조사의 실례 (2)

Left table

Code No.	Item	Unit	Open'g Inv	Add Stock	Unit Sold	Clos'g Inv
	VODKA					
280	Smirnoff Vodka					
281	Gilbey's Vodka					
282	Freischman's vodka					
283	Finlandia		5 — 21		0 — 14	5 — 7
284	Monaich					
285	Borzoi					
	RUM					
290	Bacardi White		0 — 30			0 — 30
291	Ronrico Gold					
292	Ronrico White					
293	Ron Merito Gold		7 — 0		0 — 10	6 — 15
294	Ron Merito White					
295	Bacardi Gold					
296	Meyer's Planter Punch Rum					
	LIQUEUR'S					
300	Apricot Brandy		2 — 10		0 — 8	2 — 2
301	Anisette Blackberry		0 — 16			0 — 16
302	Advokat parfait Amour		0 — 10			0 — 10
303	Benediction DOM		0 — 16			0 — 16
304	Cherry Brandy		2 — 16			2 — 16
305	Cream De Menthe Green		0 — 22			0 — 22
306	Cream De Menthe White		1 — 15			1 — 15
307	Cream De Cacao Brown		1 — 15			1 — 15
308	Cream De Cacao White		1 — 0			1 — 0
309	Cream De Banana					
310	Cherry Herring		1 — 5			1 — 5
311	Cointreau					
312	Curacao Blue		1 — 22			1 — 22

Right table

Code No.	Item	Unit	Open'g Inv	Add Stock	Unit Sold	Clos'g Inv
313	Drambuie		0 — 20			0 — 20
314	Galliano		0 — 12			0 — 12
315	Grand Marnier Rouse		4 — 11	1 — 0	1 — 12	3 — 24
316	Marier Brizard Raspberry		3 — 15		1 — 0	2 — 15
317	Kahlua		5 — 17		0 — 5	5 — 16
318	Sloe Gin		1 — 22			1 — 22
319	Triple Sec		1 — 16			1 — 11
320	Chocolate Armond					
321	Amaretto De Sarianno		0 — 7			0 — 7
322	Tia Maria					
323	Dubonnet		1 — 0			1 — 0
324	Irish Mist		1 — 0			1 — 0
325	Almaden Brandy					
326	B & B		0 — 10			0 — 10
327	Cream De Cassis		2 — 24		0 — 7	2 — 14
328	Baily Original Cream		3 — 0	2 — 0	0 — 16	4 — 90
	Curacao Orange					
	Sambuca		1 — 2			1 — 2
	Misch de cuisine Helon. L.		0 — 20			0 — 20
	APERITIFS					
330	Campari		1 — 2			1 — 2
331	Cynar Artichoke Bitter		0 — 5			0 — 5
332	Cinzano Rosso Sweet					
333	Cinzano Bianco Dry		0 — 2		0 — 1	0 — 1
334	Martini Bitter					
335	Noilly Prat Dry		1 — 11			1 — 11
336	Peirod 45					
337	Fernet Menta					
338	Martini Sweet					
339	Kummel					
340	Underberg Miniature		1 — 24			1 — 24

표 4-4(계속)   일일 바(Bar) 재고조사의 실례 (3)

Code No.	Item	Unit	Open'g Inv	Add Stock	Unit Sold	Clos'g Inv
	EAUX-DE-VIE					
345	Framboise					
346	Teguila		1-16		0-1	1-15
347	Williamshirne Pear					
348	Dolfi Questch(Blue Plum)					
	COGNAC, ARMAGNAC, CALVADOS					
350	Hennessy X.O		2-11			2-11
351	Hennessy Napoleon					
352	Hennessy V.S.O.P		2-13		0-2	2-11
353	CAMUS X.O		0-10			0-10
354	CAMUS Napoleon		0-15			0-15
355	CAMUS V.S.O.P		1-5			1-5
356	Remy Martin X.O		1-3			1-3
357	Remy Martin Napoleon		1-17			1-3
358	Remy Martin V.S.O.P					1-17
359	Martell Golden Blew					
360	Martell V.S.O.P					
361	Martell 3 Star					
362	Courvoisier Napoleon					
363	Courvoisier V.S.O.P					
364	Courvoisier 3 Star					
365	Armagnac Napoleon		1-0			1-0
366	CALVADOS		0-13			0-13
367	LOUIS XIII					
368	POLIGNAC COGNAC					
	Moet chandon(1.5ℓ)		1			1
	G.H. Human E/Dry		2			2
	LOCAL WHISKY					
370	V.I.P 700 Ml					
371	V.I.P 360 Ml					
372	Something 700 Ml					

Code No.	Item	Unit	Open'g Inv	Add Stock	Unit Sold	Clos'g Inv
373	Something 360 Ml					
374	Passport 700 Ml		2-0			2-0
375	Passport 360 Ml					
	LOCAL GIN					
380	Seagram's Gin					
381	Juniper Gin					
	LOCAL RUM					
390	Rum Captain Q 700 Ml					
391	Rum Captain Q 360 Ml					
	LOCAL LIQUOR					
400	Ginseng Joo					
401	Beab Joo					
402	Mun Bae Joo					
403	Kook Hyang					
404	Chung Ha					
405	Yet Hyang 700 Ml		1			1
406	Yet Hyang 400 Ml		1			1
407	Soo Bock Chung Joo		1-1			1-1
408	Kim Po Yak Joo		0-17			0-17
409	JIN Ro Soju		0-21			0-21
410	Mape Brandy		4-0			4-0
	LOCAL WINE					
420	Grand Joie 750 Ml		1-0			1-0
421	Grand Joie 375 Ml					
422	Majuang Mosel 700 Ml					

표 4-4 (계속) 일일 바(Bar) 재고조사의 실례 (4)

Code No.	Item	Unit	Open'g Inv	Add Stock	Unit Sold	Clos'g Inv
423	Majuang Special	700 Ml	7 - 0	0 - 1	6 - 5	
424	Majuang White	700 Ml				
425	Majuang White	360 Ml				
426	Majuang Red	700 Ml	5 - 1		5 - 1	
427	Majuang Red	360 Ml				
428	Wehayeux White	700 Ml				
429	Wehayeux Red	700 Ml				
430	Montbleu Special	700 Ml				
431	Montbleu	700 Ml				
432	Ensemble Début White	700 Ml				
433	Ensemble Début Red	700 Ml				
	CHINESE WINE					
440	Chu-Yeh Ching		3			3
441	Kao Liang Joo		3			3
442	Shaob Sing Wine		2			2
443	Pen-Jin		1			1
444	Yang Ha Jiu		2			2
445	Ng-Ka-Py		1			1
446	Mau Tai		3			3
447	Dab Chyu					
448	Mei Kwei Lu					
449	LOCAL Kao Liang Joo					
	BEER					
450	Heineken		114		5	109
451	Bud weiser		112		21	91
452	Carlsburg		55		7	48
453	OB Dry 330 Ml		127			127
454	OB Beer 343 Ml		94		1	93
455	OB Beer 640 Ml		133		14	119
456	OB Light 330 Ml		117		33	84
457	OB Sky Beer		107		13	94
458	OB Draft Beer		43		2	41
459	Crown Beer 640 Ml					
460	Crown Dry 330 Ml					
461	Crown Mild 640 Ml					
462	Kirin Beer					
463	Crown Draft Beer					
	SOFT WATER					
470	Pepsi Cola					
471	Coca Cola					
472	Chill Sung Cider					
473	Pepsi Cola Syrup					
474	Cider Syrup					
475	Collins Mixer					
476	Tonic Water					
477	Soda Water					
478	Ginger ale					
479	Mineral Water					
480	Can Pepsi Cola					
481	Can Cider					
482	Jin Ro Soksu 500 Ml					
483	Ginseng Nector					
	JUICE					
490	Apple Juice		31	12	5	38
491	Pineapple Juice		6			6
492	Vegetable Juice		7	5	1	11
493	Lemon Juice		7			7
494	Lime Juice Cocktail					
495	Orange Juice Concentrate					
496	Grapefruit Juice		18			18
497	Tomato Juice		17			17
498	Angostra Bitter		1			1

표 4-4(계속)　　일일 바(Bar) 재고조사의 실례 (5)

Code No.	Item	Unit	Open'g Inv	Add Stock	Unit Sold	Clos'g Inv	Code No.	Item	Unit	Open'g Inv	Add Stock	Unit Sold	Clos'g Inv
499	Grenadine Syrup		8			8							
500	Pinacolada Mixer		8			8							
501	Worcesteishire Sauce		1			1							
502	Hot Sauce (Tabasco)		7			7							
503	Red Cherry		6			6							
504	Marachino Cherry		1			1							
505	Stuffed Olive		35	20	20	35							
506	Fresh Lemon		9	4	5	8							
507	Fresh orange		2½	1	½	3							
508	Grapefruite		28			28							
509	Local Orange Juice												

PREPARED BY　　CHECKED BY　　APPROVED BY

◆ 오픈 스톡(Open Stock)에 대한 월말 재고조사

월말 재고조사는 일일 재고조사의 결과를 누계한 것에 불과하다.

예를 들어, 한 달 동안의 특정 아이템에 대한 오픈 스톡, 음료청구서에 의해서 공급받은 수량, 그리고 매출량과 재고량에 대한 현황을 파악할 수 있다.

Ⅲ. 생산지점의 관리 ■■■

1. 생산지점에서의 표준에는 어떤 것들이 있는가

식료와는 달리 음료의 경우는 생산과 판매가 동시에 이루어지는 것이 일반적이다. 생산지점은 바(Bars)와 각 영업장인데, 이 지점들은 동시에 판매지점이기도 하다.

판매의 단위는 주로 잔과 병인데, 병의 경우는 별 문제가 없다. 잔으로 판매할 경우는 병의 용량과 잔으로 판매할 경우 한 잔의 기준을 설정하여야 한다.

이것을 표준 사이즈의 설정이라고 하는데, 다음과 같은 표준이 있다.

1) 표준 드링크 사이즈

음료관리를 위한 가장 기본이 되는 단계는 표준을 설정하는 것이다. 잔으로 음료를 판매할 경우에 해당하는 표준으로 정해진 한 잔의 분량을 말한다. 한 잔의 분량은 업장의 컨셉(Concept)에 의해 사전에 정한 양을 말한다.

이 표준을 지키기 위해 양을 측정하는 데 사용되는 여러 가지의 도구가 있는데, 주로 다음과 같은 것들이다.

◆ SHOT GLASS

특정한 그라스의 일종인데 그라스의 내부에 눈금이 새겨진 것과 눈금이 없는 것이 있다. 눈금이 새겨져 있지 않은 경우는 그라스의 가장 자리를 기준으로 하여 양을 측정한다.

◆ GIGER

칵테일을 만들 때 내용물의 양을 측정하는 도구로 1oz 또는 1.5oz가 일반적이다.

◆ POURER

병목에 부착되어 있어 한번 병을 기울이면 정해진 일정량만이 나오도록
고안된 도구이다.

◆ AUTOMATED DISPENSER

자동커피머쉰과 같이 버튼 또는 손잡이를 한번 누르면 정해진 양만이 나
오도록 고안된 도구이다.

◆ FREE POUR

이것은 사람의 눈썰매로 양을 측정하는 것을 말한다.

◆ 각종 그라스

〈그림 4-1〉과 같이 음료의 종류에 따라 사용하는 그라스의 종류와 크기
를 정하여 양을 측정할 수 있게 한다.

그림 4-1	Common Sizes and Shapes of Liquor Glasses

①	STEMMED COCKTAIL GLASS : (Martini, Manhattan, etc.) $3 \sim 4\frac{1}{2}$ 온스	⑪	ALL-PURPOSE WINE 4~8온스이다.
②	WHISKY SOUR $3\frac{1}{2} \sim \frac{1}{2}$ 온스	⑫	STANDARD WINE 3~4온스이다.
③	OLD-FASHIONED 6~9온스로, 평균 8온스이다. 온 더락(On the Rocks)에 사용한다.	⑬	CORDIAL 포니(Pony)라고도 불린다. 1온스가 일반적이다.
④	ROLY POLY 여러 가지 용도로 사용가능하다. 5~15온스 사이즈이다. 온더락 (On the Rocks)에 사용한다.	⑭	BRANDY SNIFTER 6~12온스이다.
⑤	STANDARD HIGHBALL OR TUMBLER 8~12온스 용량이다.	⑮	SHERRY 2온스가 일반적이다.
⑥	COOLER 키가 크고, 여름 음료로 적당하다. 14~16온스가 일반적이다.	⑯	SHOT GLASS 1~2온스이다.
⑦	PILSNER 8~12온스로 10온스가 일반적이다.	⑰	SHAM PILSNER 8~12온스이다.
⑧	STEIN OR BEER MUG 8~12온스 용량이다.	⑱	TAPERED CONE PILSNER 8~12온스이다.
⑨	6~8온스 용량이다. TULIP CHAMPAGNE	⑲	STEM PILSNER 8~12온스이다.
⑩	SAUCER CHAMPAGNE $4\frac{1}{2} \sim 7\frac{1}{2}$ 온스이다.	⑳	GOBLET 6~10온스이다.

2) 표준주조표

주로 여러 가지를 섞어 만드는 음료에 해당된다. 특정 아이템을 만드는 데 소요되는 모든 재료의 양과 원가, 만드는 방법, 사용하는 그라스 등을 기술한 표준주조표를 말한다.

이 표준주조표가 이론상의 원가를 계산하는 기초자료가 되므로 사전에 표준주조표를 작성할 때에는 특정 외식업체(호텔)의 특성에 적합한 주조표를 만들어야 한다.

표준주조표라는 것은 물론, 정한 표준에 의해서 작성되어지는 것이지만 표준이란 항상 변할 수도 있는 것이다. 그렇기 때문에 과거의 표준만을 고집하는 것은 어쩌면 아집에 불과하다.

2. 음료 표준원가의 결정은 어떻게 하는가

음료를 병으로 판매할 경우는 구매가격이 표준원가가 되기 때문에 표준원가란 의미가 없다. 그러나 잔으로 팔 경우에는 판매가격의 결정에 필요한 것이다.

예컨대, 1병의 가격이 50,000원이고, 용량이 $750ml$인 시바스리갈을 잔으로 팔아야 한다고 하자. 이 경우는 먼저 $750ml$가 판매와 보관과정에서 생기는 손실을 고려하여 표준 드링크 사이즈로 몇 잔이나 되느냐를 결정해야 만이 잔당의 원가가 계산된다. 그리고 이 원가에 정해진 마진율을 추가하여 판매가가 결정될 수 있다.

1) Straight Drinks의 경우

우리는 일반적으로 독주는 얼음, 또는 소다 워터 등과 같이 마신다. 커피에 설탕과 크림을 넣지 않고 마시는 것을 블랙이라고 칭하듯이 얼음이나 소다 워터를 넣지 않고 그냥 마시는 것을 Straight라고도 한다.

만약, 1병의 용량이 $750ml$인 시바스리갈을 한 잔의 표준드링크 사이즈가

1.5oz라고 했을 때, 몇 잔이 되는가를 다음과 같은 절차에 의해 먼저 계산해야 표준원가를 계산할 수 있다.

　첫째, 메트릭법(Metric System)을 다음 〈표 4-5〉와 같이 액량(液量)온스(Fluid Ounce)로 환산한다.

표 4-5	메트릭법과 액량온스의 환산표
액량온스	**메트릭법**
33.8oz	1리터　1,000ml
25.4oz	3/4리터　750ml
17.0oz	1/2리터　500ml
6.8oz	1/5리터　200ml
3.4oz	1/10리터　100ml
1.7oz	1/20리터　50ml

　둘째, ml를 온스로 환산한다.

　　표에서 보면 750ml를 액량온스로 환산하면 25.4oz가 된다. 이것을 1.5온스 잔으로 환산하면 약 16.9잔(25.4oz ÷ 1.5oz = 16.9잔)이 되는데, 한 병을 판매하는 과정에서 바텐더의 실수 등으로 인한 인위적인 손실과 자연적으로 소모되는 손실 등을 감안하여 16.9잔을 조정하여야 한다.

　　가령, 허용된 손실을 약 1잔으로 본다면 1병은 16잔이 되는데, 이것은 한 잔당의 표준원가를 결정하는 요소가 된다.

　셋째, 잔 당 표준원가를 계산한다.

　　한 병의 가격이 50,000원이라면 잔당의 원가는 3,125원(50,000 ÷ 16잔 = 3,125원)이라는 계산이 된다.

　앞의 예에서 병당 가격이 50,000원, 750ml를 액량온스로 환산하면 25.4oz가 되기 때문에 온스당 원가는 1,968.5039가 된다. 그렇기 때문에 표준 드링크 사이즈가 1.5 온스인 한 잔의 가격은 약 2,953(1,968.5039 × 1.5 = 2,952.7558)원이 된다.

식료에서 사용하는 수율 테스트(Yield Test)와 마찬가지로 음료의 경우도 원가와 드링크 사이즈에 변화가 있을 때마다 쉽게 적용할 수 있도록 다음과 같은 표를 만들어 항상 업데이트된 정보를 기록하여 사용할 수 있다.

CODE #	ITEM	ml	oz	병당원가	온스당 원가	사이즈	원가
1234	A	750	25.4	50,000	1,969	1.5	2,954
2345	B	750	25.4	80,000	3,150	1.5	4,725
3456	C	1,000	33.8	100,000	2,958	1.5	4,439
4567	D	750	25.4	100,000	3,937	1.5	5,905
5678	E	750	25.4	90,000	3,543	1.5	5,315

만약 A라는 아이템의 병당 원가가 55,000원으로 상승했다면 온스당 원가는 2,165원이 되고, 잔당 원가는 3,248원이 된다.

상기의 표에서는 인위적, 또는 자연적인 손실을 고려하지 않았기 때문에 일정량에 허용치를 주어 조정하면 된다.

2) Mixed Drinks and Cocktails

식료의 표준양목표와 마찬가지로 음료의 경우에도 한 가지 이상의 재료를 혼합하여 판매하는 음료의 경우는 표준 드링크 주조표가 사용된다. 특정한 아이템을 만드는 데 소요되는 재료와 그 재료의 양과 단위당의 원가, 매가, 사용하는 그라스웨어(Glassware), 내용물의 용량 등과 만드는 절차 등이 상세히 기록되어 있어 표준원가계산의 중요한 정보원이 된다.

예컨대, A라는 아이템을 만드는 데 10가지의 재료가 소요된다면 10가지 아이템에 대한 소비량은 A라는 아이템의 매출량에 달려 있다. 이와 같은 논리로 하루에 특정 업장에서 판매된 수량을 알면 표준원가의 계산은 가능하게 된다.

그런데 현실적으로 각 재료마다의 원가를 산출한다는 것은 경제적인 방법으로는 불가능하다. 그래서 음료의 경우는 표준원가의 산출보다는 표준원가와 실제원가와의 차이에 대한 분석에 더욱 중요도를 부여하여야 한다.

IV. 판매지점의 관리 ▪▪▪

1. 음료를 판매하는 지점은 어떤 곳들이 있는가

일반적으로 음료를 판매하는 지점은 다음과 같이 나누어진다.

◆ FRONT BARS

Counter Bar라고도 부르는데 바텐더와 고객이 마주 보고 서빙하고 서빙 받는 바를 말한다.

◆ SERVICE BARS

레스토랑과 같이 종업원이 주문을 받아 바텐더에게 전달하면 주문한 음료 를 종업원이 고객에게 서빙하는 바를 말한다.

◆ 특별한 목적의 바

특별한 행사, 케이터링, 칵테일 파티, 리셉숀 때에 임시로 만들어진 바를 말한다.

◆ 각 업장

식료의 판매가 주목적이지만 곁들어서 음료도 판매한다.

1) 판매지점에서 음료는 어떻게 분류하는가

판매지점에서 고객을 위하여 준비하는 주류는 일반적으로 사용용도에 따라 다음과 같이 2가지로 분류하는 하는 것이 보통이다.

◆ CALL BRANDS

고객이 주문할 때 특정한 아이템의 이름을 지칭하여 "○○ 위스키 한 잔 주시오"라고 칭하는 아이템을 말한다.

즉, 고객이 본인이 원하는 아이템을 직접 말하여 주문하는 아이템을 일반적으로 Call Brands라고 부른다.

◆ POURING BRANDS

고객이 주문을 할 때 특정한 아이템의 이름을 지칭하지 않고 주문하는 아이템을 말한다. 예컨대, 고객이 "위스키 한 잔 주시오"라고 한다면 서빙하는 종업원은 여러 종류의 위스키 중에서 어느 위스키를 지칭하는지를 모른다. 그렇기 때문에 이 경우는 종업원의 임의대로 한 가지를 골라 서빙하게 되는데, 이때에 사용하는 위스키를 "Pouring Brands"라고 부른다.

Pouring Brands의 경우는 각 그룹에서 가격이 싼 것과 중간인 아이템을 준비하는 것이 일반적인 룰이다.

2. 판매지점에서의 음료의 관리와 통제는 어떻게 하는가

판매지점에서의 음료의 흐름을 통제하는 것으로 식료와 같은 방법과 절차로 행하여진다. 즉, 판매지점에서 필요로 하는 음료를 음료청구서에 의해서 음료 저장고로부터 공급받아 고객의 요구에 항상 응할 수 있도록 준비하여야 하나, 과다한 종류와 양을 판매지점에 보유하고 있어서는 안 된다.

1) 판매지점에서의 Par Stock관리란 무엇인가

음료의 판매지점에는 취급하는 아이템에 대하여 영업이 종료되면 매일 재고조사를 하여, 원래 기본적으로 가지고 있었던 수량만큼을 다음 날 영업이 시작되기 전에 보충하는데, 이것을 업장에서의 Par Stock 관리라고 한다.

예컨대, 특정 업장에서 20종류의 아이템을 각각 2병씩(760ml)[41] 보유해야 한다면 매일 영업이 시작되기 전에 항상 그만큼의 재고가 있어야 한다는 것이다.

---

41) 때로는 3병이 될 수도 있는데, 이 경우는 오픈한 병을 다 팔지 못했을 때로 기본적으로 보유해야 할 2병과 팔다 남은 병을 의미한다. 가령, 한 병을 오픈하여 반 병 정도만을 판매하고 반 병 정도가 남은 경우에는 음료 저장고로부터 반병만을 공급받을 수 없기 때문이다.

여기에서 보유해야 할 음료의 종류와 양은 각 아이템이 팔리는 정도, 고객의 선호도, 구매의 조건, 가격 등의 변수를 고려하여 정하여야 한다.

그러나 판매지점에서의 Par Stock은 음료 저장고에서의 Par Stock 관리와는 달리 영업개시 전에 항상 유지하여야 할 양과 종류를 말하는 것으로, 일반적으로 2일 정도의 소모량을 기준으로 한다.

2) 업장 상호간의 대체란 무엇인가

때에 따라서는 판매지점간에 필요한 음료를 정해진 절차와 양식에 따라 주고받을 수도 있는데, 이것을 업장 상호간의 대체라고 한다.

이 경우, 공급한 업장의 경우는 공급한 가치만큼을 음료의 원가에서 감하고, 그리고 공급받은 경우는 음료의 원가에 더한다.

주방에서 요리에 필요로 하는 음료는 음료청구서에 의해 음료 저장고로부터 직접 공급받기도 하지만, 대체양식에 의해서 바로부터 공급받는 경우도 있다.

이 경우, 공급받은 주방에서는 그 가치만큼을 식료원가에 더하고, 반대로 공급한 바에서는 공급한 가치만큼을 음료원가에서 감한다.

V. 음료의 원가계산 ■■

음료의 원가계산은 식료의 원가계산 절차와 동일하며, 재고자산의 평가 등도 식료원가 계산에 적용하는 방식을 적용하는 것이 일반적이다.

음료의 경우는 비교적 저장기간이 길고, 병과 박스 단위로 포장되어 있어 재고관리가 용이한 편이다. 그리고 구매 횟수 또한 식료에 비하여 적고, 정기적인 방식을 택하고 있으며, 구매가격의 변동이 그리 심하지 않아 식료에 비하여 원가를 계산하기가 훨씬 쉽다고 말할 수 있다.

1. 월말 음료 원가보고서 작성 절차와 방법

월말 원가계산의 시작은 재고조사로부터 시작된다. 다시 말해서 재고의 가치를 알아야만 한 달 동안의 원가계산이 가능해진다.

식료의 원가계산과는 달리 음료의 경우는 일일 원가계산을 하지 않는 것이 통례이다. 일반적으로 월말에 한 차례씩 하는 재고실사의 결과를 바탕으로 다음과 같은 절차와 방식에 의해서 월말 원가가 계산된다.

첫째, 저장고의 기초재고 가치와 당기구매한 가치를 계산한다.

+	기초재고의 가치	8,000,000		
	당기구매의 가치	5,000,000	+	
=	특정 달에 사용 가능했던 음료의 가치	13,000,000	=	

상기의 가치는 특정 달의 영업활동에 사용할 수 있는 재고의 가치로 그 중에서 수요만큼이 출고된다.

얼마 정도가 출고되었나를 찾아내기 위해서는 한 달의 영업이 종료하면 저장고에 남아 있는 재고를 조사하여 그 가치를 정해진 방법과 절차에 따라 평가해야 한다. 이것을 기말(월말) 재고조사라 한다.

둘째, 음료 저장고로부터 출고된 가치를 계산한다.

	특정 달에 사용 가능했던 음료의 가치	13,000,000	
-	기말재고의 가치	6,000,000	-
=	한 달 동안에 출고된 음료의 가치	7,000,000	=

특정 달에 사용 가능했던 음료의 가치에서 기말재고의 가치를 감(減)한 것이 한 달 동안에 출고된 음료의 가치가 된다.

셋째, 각 판매지점의 재고를 조사한다.

	업장의 기초재고의 가치	1,500,000	
−	업장의 기말재고의 가치	800,000	−
=	사용한 음료의 가치	700,000	=

기간 동안에 창고에서 출고된 7,000,000원의 가치는 판매지점에서 전부 소비된 가치는 아니다. 그렇기 때문에 얼마 정도가 판매지점에서 소비되었나를 계산해야 한다. 이 계산을 위해서는 각 업장의 재고조사가 행하여져야 한다.

재고조사의 결과, 기말재고의 가치가 800,000원이기 때문에 기초재고 1,500,000원에서 감하면 700,000원어치를 소비하였다는 사실을 알 수 있다.

만약, 기말재고의 가치가 기초재고의 가치보다 많을 경우는 업장의 재고가 증가하였다는 결과이기 때문에 기간 동안에 창고에서 출고된 7,000,000원에서 그 가치만큼을 감하여야 한다.

넷째, 한 달 동안 소비한 음료의 가치를 계산한다.

	한 달 동안에 출고된 가치	7,000,000	
+	업장의 재고조사 결과(사용분)	700,000	+
=	사용한 음료의 가치	7,700,000	=

한 달 동안에 소비한 음료의 원가는 7,700,000원이다.
원가율은 식료원가 계산에서와 마찬가지로 원가조정 보고서를 통하여 공급받은 식료는 음료원가에 더하고, 그리고 공급한 음료는 음료원가에서 감한 다음 각종 크레디트를 감하면 음료에 대한 순수한 원가가 계산된다.

이 방법은 가장 간단하게 음료의 원가를 계산하는 방식으로 소규모의 외식업체(호텔)에서 이용하는 방법이다.

원가계산의 기본 틀은 같지만 여기에 보다 구체적인 정보를 추가하여 더 정확하고 신뢰할 수 있는 원가를 계산하는 외식업체(호텔)들도 많다.

그러나 복잡하고 까다로운 절차와 방법으로 계산된 원가만이 정확하고 신뢰할 수 있는 원가라고 말하기는 어렵다.

가장 이상적인 원가관리 방법과 절차는 특정 외식업체(호텔)의 실정에 적합하면서 경제적으로 실현가능한 방법과 절차라고 말할 수 있다.

2. 표준원가와 실제원가

표준원가란 사전에 설정된 표준주조표에 의해서 각종 음료가 생산되었을 때만이 기대할 수 있는 원가이다.

표준원가의 계산은 그리 어렵지 않다. 병으로 파는 음료의 경우는 구매원가가 표준원가가 되고, 실제원가는 실사를 하여 계산된 원가가 된다. 이 두 원가 사이에는 항상 차이가 있기 마련이다.

이 차이에 대한 처리는 그 차이의 정도에 따라 조치가 이루어지는데, 만약 그 차이가 사전에 정한 범위를 벗어날 때는 그 원인을 규명하여야 한다.

1) 표준원가의 계산

음료저장고에서 출고된 여러 종류의 음료가 사전에 설정된 표준주조표에 의해서 생산되어 판매되었다면 표준원가는 쉽게 계산할 수 있다.

또한 음료저장고에서 출고되는 모든 종류의 음료가 병으로만 판매된다면 원가의 계산은 아주 간단하다. 그러나 잔이나, 또는 여러 가지의 음료를 혼합하여 만드는 칵테일의 경우는 실제원가의 계산이 그리 쉽지만은 않다.

예컨대, 한 병이 1리터인 잔을 표준 일인 서빙분량 1온스, 매가 1,000원으로 판매한다면 표준 매출액은 얼마일까를 계산해 보자.

① 메트릭법을 액량온스로 환산한다.

1리터는 33.80액량 온스이다.

② 1병의 표준 매출액을 계산한다.

1병은 33.80온스이기 때문에 1병이 전부 판매된다면 이론상의 표준 매출액은 33,800원이 되어야 한다.

③ 허용치를 고려한다.

1병을 잔으로 판매하는 과정에서 발생하는 인위적인 손실과 자연적인 손실 등을 감안하여 일정량에 허용치를 사전에 정한다.

예를 들어, 1온스를 허용치로 정한다. 이 경우는 1병의 진은 32.80온스가 되고, 표준 매출액도 32,800원이 된다.

이러한 점을 고려하여 바에서 판매되는 모든 아이템에 대해 표를 만들어 특정 음료 1병에 대한 표준매출액을 계산해 둔다.

다음 〈표 4-6〉은 5종류만을 예로 들었지만 바에서 판매하고 있는 종류대로 나열하여 표를 만들면 된다.

표 4-6 표준매출액 계산표

CODE #	아이템	병의 크기	한 잔의 量	병당 잔의 수	잔당 매가	병당 매출액
1234	A	1 l	1oz	33.8oz	1,000원	33,800원
2345	B	1 l	1oz	33.8oz	1,000원	33,800원
3456	C	750ml	1oz	25.4oz	1,000원	25,400원
4567	D	1 l	1oz	33.8oz	900원	30,420원
5678	E	750ml	1oz	25.4oz	1,000원	25,400원

2) 혼합음료의 매출추정액의 조정

스트레이트(Straight)로 판매되는 음료의 표준매출 추정액을 계산해 보았는데, 바에서는 스트레이트뿐만 아니라, 여러 가지의 음료를 혼합하여 생산하는 칵테일과 같은 혼합음료도 판매한다.

이 경우는 A라는 음료에 여러 가지의 재료가 혼합되므로 음료 각각에 가치를 별도로 계산하여야 하며, 계산 자체도 복잡할 뿐만 아니라, 많은 시간을 계산에 활용하여야 한다.

외식업체(호텔)에 따라 다양한 방법을 이용하여 표준매출 추정액을 산출해 내지만 특정한 방법이 모든 외식업체(호텔)에 공통적으로 적합하다고 말할 수는 없다.

일반적으로 앞서 설명한 스트레이트 샷(Straight Shots)을 기준으로 하여 표준매출액을 계산하고 혼합음료차이(Mixed Drink Differential)로 조정하는 방법과 매출분석을 통하여 특정 음료 1병에 대한 가중평균가치를 구하여 사용하는 방법이 있다.

◆ 매출기록을 통한 혼합음료의 차이에 의한 방법

만약, 매출에 대한 구체적인 정보가 가능하고 판매된 혼합음료가 사전에 설정된 표준주조표에 의해서 생산되어 판매되었다는 전제하에서는 사용한 각 재료에 대한 가치를 계산해 낼 수가 있다.

예컨대, 특정 바에서 마티니를 만드는 데 2온스의 진, 1/2온스의 드라이 버무스(Vermouth)가 요구된다고 하자. 그리고 진을 스트레이트로 판매할 때 온스 당 1,000원이고, 마티니의 매가는 2,250원이라는 가정하에 진과 드라이 버무스의 가치는 다음과 같이 계산할 수 있다.

① 진의 가치를 계산한다.
　　2,000원(2 × 1,000원 = 2,000원)

② 드라이 버무스의 가치를 계산한다.
　　250원(2,250 - 2,000원 = 250원)

여기서 드라이 버무스의 가치 250원을 혼합음료의 차이라고 부른다.

이와 같은 방법으로 특정 혼합음료의 주재료의 가치를 계산하면 혼합음료의 차이를 구할 수 있게 된다.

또 다른 예로 특정 아이템의 매가가 1,500원이고, 그 아이템에 대한 주재료의 가치가 900원이라고 했을 때 혼합음료의 차이는 600원이 되는 것이다.

다음 〈표 4-7〉은 일일 표준매출추정액 분석을 통한 혼합음료의 차이를 조정한 표이다.

이 표를 통하여 표준매출추정액을 계산하는 방법과 절차를 설명해 보자.

표 4-7	일일매출추정액 분석			
CODE #	아이템 명	소비량	병당 매출 추정액	총매출 추정액
1234	GIN	3	33,800원	101,000원
2345	RYE	2	33,800원	67,000원
3456	VODKA	2	30,420원	60,840원
				계 229,840원

혼합음료 가치 차이의 조정							
혼합음료	주재료	주재료의 사용량	스트레이트 가격	혼합음료의 가격	혼합음료의 차이	판매량	총차이
1234	GIN	2	2,000원	2,250원	+ 250	22	+ 5,500원
2345	RYE	1	900원	1,500원	+ 600	18	+ 10,800원
3456		2	1,800원	1,750원	− 50	8	− 400원
	VODKA						계 15,900원

차이에 의한 조정된 매출 추정액 :   229,840원
바의 빈병으로 평가된 매출 추정액   + 15,900원
혼합음료의 차이를 조정한 액   = 245,740원

자료: Paul R. Dittmer, Principles of Food, Beverage & Labor Cost Controls for Hotels and Restaurant, 3rd ed., VNR, 1984. p.281.

상기에 설명한 방법으로 계산된 표준매출액은 신뢰성과 정확성을 가지고 있기는 하지만 상당히 복잡한 방법이라고 사료된다.

◆ 평균 표준매출추정액

일정 기간 동안의 매출기록에서 얻어진 정보를 이용하여 특정 아이템 1병에 대한 평균의 가치를 계산하여 표준매출추정액으로 이용하는 방법이다.

여기서는 Gin을 보기로 들어 단계별로 설명해 보겠다.

① Gin이 들어가는 모든 아이템을 나열한다.

〈표 4-7〉에서는 두 가지만 예를 들었지만 진이 들어가는 모든 혼합음료와 스트레이트 아이템을 기록한다.

② 각 아이템이 팔린 수량을 기록한다.

③ 각 아이템마다 진이 들어가는 양을 기입한다.

④ ②항과 ③항을 곱하여 총 온스를 계산한다.

⑤ 각 아이템의 매가를 기록한다.

⑥ ②항과 ⑤항을 곱하여 총매출액을 계산한다.

⑦ 총매출액을 총 온스로 나누어 진 1온스 당의 매가를 계산한다.

표 4-8			가중 평균을 구하는 방식		
주재료 : GIN ① 음료명	② 팔린 수량	③ 한 잔의 양	④ 총량	⑤ 한 잔당 매가	⑥ 총매출액
1. MARTINI	90	2온스	180온스	2,250원	202,500원
2. STRAIGHT	150	1온스	150온스	1,000원	150,000원
		계	330 온스		352,500원

상기의 표에서 계산된 특정기간 동안의[42] 매출기록에서의 1온스당 Gin에 대한 가중된 평균매출 추정액은 1,068원(352,500원 ÷ 330온스 = 1,068원)이 된다.

앞서 우리는 1ℓ의 Gin 1병은 액량 온스로 환산하면 33.80온스라는 것을 알았다. 33.80온스에다 여기에서 구한 온스 당 가중 평균 매출 추정액 1,068원을 곱하면 Gin 1병의 가중된 평균 매출 추정액은 36,098원이 된다.

그런데 이 가치는 어떠한 손실도 고려하지 않은 가치이므로 허용할 수 있는 손실을 고려한다면 보다 신뢰할 수 있는 추정매출액을 산정할 수도 있다.

이러한 방법과 절차를 통하여 모든 아이템에 대한 추정 매출액을 계산하여 〈표 4-9〉과 같은 표를 만들어 팔린 수량에 대한 전체적인 추정매출액을 구할 수 있다.

---

42) 이 기간을 실험기간이라고 하는데, 표준이 제대로 지켜지도록 판매지점의 감독을 강화하여야 한다.

표 4-9	병당 추정매가 산정표		
코드번호	아이템	병의 크기	추정 매가
1234	GIN		36,098원
2345	RYE	1*l*	37,730원
3456	SCOTCH	750*ml*	29,600원
4567	VODKA	1*l*	30,900원
5678	BRANDY	750*ml*	28,350원

〈표 4-10〉의 추정매가를 바탕으로 한 달 동안에 소비된 각 아이템에 대한 총 추정 매출액을 다음 〈표 4-10〉과 같이 계산할 수 있다.

예컨대 어느 특정 업장의 월말 재고조사에서 소비된 Gin이 3병이라면 총 추정 매출액은 108,510원(36,098 × 3 = 108,510원)이 되는 것이다.

표 4-10	병당 추정 매출액 산정표			
코드번호	아이템	소비량	병당 추정 매가	총추정 매출액
1234	GIN	3	36,098원	108,510원
2345	RYE	2	37,730원	75,460원
3456	SCOTCH	2	29,600원	61,800원

상기에 설명한 평균 추정매출액 계산은 각 아이템에 대한 매출비율이 비교적 안정된 곳에서는 타당한 방법으로 간주되나, 고객의 변화가 잦은 곳에서는 상당한 오차가 발생할 수 있는 단점도 내포하고 있다.

3. 월말 원가보고서

식료와 마찬가지로 각 업장의 보고서를 바탕으로 전체적인 음료보고서를 작성하는데 각 호텔마다 다양한 형태로 보고서를 작성하고 있다.

▶▶ 구체적인 내용은 식료편을 참조하세요.

부 록

① <u>Credit Memo의 보기</u>

공급자 : ×××   일자 : ×× ××

다음 아이템에 대하여 크레딧 메모를 작성하여 주시오

Quantity	Item Description	Unit Cost	Total

크레디트 요청에 대한 사유를 기재한다.

물품 배달인 서명 :

② <u>Daily Market List</u>

ITEM	ORDER	UNIT PRICE	VENDOR	ITEM	ORDER	UNIT PRICE	VENDOR
Vegetables				Endive			
Asparagus				Garlic Peeled			
Bean Sprouts-L				Ginger Peeled			
Bean Sprouts-S				Ginseng Root-L			
Beet Root				Ginseng Root-M			
Bracken				Ginseng Root-S			
Broccoli				Green Bean			
Brussel Sprouts				Leek Korean-L			
Cabbage Chinese				Leek Korean-S			
Cabbage Korean				Lettuce Head			
Cabbage Red				Lettuce Leaf			
Cabbage White				Lotus Root			
Carrots-L				Mallow			
Carrots-M				Mushroom-Agaric			
Cauliflower				Mushroom-Pyogo			
Celery				Mushroom-Top			
Celery-Korean				Mushroom-YangSongYi			
Codonopsis				Onion Green-L			
Crown Daisy				Onion Green-M			
Cucumber-L				Onion Green-S			
Cucumber-S				Parsely			
Egg Plant				Pepper Green-L			

〈계속〉

ITEM	ORDER	UNIT PRICE	VENDOR	ITEM	ORDER	UNIT PRICE	VENDOR
Pepper Red				Water Cress			
Pimento-Green							
Pimento-Red							
Platycodon							
Potato-L							
Potato-S				**Fruits Fresh**			
Potato-sweet				Apple-Fuji(31~40ea/Bx)			
Pumpkin				Apple-Fuji(51~60ea/Bx)			
Radish Red				Apricot			
Seasame Leaf-A				Avocado			
Seasame Leaf-B				Banana			
Spinach				Cherry			
Squash				Grapefruit			
Swisshard				Grape Black			
Tomato-Large				Grape Brown			
Tomato-Small				Grape Geobong			
Turnip				Grape Green			
				Kiwi(80~100g)			
				Lemon(115ea/Bx)			
				Melon-Musk			
Mini Vegetable				Melon-White			
Alfalfa				Melon-Yellow			
Applemint				Orange			
Baby carrot				Peach-Chundo			
Basil				Peach-White			
Cherry Tomato				Pear			
Chicory-Green				PersimonHard(71~80ea/Bx)			
Chicory-Red				Pineapple			
Chive				Strawberry			
Chung kung che				Tangerine			
Dill				Water Melon			
Green Vitamin							
Kabu							
Mustard Cress							
Red Radichio				**Dried Fruit & Nuts**			
Rosemary				Chestnut Peeled			
Sage				Date-Whole			
Siso				Ging Kounut			
Thyme				Peanut			

〈계속〉

ITEM	ORDER	UNIT PRICE	VENDOR	ITEM	ORDER	UNIT PRICE	VENDOR
Persimon Dried							
Pinenut				Turnip yellow			
Walnut w/o Skin				Rice-1st class			
				Rice-Special			
				Barley Rice			
				Flour-Hard			
				Flour-Soft			
Dry, Pickled Items & Others				Glutinous Millet			
Dry Anchory-L				Glutinous Rice			
Dry Anchory-S				Green Beans Peeled			
Dry Cuttle Fish Sliced				Kidney Beans-Red			
Dry Laver				Kidney Beans-White			
Dry Seaweed				Red Beans			
Dry Tangle							
Dry Mushroom Mokyi							
Pickled Apricot							
Pickled Cucumber							
Pickled Pepper Green				**Grocery**			
Pickled Pollack Intestines				Accent(Seasoning)			
Pickled Ume				Bean Paste			
Salted Anchory				Bamboo Paste			
Salted Clam				Corn Chip			
Salted Oyster				Corn Stardh			
Salted Shrimp				Corn Sweet			
Bean Curd-Mixed				Corn Syrup			
Bean Curd-White				Corn Young			
Coctail Onion				Cracker			
Fishroll				Curry Powder			
Ginger Sliced				Evap Milk(Lilac)			
Kim chi-Cabbage				Green Beans			
Kim chi-Cucumber				Green Peas			
Kim chi-Turnip				Coffee Whole			
Kim chi-Water Turnip				Coffee Prima			
Man doo				Juice-Apple			
Paste-Beanjelly				Juice-Grappfruit			
Paste-Acorn				Juice-Orange			
Pepper Red Powder				Juice-Pineapple			
Rice Cake				Juice-Tomato			
Sesamewhole				Kanpyo			

〈계속〉

ITEM	ORDER	UNIT PRICE	VENDOR	ITEM	ORDER	UNIT PRICE	VENDOR
Kimmikwa				Coffee Cream			
Mushroom-Sliced				Egg			
Mustard Powder				Egg-Quail			
Noodle-Spaghetti				French cream-Seoul			
Noodle-Soba				Whipping Cream			
Noodle-Starch				Ice cream-Chocolate			
Noodle-Thin				Ice cream-Strawberry			
Raisin				Ice cream-Vanilla			
Red pepper paste				Milk Fresh			
Rye Flour				Milk Lacto			
Salt Large				Pizza Cheese			
Salt Table				Sour Cream			
Salad Oil				Yeast Fresh			
Sesame Oil				Yogurt(Plain)			
Smoked oyster				Yogurt(M.I.)			
Soy sauce-BTL				Dry Ice			
Soy sauce-G/L				Whip Topping			
Sugar-Bag							
Sugar-Tea							
Sugar-Powder							
Mayonnaise				**Meat**			
Tea-Barley				Beef Blood			
Tea-Ginger				Beef Bones			
Tea-Ginseng				Beef Brisket			
Tea-Lipton				Beef chitterlings			
Tomato Ketchup				Beef Dogani			
Tomato Paste				Beef Rib			
Tomato Whole				Beef Round			
Tuna				Beef Sirloin			
Vinegar				Beef Shank			
Shortening(4.5kg)				Beef Sirloin			
Shortening(14kg)				Beef Tenderloin			
French Fried Potato				Beef Tongue			
Hash brown Potato				Pork Belly			
				Pork Bones			
				Pork fat Back			
				Pork Leg (whole)			
Dairy				Pork Loin			
Butter				Pork Loin Whole			

〈계속〉

ITEM	ORDER	UNIT PRICE	VENDOR	ITEM	ORDER	UNIT PRICE	VENDOR
Pork Neck				Halibut-A			
Pork Rib				Halibut-B			
Pork Round				Halibut Fillet			
Pork Shank				Herring			
Pork Tenderloin				Jelly Fish-Local			
				Jelly Fish-Import			
				King koo Fish			
				Lobster-Live			
Poultry				Mackerel Fresh			
Chicken Liver				Octopus-Leg			
Chicken Bone				Octopus-Small			
Chicken Breast				Oyster w/shell			
Chicken w/o Head & Feet				Oyster w/o shell			
Chicken Young(400~500g)				Salmon Fresh			
Chicken Young(600~650g)				Sea Bass			
Quail				Sea Bream-A			
				Sea Bream-B			
				Sea Urchin			
				Shrimp-L			
Bacon Sliced				Shrimp-M			
Press Ham				Shrimp Peeled-s			
				Tuna Fish-L			
				Tuna Fish-M			
				Matudai			
Fish				Mussel w/shell			
Abalone Fresh-L				Mussel w/out shell			
Abolone Frozen				Pollack			
ButterFish							
Clam-L							
Clam-M							
Clam				**Maguro(Hon)**			
Clam-Mosi				Otoro Special			
Clam-Red				Otoro 1st class			
Clam-w/o shll				Jutoro Special			
Cod Fish Fillet				Jutoro 1st class			
Cutlle Fish				Akami-1st class			
Eel River				Akami-2nd class			
Eel Sea				Bigeye-1st class			
Hair Tail				Meka			

③ # Market List

ORDER DATE : _____
DELIVERY DATE : _____

ON ORDER	INV	CODE	ITEM		UNIT	TO ORDER					VEN DOR	QTD PRICE	RCVD	ON ORDER
						MAIN	KOR	JAP	CHINESE	S.CAFE				
		M11001	Avocado	아 보 카 도	KG									
		M11002	Asparagus	아스파라거스	KG									
		M11003	Bean Sprout	콩 나 물	KG									
		M11004	Bean Sprout Green	숙 주	KG									
		M11005	Bean Sprout Well Kept	손질한콩나물	KG									
		M11006	Bean Kidney	강 남 콩	KG									
		M11007	Beet Root	비 트 루 트	KG									
		M11008	Brocolli	브 로 컬 리	KG									
		M11009	Bracken	고 사 리	KG									
		M11010	Burdock	우 엉	KG									
		M11011	Bamboo Root Fresh	죽 순	KG									
		M11012	Brussel Sprout	브루셀스프라우트	KG									
		M11013	Cabbage Chinese	배 추	KG									
		M11014	Cabbage Spring	얼 갈 이	KG									
		M11015	Cabbage Savoy	사보이양배추	KG									
		M11016	Cabbage White	양 배 추	KG									
		M11017	Cabbage Red	적 채	KG									
		M11018	Carrot	당 근	KG									
		M11019	Cauliflower	컬 리 플 라 워	KG									
		M11020	Celery	셀 러 리	KG									
		M11021	Chard	근 대	KG									
		M11022	Crown Daisy	쑥 갓	KG									
		M11023	Cucumber I	가 시 오 이	KG									
		M11024	Cucumber II	소배기용오이	KG									
		M11025	Deo-Dug	더 덕	KG									
		M11026	Don Namul	돈 나 물	KG									
		M11027	Eggplant	가 지	KG									
		M11028	Fatsia Shoot	두 릅	KG									
		M11029	Garlic Peeled	깐 마 늘	KG									
		M11030	Garlic Wild	달 래	KG									
		M11031	Garlic Young Green	풋 나 물	KG									
		M11032	Ginger Peeled	깐 생 강	KG									
		M11033	Ginger Whole	생 강	KG									
		M11034	Haruna	하 루 나	KG									
		M11035	Kuansh	하 누 나	KG									
		M11036	Leek Korean	조 선 부 추	KG									
		M11037	Leek Chinese	중 국 부 추	KG									
		M11038	Lotus Root	연 근	KG									
		M11039	Lettuce Korean	잎 상 치	KG									
		M11040	Lettuce Korean Red	적 상 치	KG									
		M11041	Lettuce Iceberg	양 상 치	KG									

〈계속〉

ON ORDER	INV	CODE	ITEM		UNIT	TO ORDER					VEN DOR	QTD PRICE	RCVD	ON ORDER
						MAIN	KOR	JAP	CHINESE	S.CAFE				
		M11042	Leopart Plant	취 나 물	KG									
		M11043	Malva	아 욱	KG									
		M11044	Mushroom Agaric	느 타 리 버 섯	KG									
		M11045	Mushroom Black Agaric	흑느타리버섯	KG									
		M11046	Mushroom Monkey	목 이 버 섯	KG									
		M11047	Mushroom Pyogo	표 고 버 섯	KG									
		M11048	Mushroom Yansongyi	양 송 이 버 섯	KG									
		M11049	Mushroom Pine	송 이 버 섯	KG									
		M11050	Mushroom Winter	팽 이 버 섯	KG									
		M11051	Mustard Leaf	청 갓	KG									
		M11052	Onion Dry	양 파	KG									
		M11053	Onion Green Peeled	깐 대 파	KG									
		M11054	Onion Spring	(쪽) 실 파	KG									
		M11055	Parsley Double	파 슬 리	KG									
		M11056	Parsley Korean	미 나 리	KG									
		M11057	Parsley Korean Natural	자연산미나리	KG									
		M11058	Peas Green Cleaned	완 두 콩	KG									
		M11059	Pepper Green	풋 고 추	KG									
		M11060	Pepper Red	홍 고 추	KG									
		M11061	Pepper Leave	고 추 잎	KG									
		M11062	Pepper Twist	꽈 리 고 추	KG									
		M11063	Pimento Green	청 피 망	KG									
		M11064	Pimento Red	홍 피 망	KG									
		M11065	Platy Codon Whole	통 도 라 지	KG									
		M11066	Platy Codon Fillet	깐 도 라 지	KG									
		M11067	Platy Codon Sliced	찹잡이도라지	KG									
		M11068	Potato	감 자	KG									
		M11069	Potato Small	소 감 자	KG									
		M11070	Potato Sweet	고 구 마	KG									
		M11071	Pumpkin Yellow	늙 은 호 박	KG									
		M11072	Rape Young Leaf	유 채 잎	KG									
		M11073	Royal Fern	고 비 나 물	KG									
		M11074	Squash Leaves	호 박 잎	KG									
		M11075	Squash Long	조 선 애 호 박	KG									
		M11076	Squash Sweet	단 호 박	KG									
		M11077	Sesame Leave I	바 라 깻 잎	KG									
		M11078	Sesame Leave II	장 깻 잎	KG									
		M11079	Sesame Leave III	깻 잎 순	KG									
		M11080	Shepherd's Purse	냉 이	KG									
		M11081	Spinach	시 금 치	KG									
		M11082	Sowthistle	씀 바 귀	KG									
		M11083	Taro	토 란	KG									
		M11084	Tomato	토 마 토	KG									
		M11085	Tomato Small	소 토 마 토	KG									
		M11086	Tomato for Sauce	소스용토마토	KG									

〈계속〉

ON ORDER	INV	CODE	ITEM		UNIT	TO ORDER					VEN DOR	QTD PRICE	RCVD	ON ORDER
						MAIN	KOR	JAP	CHINESE	S.CAFE				
		M11087	Turnip Altari	알타리무우	KG									
		M11088	Turnip Korean	무 우	KG									
		M11089	Turnip Spring	열 무	KG									
		M11090	Wormwood	물 쑥	KG									
		M11091	Yellow Onion	음 파	KG									
		M11092	Zucchini	추 키 니	KG									
			VEGETABLE-HERBS											
		M12001	Alfalfa		PK									
		M12002	Applemint		PK									
		M12003	Baby Carrot		PK									
		M12004	Borage Flower		PK									
		M12005	Basil Sweet		PK									
		M12006	Butter Head Lettuce		PK									
		M12007	Borecole		PK									
		M12008	Chai Sim		PK									
		M12009	Chervil		PK									
		M12010	Chicory		PK									
		M12011	Red Chicory		PK									
		M12012	Chive		PK									
		M12013	Chung Chai		PK									
		M12014	Chung Kyung Sai		PK									
		M12015	Corn Salad		PK									
		M12016	Cucumber Flower		PK									
		M12017	Chinese Parsley		PK									
		M12018	Dandelion		PK									
		M12019	Datsai		PK									
		M12020	Dill		PK									
		M12021	Baby Eggplant		PK									
		M12022	Eggplant Flower		PK									
		M12023	Ensai		PK									
		M12024	Endive		PK									
		M12025	Fennel		PK									
		M12026	Gaboo		PK									
		M12027	Gaboo Red		PK									
		M12028	Green Vitamin		PK									
		M12029	Giona		PK									
		M12030	Gaten Cress		PK									
		M12031	Italian Parsley		PK									
		M12032	Kaiware		PK									
		M12033	Kinimea		PK									
		M12034	Lemon Balm		PK									
		M12035	Maejiso		PK									

〈계속〉

ON ORDER	INV	CODE	ITEM		UNIT	TO ORDER					VEN DOR	QTD PRICE	RCVD	ON ORDER	
						MAIN	KOR	JAP	CHINESE	S.CAFE					
		M12036	Majoram		PK										
		M12037	Masiu(Italian Corn Salad)		PK										
		M12038	Meagaboo		PK										
		M12039	Michba		PK										
		M12040	Mustard Green		PK										
		M12041	Nattow		PK										
		M12042	Oregano		PK										
		M12043	Okura Green		PK										
		M12044	Okura Red		PK										
		M12045	Peppermint		PK										
		M12046	Pickling Onion Peeled		PK										
		M12047	Rainbow Radish		PK										
		M12048	Radichio		PK										
		M12049	Radish Red		PK										
		M12050	Red Onion		PK										
		M12051	Romane Lettuce		PK										
		M12052	Rosemary		PK										
		M12053	Sage		PK										
		M12054	Saladana		PK										
		M12055	Savoy Cabbage		PK										
		M12056	Shiso		PK										
		M12057	Sorrel		PK										
		M12058	Spearmint		PK										
		M12059	Taragon		PK										
		M12060	Thyme		PK										
		M12061	Tosakanori White		PK										
		M12062	Tosakanori Red		PK										
		M12063	Tosakanori Green		PK										
		M12064	Petit Tomato		PK										
		M12065	Tomato Cherry		PK										
		M12066	Tomato Italian		PK										
		M12067	Yellow Cherry Tomato		PK										
		M12068	Yellow Squash		PK										
		M12069	Vegetable Flower		PK										
		M12070	Water Cress		PK										
		M12071	Water Cress Flower		PK										
			FRUITS												
		M13001	Apple Fuji	후 지 3 다 이	CS										
		M13002	Apple Fuji	후 지 4 다 이	CS										
		M13003	Apple Hong Ok 250~300g	홍 옥	CS										
		M13004	Apple Yuko 350~400g	유 고	CS										

〈계속〉

ON ORDER	INV	CODE	ITEM	UNIT	TO ORDER					VEN DOR	QTD PRICE	RCVD	ON ORDER
					MAIN	KOR	JAP	CHINESE	S.CAFE				
		M13005	Apple(Cafeteria) 직원용사과	KG									
		M13006	Apricot 살 구	KG									
		M13007	Banana 바 나 나	CS									
		M13008	Cherry 체 리	KG									
		M13009	Grape Black 포 도	KG									
		M13010	Grape Green 청 포 도	KG									
		M13011	Grape King 거 봉	KG									
		M13012	Grape Small w/o Seed 씨없는포도	KG									
		M13013	Grapefruit 자 몽	CS									
		M13014	Kiwi 키 위	KG									
		M13015	Kumquat-King Kang 낑 깡	KG									
		M13016	Lemon 레 몬	CS									
		M13017	Melon Water 수 박	EA									
		M13018	Melon White 백 설	EA									
		M13019	Melon Musk 머 스 크	EA									
		M13020	Melon Royal 로 얄	EA									
		M13021	Melon Yellow 은 천	EA									
		M13022	Peach White 백 도	EA									
		M13023	Peach Yellow 황 도	EA									
		M13024	Pear Shingo 450-500g 신 고	CS									
		M13025	Persimmon L 250-300g 감	CS									
		M13026	Persimmon L 200-250g 감	CS									
		M13027	Pineapple 파 인 애 플	EA									
		M13028	Plum 자 두	KG									
		M13029	Tangerine L 귤	CS									
		M13030	Tangerine S 귤	CS									
		M13031	Raspberry 산 딸 기	KG									
		M13032	Orange 오 렌 지	CS									
		M13033	Strawberry 딸 기	KG									
		M13034	Strawberry for sauce 소 스 용 딸 기	KG									
			MISCELLANEOUS										
		M14001	Bean Curd 두 부	PAN									
		M14002	Bean Curd Soft 한 달 두 부	PK									
		M14003	Bean Red 팥	KG									
		M14004	Bean White 흰 콩	KG									
		M14005	Bean Paste Red 적 된 장	BOX									
		M14006	Cinnamon Whole 통 계 피	KG									
		M14007	Chestnut 밤	KG									
		M14008	Chinese Noodle 당 면	KG									
		M14009	Duck Egg Preserved 송 화 단	EA									
		M14010	Dried Cuttle Fish 오 징 어 포	KG									

ON ORDER	INV	CODE	ITEM		UNIT	TO ORDER					VEN DOR	QTD PRICE	RCVD	ON ORDER
						MAIN	KOR	JAP	CHINESE	S.CAFE				
		M14011	Dried Beef	육　　포	KG									
		M14012	Dried Fish Slice	어　　포	KG									
		M14013	Dried Cod Fish Slice	대　구　포	KG									
		M14014	Dried Date	건　대　추	KG									
		M14015	Dried Pollack Slice	북　어　포	KG									
		M14016	Dried Pollack Headless	머리뗀북어	KG									
		M14017	Gingkonut	은　　행	KG									
		M14018	Glutinous Millet	차　　조	KG									
		M14019	Glutinous Sorghum	차　수　수	KG									
		M14020	Jia Jang	짜　　장	KG									
		M14021	Kimchi, Chinese Cabbage	포기김치	KG									
		M14022	Kimchi, Cucumber	오이김치	KG									
		M14023	Kimchi, Water	물김치	KG									
		M14024	Kimchi, White	백김치	KG									
		M14025	Kkak Duki	깍두기	KG									
		M14026	Mat sal	맛살	KG									
		M14027	Mong Bean Peeled	깐녹두	KG									
		M14028	Mustard	겨자	KG									
		M14029	Mustard Seed	겨자씨	KG									
		M14030	Pine mushroom Can	자연송이캔	CAN									
		M14031	Pine nut	잣	CAN									
		M14032	Pickled Onion Peeled	락교	CAN									
		M14033	Obokchae	오복채	KG									
		M14034	Salted Pollack Roe	명란젓	PK									
		M14035	Soy Sauce	간장	BOX									
		M14036	Sesame Whole	참깨	KG									
		M14037	Sesame Whole roasted	볶은참깨	KG									
		M14038	Sesame Black roasted	볶은검정참깨	KG									
		M14039	Sesame White roasted	볶은흰참깨	KG									
		M14040	Sea Laver portion	도시락김	BOX									
		M14041	Walnut w/o Shell	깐호두	KG									
		M14042	Walnut Peeled	백호두	KG									
		M14043	Yellow Turnip	단무지	KG									
		M14044	Dry Ice	드라이아이스	BOX									
		M14045	Ice Block 135kg	조각용얼음	EA									
		M14046	Rice Cake for Pastry I		KG									
		M14047	Rice Cake for Pastry II		KG									
		M14048	Rice Cake for Pastry III		KG									

〈계속〉

ON ORDER	INV	CODE	ITEM		UNIT	TO ORDER					VEN DOR	QTD PRICE	RCVD	ON ORDER
						MAIN	KOR	JAP	CHINESE	S.CAFE				
			DAIRY PRODUCTS											
		M15001	Fresh Milk	우　　유	PK									
		M15002	Butter Unsalted	무 염 버 터	CS									
		M15003	Fresh Cream	생 크 림	PK									
		M15004	Cream Sour	크 림 사 워	PK									
		M15005	Brown Egg Jumbo 60g	특　　란	EA									
		M15006	Quail Egg	메 추 리 알	EA									
		M15007	Plain Yoghurt	프레인요거트	PK									
		M15008	Fruit Yoghurt	과 일 요 거 트	PK									
		M15009	Fresh Yeast	생 이 스 트	CS									
		M15010	Slice Cheese	스라이스치즈	PK									
		M15011	Pizza Cheese	피 자 치 즈	PK									
			FISH											
		M16001	Angler Fish	아　　구	KG									
		M16002	Angler Liver	아 구 간	KG									
		M16003	Alka Fish	이 면 수	KG									
		M16004	Cod Whole	통 대 구	KG									
		M16005	Cod Fillet	대 구 살	KG									
		M16006	Cod Cutting	토 막 대 구	KG									
		M16007	Cod Silver	은 대 구	KG									
		M16008	Croaker Fillet Frozen	민 어 살	KG									
		M16009	Flounder	가 자 미	KG									
		M16010	Grouper Black	흑 능 성 어	KG									
		M16011	Grouper Red	능 성 어	KG									
		M16012	Hair Tail	갈　　치	KG									
		M16013	Halibut	광　　어	KG									
		M16014	Halibut Frozen	냉 동 광 어	KG									
		M16015	Hake-King clip	킹　　구	KG									
		M16016	Hake Fillet	킹 구 살	KG									
		M16017	Herring	청　　어	KG									
		M16018	Herring Roe	청 어 알	KG									
		M16019	John Dory	존 도 리	KG									
		M16020	Mackerel Horse	아　　지	KG									
		M16021	Mackerel Pike	꽁　　치	KG									
		M16022	Mackerel	고 등 어	KG									
		M16023	Merlu Fillet	메 루 살	KG									
		M16024	Merlu Cutting	토 막 메 루	KG									
		M16025	Mud Fish	미 꾸 라 지	KG									
		M16026	Mullet Red	참 숭 어	KG									
		M16027	Orange Fish w/o skin	오 렌 지 살	KG									

〈계속〉

ON ORDER	INV	CODE	ITEM		UNIT	TO ORDER					VEN DOR	QTD PRICE	RCVD	ON ORDER	
						MAIN	KOR	JAP	CHINESE	S.CAFE					
		M16028	Pomfret	병 어	KG										
		M16029	Plaice	도 다 리	KG										
		M16030	Pollack	동 태	KG										
		M16031	Pollack Cutting	토 막 동 태	KG										
		M16032	Pollack Fillet	동 태 살	KG										
		M16033	Rock Fish	삼 숙 이	KG										
		M16034	Rainbow Trout	무 지 개 송 어	KG										
		M16035	Salmon	연 어	KG										
		M16036	Salmon Smoked	훈 제 연 어	KG										
		M16037	King fish-L	삼 치	KG										
		M16038	King fish-S	사 고 시 삼 치	KG										
		M16039	King Fish Dried	건 삼 치	KG										
		M16040	Skate Fillet	홍 어 살	KG										
		M16041	Skate w/o Skin	깐 참 홍 어	KG										
		M16042	Sardine	정 어 리	KG										
		M16043	Sea Bream Live	활 도 미	KG										
		M16044	Sea Bream Baby Fillet	소 도 미 살	KG										
		M16045	Sea Bream Red	적 도 미	KG										
		M16046	Sea Bream Black	흑 도 미	KG										
		M16047	Snip fish	학 꽁 치	KG										
		M16048	Sole-L	용 서 대	KG										
		M16049	Sole-S	박 대	KG										
		M16050	Seabass Live	활 농 어	KG										
		M16051	Seabass Fresh	선 농 어	KG										
		M16052	Sea Eel Fresh	바 다 장 어	KG										
		M16053	Sea Eel Frozen	붕 장 어	KG										
		M16054	Fresh Water Eel	민 물 장 어	KG										
		M16055	Salmon Roe	연 어 알	KG										
		M16056	Sea Cucumber Fresh	해 삼	KG										
		M16057	Sea Cucumber Intestine	해 삼 창 젓	BOX										
		M16058	Shad	전 어	KG										
		M16059	Sea Urchin	성 게 알	BOX										
		M16060	Tuna Bigeye	빅 아 이	KG										
		M16061	Tuna Macka	마 까	KG										
		M16062	Tuna Meka	메 까	KG										
		M16063	Yellow tail	방 어	KG										
		M16064	Turbot	멍 가 래	KG										
		M16065	Turbot Fillet	멍 가 래 살	KG										
		M16066	Turbot Fresh water	자 라	KG										

〈계속〉

ON ORDER	INV	CODE	ITEM	UNIT	TO ORDER					VEN DOR	QTD PRICE	RCVD	ON ORDER
					MAIN	KOR	JAP	CHINESE	S.CAFE				
			SEAFOOD, SHELL FISH & WEED										
		M17001	Abalone w/o Shell 7-8cm 쑥 복	KG									
		M17002	Abalone 50g 생 복	KG									
		M17003	Arch Shell 피 조 개	KG									
		M17004	Black Sea Leave Fresh 물 미 역	KG									
		M17005	Clam L 대 합	KG									
		M17006	Clam M 중 합	KG									
		M17007	Clam S 소 합	KG									
		M17008	Clam w/o Shell 조 개 살	KG									
		M17009	Clab White 흑 모 시 조 개	KG									
		M17010	Clam White 백 모 시 조 개	KG									
		M17011	Clam Jaechi 재 치 조 개	KG									
		M17012	Clam Kkomak 꼬 막 조 개	KG									
		M17013	Clam Short Necked 바 지 락	KG									
		M17014	Cockle 새 조 개	KG									
		M17015	Crab Cutting 토 막 꽃 게	KG									
		M17016	Crab ♂ 숫 꽃 게	KG									
		M17017	Crab ♀ 암 꽃 게	KG									
		M17018	Crab Meat 게 살	KG									
		M17019	Crab King 영 덕 게	KG									
		M17020	Crab Claws 집 게 다 리 살	KG									
		M17021	Cuttle Fish 물 오 징 어	KG									
		M17022	Cuttle Fish Frozen 냉 동 오 징 어	KG									
		M17023	Lobster Live 바 다 가 재	KG									
		M17024	Lobster Frozen 냉 동 바 다 가 재	KG									
		M17025	Lobster Tail 바 다 가 재 꼬 리	KG									
		M17026	Lobster Tail w/o Shell 바다가재꼬리살	KG									
		M17027	Mussel Black 홍 합	KG									
		M17028	Mussel Black w/o Shell 홍 합 살	KG									
		M17029	Octopus 참 문 어	KG									
		M17030	Octopus Small 낙 지	KG									
		M17031	Octopus Small Frozen 냉 동 낙 지	KG									
		M17032	Oyster w/shell 석 화	KG									
		M17033	Oyster w/o Shell 깐 생 굴	KG									
		M17034	King Prawn 특 대 하	KG									
		M17035	Shrimp Baby Peeled 시 바 새 우	KG									
		M17036	Shrimp Bread 빵 새 우	KG									
		M17037	Shrimp L 23cm 대 하	KG									
		M17038	Shrimp M 17cm 중 하	KG									
		M17039	Shrimp Tiger 20cm 대 하 새 우	KG									
		M17040	Shrimp Tiger 17cm 중 하 새 우	KG									
		M17041	Shrimp Tiger 15cm 소 하 새 우	KG									
		M17042	Scallop Cleaned 소 제 관 자	KG									
		M17043	Scallop Fresh 관 자	KG									
		M17044	Squid Whole Frozen 갑 오 징 어	KG									

〈계속〉

ON ORDER	INV	CODE	ITEM	UNIT	TO ORDER					VENDOR	QTD PRICE	RCVD	ON ORDER	
					MAIN	KOR	JAP	CHINESE	S.CAFE					
		M17045	Squid Cleaned 이 까 새 우	KG										
		M17046	Sea Squirt 멍 게	KG										
		M17047	Sea Squirt 냉 동 멍 게	KG										
		M17048	Top Shell Peeled 삶 은 소 라	KG										
		M17049	Sea Weed 바 다 풀	KG										
		M17050	Styela Clava 미 더 덕	KG										
			POULTRY & GAME											
		M18001	Chicken Broiler 1.4-1.5kg 닭	KG										
		M18002	Chicken Spring 800g 닭	KG										
		M18003	Baby Chicken 400g 영 계	EA										
		M18004	Chicken Leg 닭 다 리	KG										
		M18005	Chicken Liver 닭 간	KG										
		M18006	Chicken Head w/Cockscomb 닭 벼 슬	KG										
		M18007	Duckling Local 오 리	KG										
		M18008	Quail Cleaned 메 추 리	KG										
		M18009	Pheasant 꿩	KG										
		M18010	Rabbit 토 끼	KG										
		M18011	Wild Boar 멧 돼 지	KG										
			DELICATESSEN											
		M19001	Bacon Slice	KG										
		M19002	Smoked Pork Feet	KG										
		M19003	Loin Ham	KG										
		M19004	Boneless Ham	KG										
		M19005	Salami Whole	KG										
		M19006	Dried Beef	KG										
		M19007	Dried Pork	KG										
		M19008	Veal Chipolata	KG										
		M19009	Pork Chipolata	KG										
		M19010	Veal Sausage	KG										
		M19011	Pork Sausage	KG										
		M19012	Assorted Cold Cut	KG										
		M19013	Vienna	KG										
		M19014	Cocktail	KG										

〈계속〉

ON ORDER	INV	CODE	ITEM		UNIT	TO ORDER					VEN DOR	QTD PRICE	RCVD	ON ORDER
						MAIN	KOR	JAP	CHINESE	S.CAFE				
			PORK											
		M20001	Belly	삼 겹 살	KG									
		M20002	Bone	잡 뼈	KG									
		M20003	Blood	피	KG									
		M20004	Fat	비 계	KG									
		M20005	Fat Bag	내 장 기 름	KG									
		M20006	Feet	족	KG									
		M20007	Knuckle	무 릎 살	KG									
		M20008	Kidney	콩 팥	KG									
		M20009	Leg w/o Skin	다 리	KG									
		M20010	Leg w/ Skin	다 리	KG									
		M20011	Liver	간	KG									
		M20012	Loin Bone In	등 심	KG									
		M20013	Loin Bone Out	등 심	KG									
		M20014	Neck	목 등 심	KG									
		M20015	Round	방 심	KG									
		M20016	Round Slice	방 심	KG									
		M20017	Rib	갈 비	KG									
		M20018	Shank	사 태	KG									
		M20019	Shoulder	앞 다 리	KG									
		M20020	Skin	껍 질	KG									
		M20021	Tenderloin	안 심	KG									
		M20022	Suckling Pig 8-10kg	어 린 돼 지	EA									
			BEEF											
		M21001	Blood	선 지	KG									
		M21002	Bone	잡 뼈	KG									
		M21003	Bone Marrow	사 골	KG									
		M21004	Brisket	차 돌 배 기	KG									
		M21005	Chuck	어 깨 등 심	KG									
		M21006	Intestine	곱 창	KG									
		M21007	Kidney	콩 팥	KG									
		M21008	Knee Bone	도 가 니	KG									
		M21009	Knuckle	보 섭 살	KG									
		M21010	Leg	다 리	KG									
		M21011	Liver	간	KG									
		M21012	Ox Tail	꼬 리	KG									
		M21013	Ox Tongue	우 설	KG									
		M21014	Ribeye	리 바 이	KG									
		M21015	Ox Rib	갈 비	KG									
		M21016	Cow Rib	암 소 갈 비	KG									
		M21017	Round	방 심	KG									

〈계속〉

ON ORDER	INV	CODE	ITEM	UNIT	TO ORDER					VEN DOR	QTD PRICE	RCVD	ON ORDER	
					MAIN	KOR	JAP	CHINESE	S.CAFE					
		M21018	Round Slice	KG										
		M21019	Round Fresh 육 회 용 방 심	KG										
		M21020	Shank 사 태	KG										
		M21021	Shuji 스 지	KG										
		M21022	Stomach 양	KG										
		M21023	Striploin 채 끝	KG										
		M21024	Tenderloin 안 심	KG										
		M21025	Tripe 천 엽	KG										
		M22001	Acorn Jelly 도 토 리 묵	KG										
		M22002	Assorted Odeng 복 합 오 뎅	KG										
		M22003	Anchovy L 다 시 멸 치	KG										
		M22004	Anchovy M 조 림 멸 치	KG										
		M22005	Bamboo Shoot 죽 순	KG										
		M22006	Baby Corn 아 기 옥 수 수	KG										
		M22007	Bean paste Balck 흑 된 장	KG										
		M22008	Bean paste White 백 된 장	KG										
		M22009	Bean paste Red 적 된 장	KG										
		M22010	Black Sugar 흑 설 탕	KG										
		M22011	Buck wheat Vermicelli 냉 면	KG										
		M22012	Bun Beef 삼 포 만 두	EA										
		M22013	Bun Skin 만 두 피	PK										
		M22014	Cashew Nut 캐 슈 넛	KG										
		M22015	Chilli Oil 고 추 기 름	KG										
		M22016	Chilli Bean Sauce	BTL										
		M22017	Cinnamon Whole 통 계 피	KG										
		M22018	Corn Tea 옥 수 수 차	KG										
		M22019	Dried Bracken 건 고 사 리	KG										
		M22020	Dried Kidney bean 건 강 남 콩	KG										
		M22021	Dried Leopart plant 건 취 나 물	KG										
		M22022	Dried Persimmon 곶 감	EA										
		M22023	Dried Bean Curd 건 유 부	PK										
		M22024	Dried Pyogo Mushroom 건표고버섯	KG										
		M22025	Dried Black Mushroom 석 이 버 섯	KG										
		M22026	Dried Pollack Whole 통 북 어	EA										
		M22027	Dried pollack gutted 깐 북 어	HD										
		M22028	Dry Anchovy 건 멸 치	KG										
		M22029	Dry Barely Sprouts 유 진 엿 기 름	KG										
		M22030	Dry Sea Laver-B 조 선 김	KG										
		M22031	Dry Sea Laver-A 조 선 김	KG										
		M22032	Fried Bean Curd 이 나 리 유 부	PK										

〈계속〉

ON ORDER	INV	CODE	ITEM		UNIT	TO ORDER					VEN DOR	QTD PRICE	RCVD	ON ORDER	
						MAIN	KOR	JAP	CHINESE	S.CAFE					
		M22033	Ginseng Baby	튀김용인삼	KG										
		M22034	Ginseng	탕용인삼	KG										
		M22035	Green Bean Jelly	마포청어묵	KG										
		M22036	Green Peas #303	완두콩캔	CAN										
		M22037	Glutinous Rice Cake	중식찹쌀떡	EA										
		M22038	Glutinous Sorghum	차수수	KG										
		M22039	Hot Bean Sauce	두반장	BTL										
		M22040	Jia Jang	짜장	BOX										
		M22041	Jasmin Tea	쟈스민차	CAN										
		M22042	Jia Sai	짜사이	KG										
		M22043	Konyaku Pan	판곤약구	KG										
		M22044	konyaku Thin	실곤약구	KG										
		M22045	Korean Noodle	전골용국수	KG										
		M22046	Kukija	구기자차	KG										
		M22047	Kampyo	박고지	KG										
		M22048	Laver Slice Roasted	김가루	KG										
		M22049	Mustard powder	겨자가루	KG										
		M22050	Noodle, Gaki	가께우동	KG										
		M22051	Noodle Fine	소면	KG										
		M22052	Noodle Soba	소바국수	KG										
		M22053	New Sugar	뉴슈가	KG										
		M22054	Oboro	오보로	KG										
		M22055	Obookchae	오복채	KG										
		M22056	Potato Flour	감자전분	KG										
		M22057	Pickled Onion Peeled	락교	KG										
		M22058	Pickled yellow Turnip	단무지	KG										
		M22059	Pickled Ginger Slices	초생강	KG										
		M22060	Rice sticky Powder	삼광파우다	KG										
		M22061	Rice sticky Flour	찹쌀가루	KG										
		M22062	Red Pepper Powder	고추가루	KG										
		M22063	Roasted Sesame Seed	볶은참깨	KG										
		M22064	Roasted Sesame Seed Black	볶은검정참깨	KG										
		M22065	Salt	소금	KG										
		M22066	Salted cuttle Fish	오징어젓	KG										
		M22067	Salted Clam	조개젓	KG										
		M22068	Salted Pollack Intestine	창란젓	KG										
		M22069	Salted Pollack Roe	명란젓	KG										
		M22070	Salted Oyster Seosan	서산어리굴젓	KG										
		M22071	Salted Shrimp	새우젓	KG										
		M22072	Salted Sea Arrow	꼴뚜기젓	KG										
		M22073	Salted Croaker	황새기젓	KG										
		M22074	Salted Anchovy	멸치젓	KG										
		M22075	Salted Agami	아가미젓	KG										
		M22076	Salted Anchovy Liquid 400g	멸치액젓	BTL										
		M22077	Shisonomi	시소노미	PK										

〈계속〉

ON ORDER	INV	CODE	ITEM		UNIT	TO ORDER					VEN DOR	QTD PRICE	RCVD	ON ORDER
						MAIN	KOR	JAP	CHINESE	S.CAFE				
		M22078	Soy Sauce for Soup	국 간 장	KG									
		M22079	Shrimp Roe	새 우 알	KG									
		M22080	Soda	식 용 소 다	KG									
		M22081	Tuna Flake	가 쓰 오 부 시	KG									
		M22082	Umeboshi	우 메 보 시	KG									
		M22083	Usui Dai	우 수 이 다 이	PK									
		M22084	Vinegar	식 용 빙 초 산	3TL									
		M22085	Rice Cookies-B	손 가 락 강 정	KG									
		M22086	Rice Cookies-K	손 가 락 강 정	KG									
		M22087	Rice Cookies-I	매 작 과	EA									
		M22088	Rice Cookies-II	작 은 약 과	EA									
		M22089	Rice Cake-I	무 지 개	KG									
		M22090	Rice Cake-II	삼 색 단 자	KG									
		M22091	Rice Cake-III	송 편	KG									
		M22092	Rice Cake-IV	개 피	KG									
		M22093	Rice Cake-V	증 편	KG									
		M22094	Rice Cake-VI	약 식	KG									
		M22095	Rice Cake-VII	꿀 떡	KG									
		M22096	Rice Cake-VIII	인 절 미	KG									
			JAPANESE											
		M23001	Angler Liver 鮟肝	아 구 간	KG									
		M23002	Abalone 250g 鮑	전 복	KG									
		M23003	Arch Shell 150g 赤貝	피 조 개	KG									
		M23004	A Ma E Bi 甘海老	단 새 우	EA									
		M23005	Clam w/o shell(M)	간 중 합	KG									
		M23006	Clam 120g 大蛤	대 합	KG									
		M23007	Clam 80g 中蛤	중 합	KG									
		M23008	Clam Jaechi しじみ	째 치 조 개	KG									
		M23009	Clam Short Necked あさり	바 지 락	KG									
		M23010	Dori Gai とり貝	새 조 개	PK									
		M23011	Eel Fresh Water 鰻	민 물 장 어	KG									
		M23012	Eel Sea 穴子	바 다 장 어	KG									
		M23013	Femail Live Crab 活蟹	활 암 꽃 게	KG									
		M23014	Halibut Live 活鮃	활 광 어	KG									
		M23015	Herring Roe 數の子	청 어 알	KG									
		M23016	King Fish 鰆	삼 치	KG									
		M23017	King Live Prawn 活車海老	활차새우	EA									
		M23018	Mackerel 鯖	고 등 어	KG									
		M23019	Mirugai みる貝	미 루 가 이	KG									
		M23020	Octopus(1~2kg)	참 문 어	KG									
		M23021	Pond smelt 氷魚	빙 어	KG									

〈계속〉

ON ORDER	INV	CODE	ITEM	UNIT	TO ORDER					VEN DOR	QTD PRICE	RCVD	ON ORDER	
					MAIN	KOR	JAP	CHINESE	S.CAFE					
		M23022	Salmon Roe いくら 연 어 알	KG										
		M23023	Sea bass 농 어	KG										
		M23024	Sea Bream Live 活鯛 활 도 미	KG										
		M23025	Sea Bream あかりたい 초 도 미	KG										
		M23026	Sea Bream, Ok dom 甘鯛 옥 도 미	KG										
		M23027	Sea Cucumber なまこ 해 삼	KG										
		M23028	Scallop 太平貝 관 자	KG										
		M23029	Scallop Small 小柱 소 관 자	KG										
		M23030	Salted Pollack Roe 명 란 젓	KG										
		M23031	Salted Entrails このわた 해 삼 창 젓	KG										
		M23032	Sea Urchin 生長丹 성 게 알	PK										
		M23033	Shad こはだ 전 어	KG										
		M23034	Shishamo ししゃも 시 샤 모	PK										
		M23035	Sisonomi 시 소 노 미	KG										
		M23036	Small Fish あじ 아 지	KG										
		M23037	Snip Fish 針魚 학 꽁 치	KG										
		M23038	Squid Whole 鳥賊 갑 오 징 어	KG										
		M23039	Sweet fish 鮎 은 어	KG										
		M23040	Tuna Akami(Mebachi) 赤身 아 까 미	KG										
		M23041	Tuna Toro とろ 도 로	KG										
		M23042	Turban Shell さざえ 소 라 고 동	KG										
		M23043	Yellow tail 大 방 어	KG										
		M24001	Bean Curd Pulmuwon 풀무원두부	PK										
		M24002	Dasikobu 昆布 특 다 시 마	KG										
		M24003	Konnyaku Pan 판 곤 약 구	PK										
		M24004	Konnyaku Thin 실 곤 약 구	PK										
		M24005	M/ T Taro 山芋 산 마	PK										
		M24006	Noodle thin 素麵 손 수 면	PK										
		M24007	Noodle(Nayori) 나 요 리 우 동	PK										
		M24008	Shallot 50gr. 小玉葱 소 양 파	PK										
		M24009	Shibazuke 시 바 즈 께	PK										
		M24010	Shisonomi 시 소 노 미	PK										
		M24011	Sushi Age すし揚げ 유 부	EA										
		M24012	Sushi gari すし生姜 초 생 강	BX										
		M24013	Sushi Nori 초 밥 김	PK										
		M24014	Tsubozuke たくあん 단 무 지	PK										
		M24015	Umeboshi 우 메 보 시	PK										
		M24016	Wheat Flour 小壽粉 박 력	KG										

〈계속〉

ON ORDER	INV	CODE	ITEM		UNIT	TO ORDER					VEN DOR	QTD PRICE	RCVD	ON ORDER
						MAIN	KOR	JAP	CHINESE	S.CAFE				
			STAFF CAFETERIA											
		M25001	Acorn Jelly	도 토 리 묵	EA									
		M25002	Anchovy L	다 시 멸 치	KG									
		M25003	Anchovy M	조 림 멸 치	KG									
		M25004	Anchovy S	지 리 멸 치	KG									
		M25005	Buck Wheat Jelly	메 밀 묵	EA									
		M25006	Buck Wheat Vermicelli	냉 면	KG									
		M25007	Broiled Cockle Clam	꼬 막 조 림	KG									
		M25008	Barely Pressed	눌 린 보 리 쌀	KG									
		M25009	Barely tea	보 리 차	KG									
		M25010	Beef Base	소 고 기 다 시 다	KG									
		M25011	Beef Bun	만 두	EA									
		M25012	Curd Residue	비 지	KG									
		M25013	Curry Powder	카 레	KG									
		M25014	Clam Base	조 게 다 시 다	KG									
		M25015	Chinese Paste	춘 장	CS									
		M25016	Dried Croaker	부 서	KG									
		M25017	Dry Seaweed	건 미 역	KG									
		M25018	Dry Pollack Slice	북 어 채	KG									
		M25019	Dry Sea Laver(Portion)	도 시 락 김	BX									
		M25020	Dry Sea Laver Whole	김 밥 용 김	톳									
		M25021	Fermented Soybean	청 국 장	KG									
		M25022	Green Pea Jelly	일 반 청 포 묵	KG									
		M25023	His Rice	하 이 라 이 스	KG									
		M25024	Hukkuro	후 꾸 로	EA									
		M25025	Kimchi Chinese Cabbage	배 추 김 치	KG									
		M25026	Kimchi Cucumber	오 이 김 치	KG									
		M25027	Kimchi Altari	알 타 리 김 치	KG									
		M25028	Kimchi Yulmoo	열 무 김 치	KG									
		M25029	Kimchi Suk Baji	석 밥 이 김 치	KG									
		M25030	Kimchi Bong Dong	봉 동 김 치	KG									
		M25031	Kkak Du Ki	깍 두 기	KG									
		M25032	Kkak Du Ki w/Shrimp	새 우 젓 깍 두 기	KG									
		M25033	Kkak Du Ki w/Oyster	굴 깍 두 기	KG									
		M25034	Laver Slice roasted	김 가 루	KG									
		M25035	Noodle Mornil	모 밀	KG									
		M25036	Noodle(Neng Myun)	냉 면	KG									
		M25037	Pickled Cucumber	신 진 통 오 이 지	KG									
		M25038	Pickled Yellow Turnip	신 진 단 무 지	KG									
		M25039	Pickled Sesame Leave	깻 잎 무 침	KG									
		M25040	Pickled Garlic	마 늘 장 아 찌	KG									
		M25041	Pickled Pepper	고 추 장 아 찌	KG									
		M25042	Pickled pepper leave	고 추 잎 장 아 찌	KG									
		M25043	Rice Cake	떡										
		M25044	Rice Cake Sliced	떡 국 용 역	KG									

〈계속〉

ON ORDER	INV	CODE	ITEM	UNIT	TO ORDER					VEN DOR	QTD PRICE	RCVD	ON ORDER
					MAIN	KOR	JAP	CHINESE	S.CAFE				
		M25045	Salted Anchovy Liquid 400g 멸치 액젓	BTL									
		M25046	Salted Clam 조 개 젓	KG									
		M25047	Salted Shrimp 새 우 젓	KG									
		M25048	Salted Pollack Roe 명 란 젓	BX									
		M25049	Seaweed Stem 미 역 줄 기	KG									
		M25050	Seaweed Fresh 물 미 역	KG									
		M25051	Sea Weeds Mixed 해 초 무 침	KG									
		M25052	Sea Tangle Dried 다 시 다	KG									
		M25053	Sea Mustard Fried 뛰 각	KG									
		M25054	Starch Vermicelli 당 면	KG									
		M25055	Soft Bean Curd 순 두 부	KG									
		M25056	Yoghurt 요 구 르 트	EA									
		M25057	Ice Cream 아 이 스 크 림	EA									

EXECUTIVE CHEFF		STORE ROOM		PURCHASING	

Additional Daily Market List

4

ORDER DATE :
DELIVERY DATE :

Kitchen

ITEM	UNIT	ON HAND	Q'TY WANTED	DEALER	PRICR

의 뢰 부 서			자 재 관 리 과			구 매 과			부 장
담 당	과 장	부 장	담 당	과 장	부 장	담 당	과 장	부 장	

⑤   # Food Purchase Request

Date requested._____   Date required _____

BIN Nº	ITEM	SIZE	On Hand	Q'ty Req	Q'ty ordered	Last Price	New Price	Year

ORDERED By _____   APROVED By _____

6 # □ 購入　□ 修繕　□ 請求書

20　年　月　日

	請　求　部　書									
부	主 任	課長(대)	部(次)長	理 事	常 務	總支配人	副社長	社 長	會 長	
과										
EXT										

CODE NO.		品 名 및 規 格	單 位	數 量	豫 想 單 價	納 期	분출방법 DIRECT	STOCK
	1							
	2							
	3							
	4							
	5							
	6							
	7							
	8							
	9							
	10							
	11							
	12							
	13							
	14							
	15							
	16							
	17							
	18							
	19							
	20							

依賴目的		用途課由		豫備統制欄	
購買課	接受日時 : 　.　.　.　　時		依賴人 :		㊞
	接受者 : 　　　㊞				

∘ 1조 4매 : 1부 – 구매과, 1부 – 용도과, 1부 –검수실, 1부 – 사용부서
∘ 사양명시 (색상, 규격, 재질, 외형, 내형, 추가 필요사항 기입)

7

물품구매(수리 · 제작)요구서

Purchase Requisition

작성일 :　　.　.　.　　요구번호 :　　접수일 :　　입고예정일 :

Date requested   Date reqired

BIN N	ITEM	SIZE	On Hand	Qty Req'd	Qty ordered	Last Price	New Price	Year

ORDERED BY _____ APPROVED BY _____
ACCOUNTING COPY

8   # 물품 (구입·제작·수리) 품의서

P. R. No.

Purchase Order

P. O. No.

순번	품　　　　　명 Description	규 격 Size	단 위 Unit	수 량 Quantity	단 가 Price	금 액 Amount	비 고 Remark

1. 납 품 일 자 Delivery Date	20　　．　　．　　．		상기와 같이 구입코져 합니다.
2. 검 수 조 건 Inspec. Condition			
3. 지 불 조 건 Payment Terms			20　　．　　．　　．
4. 구 입 처 Suppler			요구부서 :

투자예산 관리번호	－　　－	결재	담 당	대 리	과 장	부 장	이 사	전무	대표이사

① 구매과용

⑨ **物品(購入,修繕)發注書**

20 . . .

청구부서				구입부서		
팀	담 당	과 장	부 장	담 당	과 장	부 장
과						
TEL :						

발 주 선 :　　　　　　　　　　　발주일 :　　　　　납기일 :

품　　　　名	規　　格	수 량	단 가	금　　액
①				
②				
③				
④				
⑤				
⑥				
⑦				
⑧				
⑨				
⑩				
⑪				
⑫				
⑬				
⑭				
⑮				
⑯				
⑰				
⑱				
⑲				
⑳				
㉑				
㉒				
㉓				
㉔				

구입목적 :	현재재고량	
	희망납기일	

유의사항	1. 납품시 귀사의 세금계산서와 당사의 납품전리표, 발주서를 준비하시고 당사 소모품 창소를 경유, 청구부서에 납품한 후 납품정리전표에 검수인을 득하여 구매팀에 서류를 제출하십시오. 2. 계약내용의 변경이 있을시 사전에 구매팀에 통보 승인을 받으며, 납기내에 납품을 불가할시 납기연장신청서를 제출하십시요. 3. 정당한 사유없이 납기가 지연될 땐 확정납기일로부터 1일당 납품금액의 0.3% 공제합니다.

* 납품처 보관용

⑩

Purchase Order No.

주문서

SUPPLIER/CONTRACTOR : 공급자/계약자   REQUESTED BY : 수요부서   DATE : 일자
P. R.   NO.: 구매요청번호

To deliver until/인도기일 :   at/인도장소 :   Payment terms/지불조건

Subject to terms as under and general conditions on back here of , we confirm having ordered from you the following.
아래의 사항과 뒷면의 일반 조건의 준수를 조건으로 다음과 같이 주문했음을 확인합니다.

Description of goods	수량 Quantity	단위 Unit	단 가 Unit price	금 액 Amount	비 고 Remark

본주문서는 6장으로 되어 있고 구매부장, 경리부장 및 총지배인의 결재를 받아야 한다. This order consists of 6 pages and requires the signature of purchasing manager, controller and general Manager.	Total net value	(공급가액)	
	V. A. T.	(부가세)	
	Total value of order	(총금액)	

reviewed by _____   Authorized by _____

협조 _____   결재 _____

ORIGINAL

11

物 品 受 領 證

受領部署 :　　　　　　　　　　　① 經理課保管

發行番號		作成日字		20　年　月　日	納品處코드		—
공급자	事業者登錄番號			供給받는者	事業者登錄番號		207 – 81 – 00314
	商號(法人名)	대표자	㉑		商號(法人名)	(株) 위커힐	代表者
	事業場住所				事業場住所		서울市 城東區　廣壯洞 山21

| 購買發注 (P.O) NO | | | | 納品日字 | | 19　年　月　日 |

計定科目	品　　名	規格	單位	數量	單價	金　　　額

品質意見	使用部署	受領部署	檢受	合計
				附加稅

	總 務 課 (購 買 課)				關聯部署(資材管理, 經理)		
擔當	代理	課長	部長	擔當	代理	課長	部長

※ 경리·구매·관계부서·검수·수령부서·납품업체

⑫

Receiving Sheet

담당	계장	과장	차장	부장	이사

Date : _____ 20 _____

INVOICE DETAIL			FOOD DIRECT					GENERAL STORE			F.F.E	OTHERS DIRECT		V.A.T	Grand Total	Remark
Receiving No	Supplier	Item	Main/K	Chi/K	Jap/K	Caf/K	Total	Food	Beverage	General		Account No	Amount			
To Day's Total																
Total up to To Date's Total																

⑬

Receving Report-Foods

P. O. No._____   _____

VENDOR _____   DATE: _____

NO	DESCRIPTION	UNIT	Q'TY	UNIT PRICE	AMOUNT	REMARK
1						
2						
3						
4						
5						
6						
7						
8						
9						
10						
	TOTAL AMOUNT ₩					

CONFIRMED BY   RECEIVED BY

⑭

納品整理傳票

供給者	事 業 者 登 錄 番 號	
	商 號	姓名
	住 所	

日   字 20   年 月 日
傳票番號   _____ 貴中
對替計定科目

CODE	品 名	規 格	單位	數量	單價	金額	備考

計
稅   額
合   計

檢收	注文NO		擔當	稅金計算書 與 否
	납품NO		檢 算	
	關係者 受 領			

關係課	販賣課	經理課

檢 收 保 管 用

※검수·경리·업장·납품자

15

納品整理傳票

納品處	事業者登錄番號			
	商　　號		姓名	印
	住　　所			
	電 話 番 號			

對替計定科目

稅金計算書日字

稅金計算書與否 _____ 貴中

No.	計定科目코드	部署코드	貯藏品코드	品　名	規格	單位	數量	單價	金　額
1									
2									
3									
4									
5									

請求部署受領	擔當	課長	購買팀檢收	擔當	課長	檢 收 結 果

合　　　　計	
稅　　　　額	

*물품수령시 필히 업장명과 성명 기재

購買팀 保管

16

去來明細表(送狀)

(供給받는자 保管用)

供給者

注文部署 _____　納品日字 ___ 年 ___ 月 ___ 日

番　號	品　　名	規格(單位)	數　量	單　價	供　給　價　格	稅　額
				計		

入庫番號	
注文番號	

受領部署		檢收		
擔當	檢査	擔當	係長	課長

(檢收保管)

上記物品을 正히 引受합니다.

摘要

購買 1, 2 課			部長
擔當	係長	課長	

登錄番號		
商　　號		姓名
事業場住所		

17

出庫傳票

		區分	

出庫番號	出庫日字	依賴部署		事　由
	20 ． ． ．			

業 體 名	去來明細書番號	信用番號	去　來　處

依賴			出庫					
品名 / 規格	單位	數　量	品目番號	單位	單　價	數量	金　額	F.

受領人 :

依賴部署長	

出品人 :

擔 當	係 長	課 長	部 長

⑱

肉·肉加工品 出庫傳票

日 字 : 20   年   月   日

No. _____   請求部署 :

No.	CODE	品 名	單位	赤	數 量	備 考
合		計				

請求	당자	責任者	

請求	擔當者	責任者	

(10)
肉·肉加工品

업 장 용

⑲

出庫傳票(一般品)

GENERAL

請 求 部 署 : _____

No. _____
日 字 : 20   年   月   日

No.	코드번호	청 구			출 고		입력	관계부서	
		수량	단위	품 명 및 규 격	수량	단위		단가	금액
1									
2									
3									
4									
5									
6									
7									
8									
				합 계					
	전산 CHECK								

[20]

Food Supply Requisition

DEPARTMENT :

No. _____
Date   : 20   .   .   .

CODE	REQUESTED			ISSUED		
	Q'TY	UNIT	ARTICLES	Q'TY/UNIT	PRICE	AMOUNT
ACCOUNTING CHECKED BY :				TOTAL		

* 기심부 : WHITE, 용도과 : YELLOW, 청구부서 : BLUE

ORDERED BY _____ APPROVED BY _____ ISSUED BY _____ RECEIVED BY _____

21

Food Requisition

DEPARTMENT : _____ NO: _____ ISSUED NO _____ Date : 20 . .

CODE NO	QUANTITY ORDERED	ITEM	SIZE	UNIT	QUANTITY ISSUED	UNIT PRICE	TOTAL
						TOTAL		

ORDERED BY _____
APPROVED BY _____ ISSUED BY _____ RECEIVED BY _____

STOREROOM COPY

22

Storeroom Requisition

DEPARTMENT :_____   Date : 20   .   .____

Q'ty	Unit	Description	Issued	U/Price	Amount

Checked By :_____   Ordered By :_____
Filed By :_____   Received By :_____

23 (　　　　　)불출전표

청구부서		전표번호	No.
부서번호		출고일자	년 월 일

코드번호	품 명	규격	청구량	불출량	단 가	금 액	비 고
계							

담 당	주 임	계 장	과 장	차 장

수령자		과 장

24

출고의뢰서

일자 ___.___.___   업장명 _____

품 명	단위	의뢰수량	출고수량	비 고

25

Transfer Slip

DATE 20   .   .   NO _____

FROM _____ ⟹ TO _____

NO	CODE	ITEM	UNIT	QTY	SALES@	COST@	TOTAL
1							
2							
3							
4							
5							
6							
7							
8							
9							
	TOTAL						

決裁	出庫部署	
	擔當	責任者

請求部署用

決裁	出庫部署	
	擔當	責任者

26 **Food To Beverage Transfers**

FROM _____ KITCHEN   DATE _____
TO _____ BAR

BIN N	NAME	SIZE	QUANTITY	UNIT COST	TOTAL COST

Ordered by :_____ Filled by :_____

Inter-Kitchen Transfers

27

FROM _____ KITCHEN   DATE _____

TO _____ KITCHEN

BIN N	NAME	SIZE	QUANTITY	UNIT COST	TOTAL COST

Ordered by: Filled by:

28

Beverage Transfer Slip

DATE 20 . .   NO _____

FROM _____ ⟹ TO _____

SEQ #		ITEM	UNIT	QTY	SALESⓐ	COSTⓐ	TOTAL
NO	CODE						
	TOTAL						

責任者印	出庫者印

Ordered by

責任者印	出庫者印

原價調整 保管用

29 식 · 음료이관증(Inter-F & B Transfer)

불출부서(FROM) _____
수령부서(TO) _____   20 . . .

ARTICLE & DESCRIPTION 품 목 및 내 용	UNIT OR SIZE 규격·단위	QUANTITY REQUEST 청 구 량	QUANTITY ISSUE 불 출 량	UNIT PRICE 단 가	AMOUNT 금 액
1.					
2.					
3.					
4.					
5.					
6.					
7.					
8.					
9.					
10.					
11.					
12.					
13.					
14.					
15.					
16.					
17.					
18.					

18-870121-16
3매 작성하여   1부 : 불출부서보관(청색)   1부 : 수령부서(황색)   1부 : 심사부송부(백색)

_____   _____   _____
불출자(ISSUED)   수령자(RECEIVER)   부서장(HEAD OF DEPT.)

30 **<u>Inter-Bar Transfered Report</u>**

FROM _____   DATE _____

TO	NAME OF THE BEVERAGE	BTL	GLS	TOTAL
BAR SUPERVISOR:				

(TO: F&B COST CONTROLLER)

김만배(1989), 재고관리, 갑진출판사.

김성기(1990), 현대원가회계, 경문사.

나정기(1994), 호텔식음료 원가관리, 백산출판사.

_____(2002), 최신 호텔식음료원가관리, 제4판, 백산출판사.

_____(2003), 외식산업의 이해, 백산출판사.

_____(2004), 메뉴관리의 이해, 백산출판사.

송상엽 외 2인 공저(2001), 원가·관리회계, 웅지경영아카데미.

오세조(1996), 시장지향적 유통관리, 박영사.

이광우·구순서(2002), 원가관리회계, 제4판, 도서출판 홍.

이성근·배수현(1996), 새유통관리론, 무역경영사.

이순용(1989), 생산관리, 3판, 법문사.

이정자(1994), 호텔 식음료 원가관리, 형설출판사.

임명호(2001), 고급 원가관리회계 -이론과 연습-, 제4판, 한성문화.

홍정화·오문석(1995), 유통회계, 도서출판 두남.

田村正紀지음, 林松國 옮김(1994), 일본형 유통시스템, 비봉출판사.

AH & MA(1987), *Uniform System of Accounts and Expense Dictionary for Small Hotels, Motels, and Motor Hotels*, AH & MA.

Allen Reich(1990), *The Restaurant Operator's Manual*, VNR.

Anthony, M. Rey and Ferdinand Wieland(1985), *Service in Food and Beverage Operations,* Ah & MA.

Bernard David and Sally Stone(1991), *Food and Beverage Management,* 2nd ed., BH.

C. T. horngren and G. Foster/ 宋梓 外 7人譯(1992), 원가회계(Cost Accounting), 7판, 대영사.

Carl H. Albers(1974), *Food and Beverage Cost Planning & Control Procedures,* AH & MA.

Charles Levinson(1989), *Food and beverage Operation : Cost Control and Systems Management,* 2nd ed, prentice-Hall, Inc.

Donald E. Lundberg(1985), *The Restaurant From Concept to Operation,* John Wiely & Sons.

Douglas C. Keister(1977), *Food and Beverage Control,* Prentice-Hall.

Erick Green, Galen G. Drake, and F. Jerome Sweeney(1986), *Profitable F & B Management : Operations,* Ahrens Series.

F. Jouvet(1985), Precis de Gestion(*Cout Nourriture et Boisson en Restaurant*), Edition Jacques Lanore.

G. E. Livingston and Charlotte M. Chang(1979), Food Service Systems; Analysis, Design, and Implementation, Academic Press.

Harris Thaye(1983), *Professional Food Service Management, Prentice-Hall.*

Hrayr Berberoglu(1991), *The Complete Food and Beverage Cost Control Book,* Food and Beverage Consultants, Toronto Ontario.

Jack D. Ninemeier(1990), *Management of Food and Beverage Operations,* 2nd ed., AH & MA.

Jack E. Miller and David K. Hayes(1994), *Basic Food and Beverage Cost Control,* John Wiley & Sons.

Jack D. Ninemeier(1983), *Purchasing, Receiving, and Storage: A Systems Manual for Restaurants, Hotels, and Clubs*(Boston: CBI).

_____(1986), *F & B Controls,* AH&MA.

James Keiser and Elmer Kallio(1974), *Controlling and Analyzing Costs in Food Service Operations,* Jhon Willey & Sons.

James Keiser(1993), *Cost Control in Foodservice,* VNR, s Encyclopedia of Hospitality and Tourism.

James Keiser, Frederick J. DeMicco(1993), *Controlling and Analyzing Costs in Foodservice Operations*, 3rd ed., Macmillan.

Jerome J. Vallen and James R. Abbey(1987), *The Art and Science of Hospitality Management*, AH & MA.

Marian C. Spears(1995), *Foodservice Organizations: A Systems Approach*, 3rd ed., Prentice- Hall, Inc.

Michael L. Kasavana(1984), *Computer Systems for Foodservice Operations*, VNR.

Michael M. Coltman(1989), *Cost Control for the Hospitality Industry*, 2nd ed., VNR.

Michel Kosossey and Danial Majonchi(1986), *Reussir en Hotellerie et Restauration*, Tome 2, Edition Reussir.

Paul R. Dittmer and Gerald G. Griffin(1984), *Principles of Food, Beverage, & Labor Cost Controls*, 3rd ed., CBI Book.

Raymond Cote(1987), *Understanding Hospitality Accounting I*, AH & MA.

Raymond S. Schmidgall(1990), *Hospitality Industry Managerial Accounting*, 2nd ed., AH & MA.

Ronald F. Cichy(1984), *Sanitation Management*, AH & MA.

Thierry Lautard(1988), Gestion Tome 3: *Diagnostic Economique et Financier Politique General de Entreprise Hoteliere*, Edition B. P. I.

William B. Virt(1984), *Principles of Food and Beverage Operations*, AH & MA.

_____(1986), *F & B Controls*, 2nd ed., AH & MA.

_____(1989), *Controlling and Analyzing Costs in Food Service Operations*, 2nd ed., Macmillan Publishing Co.

_____(1989), *Priciples and Practices of Management in the Hospitality Industry*, 2nd ed., VNR.

_____(1987), *Purchasing*, AH & MA.

저/자/소/개

나 정 기

경기대학교 관광대학
외식산업경영 교수

식음료원가관리의 이해

2006년 2월 28일 초판 1쇄 발행
2014년 8월 20일 수정 4판 발행

저 자 나 정 기
발행인 진 욱 상 · 진 성 원

발행처 📖 백산출판사

서울시 성북구 정릉로 157(백산빌딩 4층)
등록 : 1974. 1. 9. 제 1-72호
전화 : 914-1621, 917-6240
FAX : 912-4438
http://www.ibaeksan.kr
editbsp@naver.com

값 20,000원
ISBN 89-7739-827-4